VOYAGES

DE

PYTHAGORE.

Pythagore aux jeux Olympiques.

VOYAGES
DE PYTHAGORE

EN ÉGYPTE,

DANS LA CHALDÉE, DANS L'INDE,

EN CRÈTE, A SPARTE,

EN SICILE, A ROME, A CARTHAGE,

A MARSEILLE ET DANS LES GAULES;

SUIVIS

DE SES LOIS POLITIQUES ET MORALES.

TOME QUATRIÈME.

A PARIS,

CHEZ DETERVILLE, LIBRAIRE, RUE DU BATTOIR,
N°. 16, QUARTIER DE L'ODÉON.

AN SEPTIEME.

VOYAGES DE PYTHAGORE.

§. CXXXIV.

Esquisse historique des premiers temps de la Grèce.

Pythagore. Les Spartiates se contentent de vaincre; ils dédaignent d'instruire la postérité de leurs étonnans exploits (1). Dans aucune de leurs villes, on ne conserve d'annales écrites.

Le Gythien. Nos lois même ne le sont pas.

Pythagore. J'ai voyagé chez plusieurs nations esclaves qui semblent au contraire être jalouses d'éterniser leur honte et le souvenir de leurs maux. On ne peut donc faire un pas sur la terre, sans y être frappé par des contrastes.

Je préfère pourtant le silence généreux que les Spartiates gardent sur eux-mêmes. Mais ce défaut de monumens propres à instruire la postérité, peut ramener la barbarie (2).

---

(1) Plutarch. *dits notabl. des Lacédémoniens.*
(2) Le peu d'érudition des Lacédémoniens n'était pas une ignorance de stupidité, mais de précepte. *Lacédémone anc. et nouv.* tom. II.

Le Gythien. Serais-tu de ceux qui, sacrifiant le présent à l'avenir, vivent moins pour eux que pour occuper les autres d'eux?

Pythagore. La mémoire des belles actions en enfante de nouvelles.

Le Gythien. Malheur à un peuple qui a besoin de grands exemples pour faire de grandes choses!

On accuse les habitans de la Grèce d'être vains : les Spartiates se sont mis à l'abri de ce reproche. Leur nom seul suffit à leur gloire.

Pythagore. Il y a bien ici un peu d'orgueil; mais il n'est pas donné à tous les peuples de s'en permettre un semblable.

Le Gythien. Si l'on ne vient pas voir à Sparte de savantes antiquités, on peut y venir étudier de bonnes lois; elles nous feront vivre long-temps (1), du moins dans l'histoire des autres nations.

Un peuple qui n'a pas de bonnes lois est plus fragile que les roseaux de l'Eurotas (2).

Je vais donc te redire ce qu'on m'a dit; tu me répéteras aussi ce que tu sais d'ailleurs.

Les Grecs ont commencé, ainsi que les autres peuples (3). Pendant long-temps ne pouvant se suffire, ils ont d'abord vécu d'emprunt. Le mot même dont ils se servent pour exprimer le plus nécessaire des élémens (4), est étran-

---

(1) Apollonius de Thyane, qui vivait du temps de l'empereur Domitien, passant à Lacédémone, y trouva les lois de Lycurgue dans leur première force. Philostrate.
Cela est douteux.
(2) *Callidonax Eurotas*, dit Euripide, *in Helen*.
(3) Thucyd. *hist. initio*.
(4) *Pur, feu*, est la dénomination phrygienne *pyr*.
Platon, *in cratilo*.

ger et se plie avec peine à l'idiome hellénique. Ils veulent en vain troubler la source d'où ils sortent. Les siècles primitifs de leur existence politique, qu'ils appellent temps héroïques, ne furent pas plus glorieux que les premières époques de toute autre peuplade. Long-temps, ils vécurent sans lois (1).

Heureux alors, mais inconnus ; on ne commença à parler d'eux que peu avant le siége de Troye (2). Ils ont la prétention de remonter beaucoup plus haut ; mais ils ne remplissent le défaut de monumens qu'avec les matériaux dus à leur seule imagination. Si les habitans du Nil en eussent été doués autant qu'eux, la Théogonie (3), déjà si compliquée, le serait devenue bien davantage encore. Presque toutes les nations ont eu des poëtes pour premiers historiens. Celle qui produisit les plus grands poëtes devait offrir dans ses fastes les fictions les plus ingénieuses et en plus grande quantité.

De tous les états de la Grèce, dont notre Péloponèse est le principal boulevart (4), Sycione prétend au droit du plus ancien (5). A l'en croire, il a déjà vu la révolution de dix siècles. Il range Egialée, son fondateur, avant tous les autres connus. Bien antérieurement aux Olympiades, il comptait déjà trente-

---

(1) Sous le nom de *Leleges*, suivant la note 48 de l'*origine des premières sociétés*. in-8°.
(2) Denis d'Halic.
(3) L'Egypte est le berceau de toutes les fables, parce que l'histoire de cette contrée fut primitivement confiée à des prêtres.
(4) *Acropolin*. Strab. VIII. *geogr.*
(5) *Ind. chron.* de Bucholcer.

trois rois (1), dont les sept derniers étaient prêtres (2). Le premier temple fut bâti à Sycione en l'honneur de Vénus. Alors, on exigeait de la prêtresse qui le desservait des mœurs aussi vierges que celles de la Divinité l'étaient peu. Du moment que ce royaume tomba entre les mains sacerdotales, il devint province de celui d'Argos (3).

Cette dernière ville le dispute à la précédente pour l'antiquité. Elle se donne pour premier législateur Phroronée fils d'Inachus (4), et pour premiers rois Argus et Danaë (5). Celui-ci, venu de la terre phénicienne ou de celle d'Égypte, sur un pentacontore (6), en amena une colonie qu'il distribua en trois ordres : l'un composé de nobles, de prêtres et de citoyens de bonne éducation. Le second ordre ne comprenait que l'homme de guerre et celui des champs. Les artisans formaient à eux seuls le troisième et dernier ordre ; ébauche grossière d'un gouvernement qui devint meilleur avec le temps.

PYTHAGORE. Le temps est une grande épreuve.

LE GYTHIEN. Danaë bâtit une ville ; et Junon lui doit ses premiers autels. A cette époque les Grecs placent la métamorphose d'Io fille d'Inachus et les aventures d'Atlas et de Pro-

---

(1) Pausanias, *voyage en Grèce*. St-Augustin, *Cité de Dieu*. XVI. 17.
(2) Euseb. *chron*.
(3) Près d'un siècle postérieurement à la destruction de Troye.
(4) *Strom*. I. Clement. Alex. Plin. *hist. nat.* VII. Plato. *tim.*
(5) *Chronique de Paros*. IX.
(6) Galère à cinquante rames.

methée. C'est ainsi qu'on donnait alors des leçons d'agriculture et d'astronomie.

Athènes suivit de près Argos : Cecrops en jeta les fondemens ; Cecrops aux deux visages ; parce que né Egyptien, ainsi qu'Inachus (1), il épousa une femme grecque. Son exemple fut une loi pour ce nouveau peuple. Le mariage par ses soins devint un contract sacré, préférable, sans doute, à la communauté des femmes qui avait eu lieu jusqu'alors. Minerve et Neptune se disputèrent l'honneur de donner un nom à la cité d'Athènes ; l'olivier fut préféré au cheval belliqueux ; ainsi s'exprimaient les historiens de ce temps-là, pour nous apprendre que les Athéniens délibérèrent sur le genre de vie qu'il embrasseraient et donnèrent aux arts et aux sciences le pas sur le commerce et la guerre. Ils ne tinrent pas toujours parole.

Le fils de Tantale (2), peu après, vint de Phrygie faire la conquête de cette contrée par la suite appelée de son nom, le *Péloponèse*. Il y institua les jeux olympiques pour immortaliser ses victoires, et gagner la confiance des peuples vaincus, amis déjà des spectacles brillans. Hercule fut le restaurateur de ces fêtes militaires qui ont acquis, par la suite, une si grande influence sur toute la nation grecque. Son histoire ne devint certaine qu'à l'époque de ses jeux (3). Passons sur l'aventure atroce d'Atrée et de Thyeste. L'expédition des Argonautes mériterait davantage un

---

(1) Pausan. *voyage en Grèce*. I.
(2) *Pélops*.
(3) Varron.

récit. Mais la vérité et la fiction y sont tellement fondues qu'il n'est pas facile d'entrevoir nettement l'objet de cette association fameuse des premiers héros de la Grèce.

PYTHAGORE. Comme tu me l'observais tout à l'heure, en parlant d'Atlas, ne serait-ce pas encore ici une histoire du ciel écrite par les Muses (1)?

LE GYTHIEN. Deux frères, Etéocle et Polinice, se donnèrent alors en spectacle devant Thèbes (2) : fruits malheureux d'un inceste, leur destinée frappa les contemporains et servit de leçon à la postérité; cependant la conduite de ces deux princes dut obtenir la reconnaissance de leur patrie, et mériterait d'être plus souvent imitée. Et pourquoi le peuple payerait-il de son sang les querelles particulières de ses chefs? il n'en doit être que le témoin, l'arbitre ou le juge.

Quels honneurs les Thébains ne doivent-ils pas à la mémoire de Menecée, qui se sacrifia pour leur délivrance. Le père de cette illustre victime (3), ne se montra pas aussi grand que son fils, en chassant Œdipe, roi malheureux, trop puni d'un crime involontaire.

Il se passait, non loin de ce théâtre sanglant, une scène aussi tragique sur les bords du Thermodon. Une horde Scythe vint fondre sur les habitans de cette extrémité de l'Asie. Les femmes seules furent respectées du conquérant féroce : leurs époux, en expirant, les chargèrent de leur vengeance. C'est alors qu'on

---

(1) Voy. le poëme des Argonautes.
(2) La Thèbes de Bœotie.
(3) Créon, usurpateur du royaume de Thèbes.

vit un peuple entier de femmes s'exercer au dur métier des armes, pour vaincre leurs vainqueurs ; il leur en coûta des sacrifices. Ces héroïnes (1), convinrent de renoncer à l'hymen, et de ne souffrir d'autre sexe parmi elles que le leur. En vain la nature leur prodiguait ses trésors ; elles avaient le courage de se mutiler le sein, pour ajuster mieux leurs flèches meurtrières. La plus aguerrie d'entre elles marchait à leur tête, sous le titre de reine, et avec le surnom de fille du dieu Mars. Thésée (2), jaloux de posséder la jeune Antiope, qui le payait d'un secret retour, détruisit cette puissance éphémère, désavouée par la nature, par la société.

Le personnage qui figure le plus dans le tableau des temps primitifs de la Grèce, est Hercule, l'un des deux fondateurs de *Gythium*, ma patrie. Chacun de ses douze travaux eût mérité l'apothéose : les muses se sont emparé de ce demi-Dieu ; et chacune d'elles l'a peint à sa manière ; il en est résulté un colosse théogonique, inaccessible aux crayons de l'histoire.

Mais sache à quel degré nous portons notre estime pour ce héros : on te montrera dans Sparte le cénotaphe de l'un de ses dix doigts, celui que devora le lion de Némée (3).

PYTHAGORE. Je ne regrette plus tant que les Lacédémoniens ayent renoncé à l'histoire ; on y aurait lu, sans doute aussi, que le dieu Mars (4) naquit à Sparte.

---

(1) Les Amazones. Voy. Petit, *de Amazon*.
(2) Plutarch. *vitae*.
(3) *Lacédémone anc. et mod.* tom. II. p. 397 et 398.
(4) Arnob. *contra gent*.

Le Gythien. On y aurait vu en même-temps que le fils de Lélex inventa les pierres à moudre le blé : nous plaçons l'héroïsme et l'utile sur la même ligne.

Pythagore. Vous êtes laconiques sur ce qui n'est pas belliqueux.

Le Gythien. Je puis te montrer d'ici celle des nombreuses collines du Taygète, où résidait l'inventeur des meules, dans la bourgade Alesia. Ce lieu est pour nous presqu'aussi sacré qu'un temple.

Fidelles à nos principes politiques et religieux, notre invocation la plus fréquente (1) se borne à demander aux Dieux de la gloire et des vertus (2), le beau et le bon.

Pythagore. Pardonne à un étranger qui s'instruit.

Le Gythien. Le Phénicien Cadmus (3), offre un caractère moins brillant dans les annales grecques; mais il a laissé dans la Béotie deux monumens certains, la ville de Thèbes et les élémens de l'écriture (4). Quelques temps après lui, Palamède perfectionna l'alphabet, en l'augmentant de plusieurs lettres (5).

Eleusis doit à ses antiques mystères, fondés par Cérès et Triptolème, le rang honorable qu'elle tient parmi les cités de l'*Attique* (6).

De temps immémorial, Delphes se prévaut de son oracle, placé sous l'égide des Amphictyons.

---

(1) *Euphemia.* Voy. Platon.
(2) *Uti pulchra bonis adderent.*
(3) Euseb. *praep. evang.* I.
(4) Herodot. V. 58.
(5) Lucan. *phars.* III.
(6) Aujourd, le *duché de Setines.*

Epidaure mérite son antique renommée. Les maîtres dans l'art de guérir, y déposent sur les colonnes du temple d'Esculape le résultat de leurs observations et de l'expérience, trésors de santé pour les générations à venir.

Trézène remonte si haut son origine, qu'elle se vante d'avoir donné l'hospitalité à la plupart des Dieux de l'Olympe. Elle se rappelle encore avec un respect religieux, la mémoire du bon Pithée, l'un de ses premiers magistrats; et conserve avec soin les trois cubes de marbre, où, accompagné de deux anciens, il s'asseyait pour entendre le peuple et lui administrer la justice.

Pythagore. S'il me convenait de choisir parmi cette foule de grands personnages que tu me fais passer en revue, le bon Pithée serait mon héros.

Le Cythien. L'Elide commence la liste de ses souverains par le pasteur Endymion; et c'est l'une des contrées de la Grèce, où la vie agricole fleurit davantage. L'Arcadie, ainsi nommée, du fils de Calisto (1), offre encore la douce image des mœurs pastorales. Le commerce, le luxe et leur suite, ont de la peine à y pénétrer.

Troye, qui eut le moins de durée, et qui fit le plus de bruit parmi toutes les villes de la Grèce, reconnaissait Dardanus pour le premier de ses rois. Arcadien d'origine, ce prince porta le sceptre de la Dardanie peu après la fondation d'Athènes. Teucer, Tros et Ilus, imposèrent successivement leurs noms à la capitale, trop célèbre, de la Phrygie, qu'Apol-

---

(1) Arcas, né d'une ourse; c'est-à-dire, dans les bois.

lon et Neptune, sous le règne de Laomédon, avaient daigné ceindre eux-mêmes de murailles. La ville sainte, la demeure des Dieux (Troye, dans son orgueil, se faisait appeler ainsi), a besoin à présent, pour qu'on reconnaisse ses vestiges, de la présence des eaux du Scamandre.

Cette construction, peu naturelle, des murailles de Troye, semble voiler quelque mystère (dis-je à mon guide narrateur). Je profite de tes leçons ; tu m'apprends à démêler le vrai.

Le Gythien. Ton doute est fondé ; Troye n'avait pas de fortifications. Le sage Laomédon, voulant pourvoir à la sûreté des habitans, sans les grever de nouveaux subsides, imagina d'appliquer aux frais de construction le revenu des prêtres d'Apollon et de Neptune ; d'ailleurs les deux temples de ces Divinités contrariaient son plan par leur emplacement ; il les fit abattre, et leurs débris servirent de matériaux aux murailles nouvelles ; et c'est ainsi qu'il faut lire l'histoire.

Pythagore. Je le pense de même.

Le Gythien. Sous le nom de Pergame, Troye était dans toute sa splendeur, et depuis long-temps elle attendait l'occasion ou les moyens de venger l'affront fait à Ilus, dans la personne de son frère, enlevé par un ancêtre d'Agamemnon et de Ménélas. Le rapt de Ganymède sembla justifier aux yeux de Paris et de toute la famille royale, l'enlèvement d'Hélène, dans le palais même de son époux, et contre tous les droits, tous les devoirs de l'hospitalité.

Pythagore. Si l'histoire n'avait toujours eu

que de pareils événemens à transmettre, ce n'eût été guères la peine en effet de l'écrire; elle ne justifie que trop souvent l'indifférence des Spartiates à son égard.

Le Gythien. Fille de Léda, trompée par Jupiter, Hélène n'était déjà que trop fameuse par sa beauté fatale (1), et par les amours de Thésée, qui l'avait ravie à ses parens. Mariée ensuite à Ménélas, elle lui avait donné une fille (2), quand Pâris, le plus beau des cinquante fils de Priam, quitta Troye, et fit le voyage de la Grèce, dans la seule intention de voir cette reine. Il arrive à Sparte; on l'accueille avec confiance. Ménélas s'absente; à son retour, il apprend qu'Hélène et Pâris, montés sur le même navire, ont cinglé vers la Phrygie.

Pythagore. Ne serait-ce pas cette violation de tout ce qu'il y a de plus saint, exécuté sans obstacle par un étranger, qui fit sentir à Lycurgue la nécessité d'une loi. Que de maux la *Xénélasie* eût prévenus !

Le Gythien. Cette loi était d'autant plus nécessaire, que Sparte a toujours passée pour la ville des belles femmes.

Pythagore. Homère en rend témoignage dans son Odyssée (3).

---

(1) ... Hélène avait l'esprit doux et simple, la bouche petite et vermeille, et une petite marque entre les sourcils, qui ne la défigurait point.
Destruction de Troye, par Darès le Phrygien.
Dictys de Crète nous en a laissé un portrait un peu moins favorable.
(2) Hermione.
(3) Ce poëte appelle *Calligynaïka* la ville de Lacédémone. Voy. l'Odyssée, *ad finem*.

Le Gythien. A la nouvelle d'une femme facile, séduite par un jeune berger, tous les états de la Grèce prennent les armes, la mer est couverte de vaisseaux ; dix années de combats ont peine à expier un instant de faiblesse.

Le prudent Ulysse n'était pas trop disposé à cette guerre ; il n'en estimait point le sujet assez grave, et contrefit l'insensé pour s'exempter d'y prendre part, ne trouvant pas fort nécessaire d'abandonner la chaste Pénélope, pour venger l'honneur d'une femme galante. La ruse fut découverte, ainsi que celle imaginée par Thétis, pour empêcher son fils Achille de partir au siége de Troye, où il devait trouver la gloire et le trépas.

Parmi toutes les victimes immolées à cette occasion, il en est deux qui inspirent le plus grand intérêt ; la jeune Iphigénie et le brave Hector.

Pythagore. Lacorien complaisant, je sais...

Le Gythien. Le sais-tu selon la tradition du pays ? chaque contrée a la sienne. Le laconisme de l'histoire ne consiste pas à lui faire subir le supplice qu'un roi d'Egypte infligeait à ses hôtes ; il ajustait leurs membres aux mesures du lit qu'il leur donnait pour se reposer. Homère, lui-même, ne s'est que trop modelé sur Busiris.

Le rendez-vous des princes grecs pour cette expédition trop fameuse, était en Aulide, où régnait Agamemnon, le plus puissant d'entre eux. Ajax et Diomède, Philoctète et Nestor lui-même, ainsi que beaucoup d'autres, voulurent bien le reconnaître pour chef, et marcher sous lui. La flotte de mille voiles, n'attendait qu'une haleine de vent favorable. On égorgeait journellement des animaux sans nombre, pour obtenir une navigation prompte et heureuse : les Dieux s'obstinaient à refuser ce qu'on implorait d'eux à grands frais. Calchas, le pontife suprême, inhumain et fanatique en proportion de l'éminence de sa dignité, ose proposer un sacrifice d'une autre importance que celle d'un hécatombe, et ne craint pas de nommer Iphigénie, la fille même d'Agamemnon. « Les Dieux, dit-il, ne s'appaiseront qu'à ce prix, et l'armée navale restera enchaînée à jamais dans le port, si l'on ne se résout à l'oblation d'une telle victime ».

Cet oracle doit paraître étrange ; ce qui l'est davantage, c'est que la demande de Calchas fut acceptée, et obtint le consentement du père. Ulysse se charge d'enlever par ruse la fille innocente d'entre les bras de sa mère.

Parée de bandelettes, elle est conduite aux pieds des saints autels, et en présence de l'auteur de ses jours, voit lever sur elle le couteau sanglant du sacrificateur. Achille même, qui l'aimait, ne put la soustraire à cet appareil barbare : tant la superstition a d'empire !

PYTHAGORE. Cet événement appartient-il bien à l'histoire.

LE GYTHIEN. S'il est controuvé, l'inventeur a laissé une grande preuve de sa connaissance du cœur humain. Agamemnon, renonçant au titre de père, pour conserver celui de roi des rois, est le type de tout ambitieux, qui ne reconnaît plus de famille ni d'amis, quand il les rencontre sur le chemin des honneurs.

On dit que le sacrifice d'Iphigénie ne s'acheva point ; elle fut reléguée dans un temple de Diane. Quittes envers les Dieux, les Grecs abordèrent heureusement sous les murs de Troye, et en firent le blocus. Les assiégeans, assure-t-on, étaient cent mille (1).

Les poëtes, et même les historiens, s'épuisent encore a raconter les faits héroïques qui eurent lieu de la part des assiégés, et surtout de leurs adversaires. L'élite des guerriers des trois mondes connus était là. Grâces au génie d'Homère, cette confédération armée fournit à l'histoire l'une de ses plus grandes époques.

PYTHAGORE. Ce n'est pas la seule fois que les historiens ont été ramasser les miettes tombées du banquet des Muses.

LE GYTHIEN. La prise d'une seule ville paraîtra peut-être un jour un événement au-dessous de tant de renommée ; mais les divers personnages qui ont rempli un rôle sur cette scène étroite, étaient dignes d'un théâtre plus vaste, et méritoient d'avoir l'univers entier pour spectateur.

Né avec beaucoup d'élévation d'ame, et une impétuosité de caractère qui ne lui permettait pas de temporiser, plein du sentiment de sa supériorité, Achille se voyait subordonné avec peine au fier Agamemnon. Témoin seulement des combats qui se donnent autour de lui, retiré dans sa tente, il y cultive l'amitié, les arts, et s'y livre aux soins domestiques.

---

(1) Nous avons vu plus haut que la flotte des Grecs comptait mille voiles. Ce ne serait donc que cent guerriers dans chaque vaisseau ; d'où l'on peut conclure que les navires de ce temps-là ne valaient pas même nos galiotes de Paris à Sèvres ; mais ce rapprochement même tourne à la gloire des Anciens qui faisaient beaucoup avec peu.

Pythagore. Les généraux des armées Persannes, sourient avec dédain à l'image d'Achille apprêtant lui-même ses comestibles. Tant de noblesse et de simplicité leur semble incompatible dans le même homme. Conservons pour la postérité ces détails, qui peignent d'un trait les mœurs des temps reculés.

Le Gythien. Moins irascibles cependant, les autres Grecs poursuivent ce siège mémorable sous le commandement du roi d'Argos et de Mycènes. Patrocles, qui ne peut persuader à son illustre ami le sacrifice d'un ressentiment particulier aux intérêts de tous, essaye, sous son armure, de reparer sa coupable inaction. Son zèle n'est point heureux, il succombe sous le bras d'Hector.

Le fils de Thétis et de Pélée déploie ici un beau caractère. L'amour de la gloire n'a pu seul le précipiter dans les batailles ; la perte d'un ami lui fait oublier ses injures personnelles. Achille appelle Hector au combat, et trouve enfin un rival digne de lui. Après une lutte honorable, celui-ci, égal en bravoure, est obligé de céder à la force et à l'expérience.

Le vainqueur, à la vue de ses armes souillées du sang de Patrocles, ne sait point être généreux envers le meurtier de son ami. Hector est immolé, et la vengeance d'Achille s'exerce jusque sur le cadavre du vaincu. Le héros Thessalien l'attache à son char de triomphe, et veut repaître de ce spectacle les Troyens, qui fondent en larmes sur les remparts. Trois fois Achille en parcourt le circuit ; il croit à peine avoir satisfait aux mânes de son ami. Pâris, peu de temps après, se venge lâchement des outrages prodigués au corps de son frère.

Pythagore. Que le récit de toutes ces réciprocités dégoûtantes est pénible à entendre (1) ! mais l'histoire et les Muses ont eu la force de l'écrire. Si Homère n'a été que le peintre fidelle des temps héroïques, nous préservent les Dieux du retour de telles mœurs.

Le Gythien. La chute du principal boulevart de Troye découragea les assiégés. Ils contraignirent, par leurs murmures, le bon roi Priam de capituler avec les assiégeans (2) : cachons le reste, il ne fait point assez d'honneur aux Grecs. Hélène fut restituée à Ménélas, qui l'emmena sur sa flotte avec toute l'impatience d'un amant. La vanité seroit-elle une passion, ainsi que l'amour ? Que de sanglantes catastrophes dans la famille d'Agamemnon, à son retour dans ses foyers ! Ægiste avait consolé Clytemnestre du sacrifice de sa fille. L'épouse massacra l'époux; et leur fils Oreste punit, par le meurtre de sa marâtre, celui de son père. Sublimes moralités !

Pythagore. Dont nous pouvions très-bien, ce semble, nous passer.

Le Gythien. Quittons cette scène d'horreur, pour venir aux Athéniens, en guerre contre les habitans de la Doride, peu après la rentrée des Héraclides dans le Péloponèse. La Pythie, consultée sur cette expédition, répondit de la victoire en faveur de celui des deux peuples qui perdrait son chef. Codrus s'applique cet

―――――――――――――――――

(1) Achille souhaite d'avoir assez de brutalité pour manger crue la chair d'Hector.
Utinam. . . . .
Crudas dissecantem carnes comedere. Iliad.
(2) Ce fut un 23 juin que Troye fut prise. Voy. les *marbres de Paros*.

oracle;

oracle; il se dépouille de ses habits royaux, pour prendre ceux d'un berger, fond sur l'ennemi, et meurt. En mémoire d'un sacrifice aussi rare, les Athéniens vainqueurs, selon la promesse d'Apollon, convinrent entre eux de ne pas donner de successeur à Codrus. Deux rois tels que lui, se dirent-ils, ne se rencontrent pas en deux siècles; et quand une nation se donne un maître, il ne faut rien moins qu'un maître tel que Codrus, pour la dédommager de sa liberté.

PYTHAGORE. Je retrouve ici la Grèce, telle qu'elle aurait dû toujours être.

LE GYTHIEN. Athènes adopta dès ce moment la république, et l'amour de la patrie n'y perdit point de sa force. Le plus faible des deux sexes semble même vouloir le disputer à l'autre. On vit les deux filles d'un citoyen se poignarder (1), pour mettre un terme à une famine que les prêtres de Delphes déclaraient ne pouvoir être appaisée que par ce double dévouement.

PYTHAGORE. Complaisant Gythien, permets une réflexion : Pourquoi les prêtres, dans le choix de leurs victimes, donnent-ils donc presque toujours la préférence aux jeunes filles ? procédé d'autant plus étrange, que ce sexe leur est beaucoup plus dévoué que l'autre. Est-ce donc là le salaire de la piété des femmes ?

LE GYTHIEN. Tu ne sais peut-être pas qu'Hélène dut la vie à un aigle. Les exhalaisons pestilentielles du mont Taygète, pendant les grandes chaleurs, soufflaient sur Sparte. Pour conjurer l'épidémie, le trépied demande

---

(1) Léos, *lect. coel.* Rhodigin. XIII. 7.

le sang d'une vierge ; Hélène, qui l'étoit encore, elle était fort jeune, fut désignée par le sort. Déjà le victimaire levait sur elle le couteau sacré ; l'oiseau de Jupiter, planant fort à propos de ce côté (1), s'abattit sur le prêtre, et le désarma. Les Dieux parurent satisfaits ; Hélène fut sauvée.

PYTHAGORE. Ramène-moi à quelques points d'histoire plus profitables à entendre.

§. CXXXV.

Suite de l'esquisse sur la Grèce.

LE GYTHIEN. Issu du sang d'Hercule, Lycurgue, après avoir posé à Sparte (2) une barrière, ou plutôt un contre-poids entre le despotisme et l'anarchie, prescrit comme l'une des bases de sa législation, presque les mêmes exercices aux deux sexes. Ce législateur pense qu'une femme robuste ne met point au monde des enfans énervés. Il confie aux jeunes filles la censure des jeunes hommes. Le plaisir devient le prix des mœurs. Il donne, pour premier caractère à la réforme d'un peuple, l'éducation.

PYTHAGORE. On trouve sévères, ses lois concernant le premier âge. Le nouveau né, contrefait, ou d'une organisation frêle, rejeté de la vie. Ceux qu'on juge dignes d'être conservés, battus de verges, pour les familiariser avec la douleur !...

LE GYTHIEN. Notre nation, demi-barbare

---

(1) Plutarque.
(2) Fondée, selon quelques-uns, mille sept cent trente-six ans avant l'ère vulgaire.

avant Lycurgue, obéissait à deux princes presqu'absolus. Il propose un gouvernement mixte, qui réduit les rois à n'être que les premiers parmi des égaux. Ces deux princes et le peuple n'ont qu'une seule table. La distribution des faveurs accordées par la patrie à ses enfans vertueux, ne se fait plus sur le trône ; Lycurgue lui interdit la pompe de la représentation, d'où découle nécessairement le luxe, fléau des états les mieux constitués. Les dépenses personnelles des rois ne peuvent plus motiver d'impositions étrangères aux besoins de la chose commune.

PYTHAGORE. Il en résulte que Sparte n'a plus que des fantômes de rois.

LE GYTHIEN. Pourvu que la loi n'en soit pas un, voilà comme il les faut à un peuple libre.

Les mœurs privées influent sur le régime politique ; Lycurgue subordonne tous les mouvemens de l'ame au seul amour de la patrie ; une mère se glorifie de ce titre, si son fils est bon citoyen. Lycurgue veut que le sentiment de la liberté absorbe tous les autres ; rien de plus adroit que la manière dont il s'y prend, pour parvenir à ce but. Le sort des ilotes nous offre journellement l'image de la servitude dans toute sa bassesse.

PYTHAGORE. N'y a-t-il pas de l'injustice et de la barbarie à traiter ainsi des hommes ?

LE GYTHIEN. L'édifice politique qu'on veut asseoir sur des fondemens durables, nécessite de tels moyens, qui peuvent paraître révoltans sous tout autre point de vue.

Pour qu'on puisse dire que la Laconie est le pays où les hommes libres sont plus libres qu'ailleurs (1), il faut que l'esclave y soit aussi plus esclave.

Par une suite de ces idées profondes, Lycurgue abandonne aux familles en servitude la culture des arts, qu'il ne croit propres qu'aux nations énervées ou frivoles. Le seul métier des armes lui paraît répondre à tous les besoins de la république.

Pythagore. Lycurgue ne veut donc que des soldats.

Le Gythien. A-t-il tort, s'il n'y a qu'eux de libres ?

Pythagore. Mais eux-mêmes le sont-ils ?

Le Gythien. Il commande de sacrifier aux muses, avant de marcher à l'ennemi. Le sévère Lycurgue dressa même des autels au dieu du Rire. Il admet des instrumens de musique dans nos armées. C'est lui qui rassembla le premier les poëmes épars du divin Homère, pour être récités dans nos fêtes nationales. Il avait rédigé un code pour les femmes (2); elles ne se montrèrent pas aussi dociles que les hommes, à la voix du sage législateur.

Pythagore. La raison est la dernière ressource qu'il ne faut employer, avec elles, qu'après avoir épuisé toutes les autres!

Le Gythien. Le grand Lycurgue mit le sceau à ses lois, en exigeant qu'on s'abstiendrait d'y toucher jusqu'à son retour; et il sortit de Sparte pour n'y plus rentrer.

Il avait médité cette réforme du gouverne-

---

(1) C'est le mot d'un Ancien.
(2) *Mulieres fertur Lycurgus deducere conatus ad leges; at ubi repugnabant, abstinuisse.*
Aristot. *polit.* II. 7.

ment de sa patrie, pendant un exil volontaire, dont il consacra une partie à voyager. Muni d'un oracle, entouré d'un groupe d'amis disposés à le seconder au besoin, il se présente à ses concitoyens qui, déjà, l'avaient oublié. On accourt; on se presse autour de lui. L'un des deux rois était absent. L'autre, seul, renfermé au fond de son palais, attend dans le silence, non sans inquiétude, l'issue d'une assemblée populaire qu'il n'a point convoquée. Lycurgue parle; l'attention redouble. Il déroule ses tablettes; il expose le plan le plus sévère qu'on eût encore osé proposer à des mortels. La présence d'un grand homme et sa sécurité en imposèrent, et firent croire praticable ce qui avait dû coûter des efforts de génie à combiner. La révolution fut achevée aussitôt que la lecture du code (1), sans effusion de sang. Un seul change les lois de tous. Et le lendemain de ce jour mémorable, le nouveau rouage politique est en jeu.

Un bienfait de cette importance méritait à Lycurgue une reconnaissance sans bornes : en ce moment, on lui bâtit un temple.

Lycurgue, qui connaissait les hommes, avait bien prévu que les rois mettraient tout en œuvre pour se dégager des liens qu'il leur avait imposés dans le sénat; que le sénat, de son côté, voudrait se ménager à la fois un double ascendant, et sur le peuple qu'il représente et sur les rois qui doivent le craindre et chercheraient à le gagner; que le peuple, victime de ces deux puissances, rivales ou non, se verrait bientôt privé tout-à-fait de sa liberté,

---

(1) Près de neuf siècles avant l'ère vulgaire.

précisément par les mêmes moyens imaginés pour la lui conserver : Lycurgue donc avait ordonné qu'aussitôt que ce qu'il pressentait serait arrivé, le peuple nommerait cinq magistrats pour surveiller et le sénat et les deux rois. L'un d'eux, Théopompe, cent trente années après ce dispositif, crut qu'il était temps de remplir les intentions du législateur. Il convoqua une assemblée générale pour élire, parmi tous ses membres, cinq éphores.

Lacédémone ne tarda pas à cueillir les fruits de cette heureuse innovation. Aucun de ces trois pouvoirs adverses n'osa empiéter sur l'autre. L'harmonie consolida le gouvernement ; et le calme intérieur mit les Spartiates en état de faire face aux troubles du dehors. Peut-être, on t'a raconté déjà tout cela, honorable étranger.

PYTHAGORE. J'étais instruit des formes politiques de Lacédémone ; tu me les retraces sous d'autres nuances. Un sujet aussi important demande à être vu sous toutes ses faces.

LE GYTHIEN. Nous avions besoin de toutes nos forces pour nous soutenir contre les Tégéens ; et principalement contre les habitans de la *Messénie* (1). Que pense-t-on chez l'étranger de nous et de nos ennemis ?

PYTHAGORE. Depuis long-temps les Messéniens faisaient ombrage à Sparte, envieuse du territoire, le meilleur de tout le Péloponèse, que Cresphonte avait eu l'adresse de leur faire adjuger lors du partage. De petites rixes particulières devinrent le prétexte d'une guerre ouverte. On se plaignit d'abord de part et d'autre, bien persuadé, des deux côtés,

---

(1) Aujourd. *Mossenigo*.

que l'animosité nationale ne se contenterait pas d'un accommodement paisible. Les Messéniens paraissaient cependant de meilleure foi, et s'en seraient volontiers rapporté à la sagesse de l'aréopage ou des amphyctions. On en vint aux mains. Lacédémone commença les hostilités. On n'était pas en force pour agir de représailles. Il fallut remettre la vengeance à un temps plus opportun qui, heureusement, fut assez éloigné. Il arriva, ce moment favorable ou plutôt fatal (1). Les deux nations qui, par leur bon accord, auraient pu faire trembler le reste de la Grèce, devenues ennemies irréconciliables, s'épuisèrent en pure perte. Les Messéniens en furent réduits au point d'abandonner leurs cités dépeuplées, et de se cantonner sur le sommet du mont Ithome; seul parti qui leur restait pour éviter une destruction totale ou l'esclavage. Alors, ils eurent recours aux oracles, ressource dernière, qui donne du ressort aux esprits abattus. Malheureux en se conduisant d'après eux-mêmes, les mortels espèrent plus de bonheur en se mettant à la merci des Dieux. Il en coûte quelques victimes illustres. Le fanatisme fut tel, qu'on ne parut embarrassé que du choix. L'arrêt de l'hiérophante du temple de Delphes consulté tomba sur la famille régnante; c'est assez l'usage; et ce triste honneur ne dégoûte pas du trône. Une vierge, issue d'AEgyptus, devait être offerte, en oblation, pour le salut de l'état.

Aristodême qui avait des prétentions à faire

---

(1) La première guerre des Messéniens date de sept cents et quelques années avant l'ère vulgaire.

valoir un jour sur la couronne élective de Messène, propose sa propre fille, pour en remplacer une autre dont la naissance est contestée. L'amant de l'infortunée apprend ce féroce héroïsme, court à la place publique, arrête le glaive déjà levé et s'écrie : « Pontife ! Elle est ma femme, et bientôt mère ».

Ingénieuse imposture, inventée par l'amour au désespoir !

Aristodême furieux s'avance et lui réplique :

« Lâche ! ne te flatte pas d'avoir sauvé la vie de ma fille aux dépens de son honneur ; vous tous qui l'avez entendu, voyez et jugez »!

En disant ces mots, il saisit le fer du sacrificateur, le plonge tout entier dans les entrailles de sa fille et les soumet d'une main forcenée aux regards de l'assemblée stupide d'horreur.

Le souverain pontife, familiarisé avec de tels spectacles, a le courage de reclamer ses droits, et demande une autre victime. Il fut obligé de se contenter de celle-ci. La volonté des Dieux était accomplie. Un sang vierge avait coulé sur leurs autels et devait les satisfaire, quoique versé par une autre main que celle d'un prêtre.

Encouragés par l'oracle, auquel ils avoient obéi, les Messéniens, assaillis de nouveau par les Spartiates, soutinrent le choc avec une vigueur nouvelle ; ils auraient eu un succès, si leur roi, trop ardent, n'eût voulu payer trop de sa personne. Euphaës mourut de ses blessures ; le peuple nomma aussitôt, pour lui succéder, Aristodême : il lui en avait coûté assez cher pour réunir les suffrages.

Son régne commença par une confédération avec les ennemis de la nation rivale de la sienne, tels que les peuples de l'Arcadie, les habitans de Sycione et d'Argos. Les états généraux de la Grèce avaient déjà réglé, mais en vain, les différens entre ces puissances et Lacédémone.

Le Gythien. Nous eûmes Corinthe pour auxiliaire. Les premières campagnes furent si heureuses pour les Messéniens, que nos aieux crurent devoir déroger à leur ancien caractère, en implorant le secours de la ruse; un oracle complaisant voulut bien lever tous les scrupules, et permettre tous les moyens : pendant un assez long temps, Aristodême nous suivit de près, déconcerta toutes nos mesures, et ne nous laissa faire aucun progrès. Il n'avait qu'une seule place de défense; il était possible de le réduire, en le resserrant sur la montagne d'Ithome. Ce sage dessein réussit parfaitement; les assiégés, rendus à leurs seules forces, ne purent tenir contre l'assiégeant, qui renouvelait ses pertes.

Pythagore. Aristodême, sans ressources, résolut de ne point survivre à sa gloire, et montra l'exemple à son peuple consterné. Ce qui se passait en lui, changeait son existence en un supplice journalier. Le remords d'avoir immolé sa fille de ses mains, était un vautour attaché à son ame; à toute heure il avait sous les yeux la scène horrible de ce sacrifice. Une nuit il croit voir sa fille elle-même apparaître à ses regards troublés, vêtue de blanc, couronnée de fleurs, les mains liées avec des bandelettes; il croit l'entendre lui tenir ce discours mal articulé :

« Citoyen généreux ! tu te reproches aujourd'hui ton forfait, parce qu'il est inutile. Voici mes entrailles fumantes que ta main, la main d'un père, arracha de mes flancs vierges ! et déjà j'entends le bruit des fers qu'on prépare à ta patrie. Un prêtre t'avait promis la gloire et le salut des tiens, pour prix du sang d'une vierge. Crédule et féroce Aristodême ! en déchirant le sein de ta propre fille, as-tu donc pu croire que les Dieux accordent leurs faveurs aux pères qui tuent leurs enfans ? Les Dieux sont justes ; les Messéniens vont être esclaves, et leur roi n'a que la mort pour se dérober à des fers honteux. Meurs donc »!

A cette voix, Aristodême court au tombeau de sa fille, et s'adressant à ses cendres : « Mânes sacrés ! vous serez satisfaits. Ma fille ! pardonne à l'amour de la patrie ; je lui ai sacrifié ce que j'avais de plus cher. O ma fille ! reçois à ton tour le sacrifice du seul trésor qui me reste, l'existence et l'espoir ».

Et il se tua ; son règne fut de six années.

Le Gythien. D'après les mœurs forcenées de leur chef, tu peux apprécier les ennemis auxquels Sparte avait affaire. Continue à me donner l'opinion des étrangers sur ma patrie.

§. CXXXVI.

Suite.

Pythagore. Les Messéniens se défendirent encore quelques mois avec un courage digne de la cause qu'ils soutenaient ; il fallut se rendre, et subir toutes les conditions qui plûrent au vainqueur ; Sparte les imposa d'autant plus onéreuses, que ses lauriers n'étaient point gratuits ; cette longue guerre lui moissonna beaucoup de citoyens.

Depuis long-temps les Spartiates étaient hors de leurs foyers ; leurs compagnes solitaires vivaient dans les ennuis d'un veuvage qui commençait tellement à leur peser, qu'elles avaient cru devoir en instruire leurs époux, voués tout entiers à Bellone. Cent jeunes étrangers, enrôlés sous les drapeaux de Lacédémone, furent chargés de porter la réponse. Les maris, de retour chez eux, se repentirent un peu tard. La nouvelle génération leur déplut si fort, qu'elle se hâta d'aller établir une colonie à Tarente (1), ville d'Italie, dont les mœurs, assure-t-on, ne répondent déjà que trop à la naissance des fondateurs.

Le Gythien. Tout cela est assez exact ; mais tout cela était inévitable. Les chastes lois de Lycurgue (2) ne sont pas plus que le reste des choses humaines à l'abri des événemens.

Pythagore. Réduits depuis plusieurs années à un esclavage presqu'aussi dur que celui des ilotes, les Messéniens n'oublièrent pas qu'ils avaient été libres, et ne perdirent point l'espoir de le redevenir. L'un d'entr'eux, né avec ce qui fait les héros, le jeune Aristomène, profitant des généreuses dispositions où il trouve ses compatriotes, les excite à secouer le joug. Ils lui offrent le titre de roi, il ne veut être que leur général d'armée. Après s'être assuré

---

(1) Strabo. *geogr.* VI. Justin. III. 4.
(2) Si quelqu'un me demande si j'estime que les lois de Lycurgue soyent maintenant en leur entier, je n'ose pas dire qu'ouy.

Xénophon, *république de Sparte.*

de quelques alliés, il commence, sans perdre plus de temps, la seconde guerre des Messéniens contre les Spartiates (1), seul fait digne d'attention à cette époque des annales de la Grèce (2).

A cette levée subite de boucliers, Lacédémone, selon l'usage, consulte l'oracle, qui lui donne le conseil de demander un chef aux Athéniens. Athènes leur députe un poëte; on ne peut s'y refuser; il fallut respecter la volonté des Dieux, dans ce choix étrange, qui n'était point sans intention. Tyrtée (3) perd trois batailles consécutives contre Aristomène Ceux qu'il menait au combat, devaient s'y attendre. Les voyant abattus par ce triple échec, et dégagé du rôle dont on l'avait chargé pour des raisons d'état, Tyrtée quitte le bâton du commandement, pour reprendre sa lyre. Les mœurs spartiates avaient donné du nerf à son génie naturellement élevé; il s'abandonne à son enthousiasme, et célèbre dans de beaux chants (4), l'amour de la patrie et de la gloire. Les soldats ne tardent point à partager son ivresse; le feu de la valeur se rallume dans leur ame; ils lui font le serment de ne point cesser de combattre qu'ils n'aient été vainqueurs. Pourquoi d'aussi généreux sentimens n'avaient-ils pas un motif plus juste?

Aristomène, à cette nouvelle, redouble d'ac-

---

(1) Près de sept siècles avant l'ère vulgaire.
(2) L'abbé Mably appelle ces guerres affreuses, *des momens de distraction.*
Observ. sur les Grecs. p. 31. 1766.
(3) Maître d'école, borgne et boiteux.
(4) Intitulés *Eunomie.* Pausan. *Mess.*

tivité, de hardiesse et de prudence. Ses troupes lâchaient pied, ses confédérés le trahissaient; il ne perd rien de sa contenance et de son courage. Il évacue sagement les places qui lui restaient dans la plaine ; elles eussent divisé ses forces, qu'il ramasse toutes sur le mont Ira. Certain d'un refuge à tout événement, il ne cesse de courir sur l'ennemi, qui l'avait toujours en face. Pris trois fois, il sut se dégager lui-même. Lui seul balance la fortune de Lacédémone, et diffère la ruine de sa patrie.

Ses concitoyens le secondent autant qu'il est en eux ; son exemple inspire le courage aux plus faibles, aux plus timides. Les Messéniennes elles-mêmes veulent se distinguer; lors du blocus d'Ira, elles revêtissent les armes des assiégés mourans, et fermes sur les remparts, en prennent la défense à l'égal des hommes.

Les Spartiates, indignés de tomber sous les coups d'un sexe qu'ils méprisaient par tout ailleurs que chez eux, déploient leurs moyens : l'intrépidité cède au nombre; les Messéniens se voient contraints d'abandonner la seule place-forte qui leur restait, après un siége de onze ans, qui méritait plus de célébrité que celui de Troye : il ne lui manqua qu'un Homère.

Aristomène n'était point avec eux, et l'ennemi avait profité de son absence. Ce grand capitaine, plein de ressources, ne crut pas que tout fût perdu encore ; il parvint à rassembler autour de lui quelques centaines d'hommes.

« Amis ! leur dit-il, le Spartiate porte le fer et la flamme au sein de nos remparts, courons lui rendre la pareille dans ses foyers dégarnis de défenseurs ».

Le dessein était beau et praticable. Ils partent ;

des alliés se joignent à eux. Le roi des Arcadiens fit échouer, par une lâche trahison, le hardi projet d'Aristomène. Ce héros ne voulut point survivre à ce dernier événement ; il ne savait point combattre des traîtres : on le vit se précipiter seul dans un bataillon de Lacédémoniens, et y trouver un trépas honorable. Avec lui l'espoir mourut dans le cœur de ses compatriotes ; ils désertèrent tout-à-fait leur pays natal, et allèrent fonder Messine.

Le Gythien. A l'époque de la fondation de Syracuse, par une colonie Corinthienne.

Pythagore. Le roi des Arcadiens ne recueillit point le fruit de sa déloyauté. Ses sujets révoltés de sa conduite, le lapidèrent, et sur le lieu de son supplice, dressèrent une colonne infamante, avec cette inscription :

« Ici les Arcadiens firent eux=mêmes justice de leur roi, persuadés qu'un allié perfide ne saurait être un bon prince ».

Mais, dis-moi, Gythien obligeant, tant de peuples trouvent que c'est bien assez d'avoir un seul roi. Comment les Spartiates purent-ils se résoudre à en souffrir deux ?

Le Gythien. Une princesse, mère de deux enfans jumeaux, qu'elle aimait également, représenta dans l'assemblée du peuple que la couronne était assez grande pour ceindre en même-temps la tête des deux frères, dont la ressemblance était parfaite. En condescendant au vœu maternel de la veuve d'Aristodême, né du sang d'Hercule, le peuple crut que sous deux chefs, il n'en resterait que plus libre. Il estimait que les deux princes se surveilleraient l'un l'autre ; qu'une noble émulation s'emparerait d'eux, et tournerait à la gloire et au bonheur de la chose commune : ils pensaient qu'en divisant l'autorité royale, c'était l'affaiblir d'autant. Ce qu'on espérait ne se réalise pas ; Sparte s'est repentie déjà plus d'une fois d'avoir mis sa liberté à la merci de deux rois, devenus bientôt tyrans par rivalité !

PYTHAGORE. Et vos ilotes ? qui put entâcher de cette flétrissure un gouvernement si sage sous d'autres rapports ?

LE GYTHIEN. Peu après les règnes de Proclès et d'Euristhène, Agis signala le sien par un événement qui fit révolution. Les Spartiates, jusqu'alors, contribuaient volontairement aux charges publiques, et l'état n'en allait pas plus mal. Le nouveau roi jugea convenable de lever une imposition générale sur toutes les propriétés. Cette taxe déplut à des propriétaires ; on voulut les y contraindre par la force ; une partie de la nation marcha contre l'autre. Les réclamans furent prisonniers de guerre. Le prince en fit des esclaves. Telle fut l'origine des *ilotes*. Le joug s'appesantit sur eux avec le temps, et par raison d'état : d'abord, pour contenir ceux qui oseraient se soustraire aux besoins plus ou moins réels du gouvernement ; ensuite, afin de relever l'éclat de la liberté, et d'en faire sentir tout le prix, en lui opposant l'image de la servitude dans toute sa bassesse. Quelques Messéniens égarés par le désespoir, se donnèrent au conquérant, et consentirent à grossir le troupeau des ilotes. Et l'existence de cette classe trop nombreuse d'hommes sans caractère, n'en devint à cette occasion que plus précaire et plus dure encore.

PYTHAGORE. Tu dis bien : cette classe trop

nombreuse d'hommes. . . . elle doit en effet causer quelques inquiétudes à ses maîtres.

Le Gythien. Dans la crainte du retour des ilotes à leurs droits, on appesantit chaque jour leur chaîne. C'est un grand exemple dont la politique lacédémonienne frappe continuellement l'esprit des citoyens, trop peu dociles aux lois.

Pythagore. Sparte devrait craindre pour elle le traitement qu'elle impose à ceux qui ont le malheur de tomber vivans entre ses mains de fer. Elle ne profite pas des leçons de l'histoire. Cependant la vôtre même pourrait vous en fournir.

Le Gythien. N'as-tu pas en vue les Tégéens? qu'en as-tu appris?

Pythagore. Lycurgue était à peine dans la tombe, que Sparte, peu fidelle au véritable esprit de ses lois, voulut porter ses armes offensives contre des voisins paisibles. Elle s'adressa d'abord aux Tégéens (1), et se proposa de leur enlever l'Arcadie, pays tranquille, qui convenait mieux à un peuple pasteur, qu'à une nation ambitieuse et guerrière. Les prêtres, toujours de moitié dans les entreprises justes ou non, projetées par le gouvernement, ne manquèrent pas de fabriquer un oracle conçu à peu près en ces termes :

« A des étrangers braves est réservé l'honneur de mesurer au cordeau le territoire Arcadien ».

En conséquence de ces paroles, le soldat se met en marche; il doute si peu du succès, qu'il se munit de cordes, dans la double intention

---

(1) Hérodot. I. Pausan. *lac.* et *arcad.*

de lever le plan de l'Arcadie, et de lier derrière le dos les mains de ceux qui oseraient lui en disputer la conquête. Cette insolente présomption trouva son salaire. Les Tégéens défendirent courageusement leur sol nourricier ; et les deux sexes prirent une part égale au danger. Les Spartiates furent complétement battus ; ceux qui échappèrent au glaive victorieux, se virent resserrer dans les mêmes liens dont ils s'étaient pourvus d'avance en partant. Votre roi Charilaüs, le neveu même de Lycurgue (1), subit l'un des premiers cet affront trop bien mérité : mais je regrette principalement les Messéniens.

Le Gythien. Revenons à eux. On rapporte diversement la cause première des guerres entre ce peuple et Lacédémone (2). Un temple de Diane, construit sur les limites des deux états, recevait dans son enceinte les offrandes des deux nations ; une troupe de jeunes filles Spartiates y fut un jour insultée.

Pythagore. Ces jeunes filles étaient des guerriers, cachant des dagues sous des habits de femmes, et conduits par leur roi Télècle, lui même ; ils avaient le dessein de saisir le moment de la solennité, pour égorger tous les Messéniens assistant à la fête ; mais ceux-ci eurent le bonheur de découvrir cette trahison impie.

Le Gythien. Je l'avoue, Lycurgue n'eut point approuvé de tels procédés. Il est dou-

---

(1) Le père de Lycurgue se nommait *Ennomus*.
(2) *mém.* du B. de Sainte-Croix, *acad. insc.* tom. 45. *in*-4°.

loureux de voir le peu d'influence que les grands hommes conservent après leur mort.

PYTHAGORE. Serait-ce parce qu'il est peu de grands hommes qui ne ternissent leurs vertus par de grandes erreurs, ou de grands attentats?

Je me rappelle un de vos anciens rois, qui ne confirme que trop mon observation. Agis, sous le règne duquel on place ordinairement l'origine des ilotes, avait pour collégue sur le trône, le fils de son oncle Proclès, nommé *Soüs* (1). Un seul trait servira pour caractériser celui-ci. Tandis que son parent faisait des esclaves à Sparte, il cherchait des victoires en Arcadie. Son génie le servit un jour merveilleusement contre les Clitoriens, qui avaient investi son camp de toutes parts. Ne sachant comment délivrer son armée, prête à manquer d'eau, tel fut le stratagême qu'il imagine. Il propose à l'ennemi, qui le serrait de si près, de lui rendre tout ce qu'il lui avait enlevé déjà. Il ne demande en échange que la permission de mener ses troupes vers un ruisseau voisin, pour s'y désaltérer. La proposition est acceptée : les soldats se précipitent dans le fleuve pour y étancher leur soif.

« Un moment, leur crie Soüs! l'ennemi va donc reprendre toutes nos conquêtes, en retour d'un peu d'eau. Pressés par le besoin, nous avons tous consenti à ce traité. Celui d'entre nous qui aurait le courage de s'abstenir de boire, ne serait pas tenu sans doute à une convention que la nécessité seule nous a fait souscrire. Est-il un Spartiate capable d'un tel empire sur ses besoins? qu'il se lève, et je lui

---

(1) Plutarch. *vita Lycurg.*

cède ma part au trône... Personne ne répond. Eh bien ! ce sera moi » !

Après que toute son armée est désaltérée, Soüs puise de l'eau dans le creux de ses mains, en baigne son visage, observant de n'en point laisser tomber une seule goutte dans son palais desséché; puis il dit à ses soldats stupéfaits : « Marchons de suite à l'ennemi, je ne lui dois rien ; puisque je me suis soustrait au traité, je puis m'exempter d'en remplir les conditions. Mes conquêtes en Arcadie sont bien à moi, et me resteront ».

Soüs ne restitua aucune des terres qu'il avait prises aux Clitoriens.

Ulysse n'aurait pas raisonné plus juste, ni mieux agi. Habitant de Gythium, ce ne sont pas là de mes héros.

LE GYTHIEN. Aristomène paraît te convenir davantage.

PYTHAGORE. Les Lacédémoniens n'eurent point d'ennemi plus redoutable. Hardi et sage tout ensemble, il combattait avec tout le feu de la jeunesse, et dirigeait ses plans avec le sang-froid de l'âge mûr.

LE GYTHIEN. Ce fut ce général messénien qui, après une victoire signalée, à la faveur des ténèbres, entra seul dans Sparte, suspendit son bouclier aux portes du temple de Minerve ; et sortit, content d'imprimer, à la vue de cet objet, la terreur dans l'ame des citoyens à leur réveil.

Prisonnier avec cinquante des siens (1), il revit encore cette ville ; mais renfermé dans la tour des criminels d'où ses compagnons avaient

---

(1) Polyen. II. *stratag.*

été précipités (1), on ne se proposait pas, sans doute, de lui faire grâce. Dans un coin obscur de son cachot, il aperçoit un renard qui s'y était introduit par une ouverture difficile à trouver. Aristomène se saisit de sa queue, résolu de suivre l'animal en quelqu'endroit qu'il allât se réfugier. Le renard prit comme il put le chemin de son terrier au pied de la tour, en dehors. Cette voie était trop étroite pour Aristomène ; il remarque du moins les traces de son guide et à force d'industrie et de travail, il parvint à se délivrer. Repris la nuit suivante, il profite encore une fois d'une heureuse circonstance. Ses gardes s'énivrent. Il les poignarde avec leurs propres armes et rejoint ses soldats qui purent à peine en croire leurs yeux.

Ce grand capitaine obtint trois fois les honneurs du triomphe décernés à ceux qui tuaient, de leurs mains, cent ennemis dans une seule mêlée.

PYTHAGORE. Aristomène n'était point guerrier pour le seul plaisir de l'être. Il défendait sa patrie et combattait pour la liberté. Il était loin de prévoir qu'après son trépas, une partie de ses concitoyens irait à Sparte grossir le troupeau des ilotes.

---

(1) Connue sous le nom de *Céade*.

§. CXXXVII.

Candaule , Cypsèle.

Le Gythien. L'histoire de nos voisins offre, à la même époque, un contraste qui te frappera, honorable étranger, puisque tu paraîs te consacrer à l'étude des hommes. Vers ce temps, il se passait une révolution bien étrange à la cour de Lydie ; tu sais que les superbes rois de ce beau pays ont pour premier ancêtre le fils d'une esclave (1). Hercule, il est vrai, était le père. L'un des descendans du héros en tenait le sceptre à Sardes, depuis dix-sept années. Peu de prince pouvaient se dire plus heureux que *Candaule* (2). Il régnait en paix sur une belle contrée, baignée des eaux du Pactole ; il était tout-à-la-fois l'époux et l'amant de la reine sa femme ; avantage assez rare... J'oublie que je suis Spartiate et que je parle à un voyageur instruit, sans doute, de ces événemens. La confiance et le laconisme ne vont point ensemble. Et puis, c'est une singularité piquante que de s'entretenir des mœurs de la cour efféminée de Sardes sur le sommet âpre du mont Taygète, qui n'est point le *séjour des ris* (3).

Ajoute à cela, dis-je à mon guide, que l'a-

---

(1) Dion. Chrys. *orat.* XV.
(2) Synonime d'Hercule ; en grec, *Myrsilus.*
  Origin. uriennes. VIII.
(3) Allusion à une étimologie du nom de *Sardes*, qui, dans la langue assyrienne, signifie *la ville des Ris.*
  Traité du rire. 1768.

venture dont tu me parles m'a déjà été racontée de plus d'une manière. Dans la bouche d'un Lacédémonien, elle ne doit rien perdre de son prix et de sa moralité. Parle ! je te donne toute mon attention.

Le Gythien. Les rois, au sein de leurs prospérités habituelles, en perdent souvent tout le fruit, en voulant trop les analyser. Quand ils viennent à réfléchir sur leur rang, ils ne peuvent se dissimuler qu'on les croit toujours sur parole, et qu'on n'ose jamais trouver mal ce qu'ils désirent qu'on trouve bien. Candaule était de ce caractère. Tous ses courtisans l'assuraient qu'il possédait la plus belle femme de ses états ; et cette fois ils disaient la vérité. L'amour propre de l'époux couronné n'était pas entièrement satisfait ». Une complaisance servile, se disait-il à lui-même, seule, leur arrache cet éloge. Ils ne connaissent, de la reine, que les moindres attraits ; et quand je leur vante ses beautés interdites à tout autre qu'à moi, ils en doutent, peut-être, encore. Comment pouvoir les convaincre que je n'exagère point, et obtenir un aveu qui ne soit qu'une justice » ? Candaule honorait de son intimité Gygès, l'un des gardes de sa personne ; il en avait fait son plus cher confident ; Gygès eût été son ami, si les rois n'étaient pas condamnés à ignorer ce sentiment.

Pythagore. L'égalité seule en fait la base (1).

Le Gythien. Le monarque lydien le prend

---

(1) . . . . *Pythagoras saepius omnibus inculcabat :* *amicitia, aequalitas ; aequalitas, amicitia est.*
Vita Pythag. Jambl. XXIX.

un jour à part pour lui parler ainsi : « Es-tu bien persuadé de la beauté de ma femme ? — Prince ! pourriez-vous douter de ma sincérité ? Elle a pour garant le suffrage universel. Est-il un seul de vos sujets qui ne rende un tribut d'admiration à la reine ? — On flatte les rois, principalement dans ce qu'ils ont de plus cher. Je t'avoue que j'aime ma femme au point que je désirerais que tous les hommes la vissent avec mes yeux. Je souhaiterais lui obtenir de toute la terre le culte motivé que je lui rends. — Mon maître n'en est pas réduit au souhait ; les trois mondes, d'un concert unanime, vantent les grâces et la beauté de l'épouse de l'heureux Candaule. — Ce n'est pas assez. — Que pourriez-vous désirer davantage ? — Je voudrais que tous les mortels eussent autant de raisons que moi pour idolâtrer la reine. Il n'y a que moi qui soit à même de connaître tous ses mérites. Et quand je m'épuise en expressions pour les peindre, je souhaiterais trouver quelques moyens pour convaincre les autres que je reste toujours au-dessous de mon sujet. Gygès ! tu ne me devines pas ? Tu es mon ami. Je t'ai rendu le dépositaire de mes plus secrètes pensées. Je ne t'ai rien caché. Mon cœur est nu devant toi. Si ma femme pouvait s'offrir de même à tes yeux, tu pourrais l'apprécier avec justice ; et tu me procurerais la douce jouissance, la seule qui me manque, celle d'être assuré d'après un témoignage non suspect, que l'amour ne m'aveugle point sur les perfections de ma chère et digne compagne. — Prince ! Que dites-vous ? Vous m'éprouvez sans doute. — Non, Gygès ! ce que je te propose est un ordre. Je veux, ce soir, qu'introduit par moi dans l'appartement de la reine, tu assistes à son coucher, sans en être vu, et que tu puisses en assurance, fixer tes regards sur des trésors dont un époux doit avoir la connaissance exclusive. — O mon maître! et les devoirs sacrés de l'hymenée! et les lois saintes de la pudeur! — Je prends tout sur moi. — Si la reine m'aperçoit. — Elle ne te verra point. Trêve d'objections et de résistance! je le veux, et ton ami t'en conjure. Moi-même, je te placerai à l'endroit convenable. Entre la porte et la couche royale, est une table; sur ce marbre, la reine dépose, pièce par pièce, tous ses vêtemens, jusqu'au dernier; profite des instans, ils sont précieux. Vois, admire, et retire-toi sans indiscrétion ».

Les volontés d'un monarque, en Lydie, sont les décrets de Jupiter. Un refus obstiné de contempler la reine sans voile, eût été puni comme un attentat sur sa personne. Candaule s'était trop avancé pour ne pas perdre un homme qui avait son secret. Gygès obéit, il voit tout.

L'amoureux Candaule ne peut taire à sa femme ce qui vient de se passer par ses ordres. Elle ne répond rien; et concentre en elle-même tout ce qu'un tel procédé doit avoir de révoltant pour une lydienne et pour une reine.

La nuit s'écoule trop lentement à son gré. Dès le matin du jour suivant, elle mande Gygès; il arrive, sans rien soupçonner. Il allait recevoir ses ordres chaque jour. Elle le prend à part, pour lui dire :

« Tu vois ces gens armés, ils sont prêts à

fondre sur toi au premier geste que je leur ferais. Choisis ; la mort, ou le trône.... Puisque tu as vu ce que mon époux seul doit voir, il faut que tu le devienne. Puisque Candaule a usé indignement de ses droits sur ma personne, il faut qu'il meure, et puisque tu n'as pas craint d'obéir aux commandemens sacriléges de ton maître, il faut que son crime soit puni par celui-là même dont il s'est servi pour le commettre. Choisis donc : ta mort, ou celle de Candaule.... Je n'écoute aucune représentation : les lois de l'honneur sont les premières à mes yeux; toute considération se tait devant elles. Je dois aux deux sexes une grande leçon, et à moi-même une réparation égale à l'injure. Gygès, obéis moi, à mon tour, ou, je le répète, le trépas ! Ce soir donc, caché à la même place, d'où tu as osé porter un œil téméraire et profane sur l'épouse de ton maître, je t'ordonne de lever ce fer sur Candaule, et de le frapper sitôt que le sommeil te le livrera sans défense ».

Ce fut pour ce dernier parti que Gygès se décida. De ce moment, il partagea le lit et la couronne de la reine. Ignorant le véritable motif du meurtre de leur prince (1), les Lydiens accoururent au palais à main armée. On les appaisa, en leur proposant l'oracle pour arbitre. La Pythie consultée, proféra cette sentence obscure :

« Le crime appelle le crime, et ne doit pas être imputé à celui qui en est l'instru-

---

(1) Candaule mourut deux ans avant la vingtième olympiade, et la même année que Romulus.
Plin. *hist. nat.* XXXV. 8.

ment involontaire. La dynastie des Héraclides doit céder la place dans Sardes au nouveau choix d'une reine outragée dans ce qu'une femme a de plus précieux ».

Gygès sut reconnaître la complaisance de l'oracle. Il combla de présens le temple de Delphes. Les plus riches offrandes conservées dans le trésor des prêtres d'Apollon, sont dues à ce prince, qui régna trente-huit années, et passa le sceptre à un fils qu'il eut de la reine. Le peuple douta quelque temps de la bonne foi sacerdotale en cette rencontre, et ne cessa de murmurer que quand le nouveau monarque l'eut rassuré par une administration douce. Il vint à bout, peu à peu, de faire oublier l'aventure de Candaule.

Il est des historiens qui la révoquent en doute ; d'autres la traitent d'absurde et d'invraisemblable, comme si les rois, plus que le reste des hommes, étaient exempts d'inconséquences. Heureux le peuple, quand les fautes personnelles de ses chefs tournent à son avantage ! Archiloque (1) en a fait le sujet d'un poëme.

Candaule aimait les arts et récompensait les artistes avec munificence. Il donna au peintre Bularque (2) autant d'or qu'en pesait un de ses tableaux (3).

La profusion, qu'ils appellent dans les cours *munificence*, caractérise les monarchies. L'économie est la vertu des états républicains.

---

(1) Herodot. I. 13.
(2) Plin. *hist. nat.*
(3) En ce temps, on ne peignait guère que sur le bois ou sur la pierre.

On raconte que Gygès, en visitant d'anciens monumens, trouva sur la main d'un cadavre un anneau assez remarquable pour s'en saisir, et pour le passer à son doigt. Tourné sur une certaine face, cet anneau avait la double vertu de rendre invisible et présent à la fois celui qui le portait.

Pythagore. Symbole politique ! éloge indirect de la vigilance du prince régnant.

Le Gythien. L'anneau de Gygès ne parvint pas jusqu'au puissant et malheureux Crésus. Mais c'est trop nous arrêter dans une cour qui portait la corruption des mœurs et le raffinement du libertinage, jusqu'à faire des eunuques de l'un et l'autre sexe (1).

Corinthe éprouvait dans le même temps une révolution à peu près semblable. Cette ville place son origine très-haut (2); pour ce qu'elle en rapporte de certain, elle pourrait reculer sa fondation plus avant encore dans la nuit des siècles. Le *caillou* de Sysiphe, premier roi de cet état, et la chimère de Bellérophon, rendent les premières années de Corinthe un peu suspectes. Néanmoins, arrêtons nous y un moment.

Pythagore. L'histoire ressemble par fois à la fable, et n'en est pas moins instructive.

Le Gythien. Une branche de la famille des Héraclides s'empara de ce petit empire, et lui donna quelque consistance et du lustre. La maison des Bacchides fut la troisième dynastie régnante. Le chef, qui mérita la couronne à ses enfans, était un prince populaire.

---

(1) Athénée. *deipnos*. XI.
(2) Syncell. p. 186.

Ses derniers neveux, impatiens de régner, et ennuyés d'attendre leur tour, purent changer la forme du gouvernement. La nation consentit à ce que chacun d'eux ne s'assiérait qu'un an sur le trône. Ce régime politique, assez raisonnable, quoique dû à l'ambition, dura l'espace d'un siècle, et Corinthe n'a point d'époque plus florissante. Alors déjà, elle se voyait la métropole de deux colonies célébres, Syracuse et Corcyre.

Une particularité qu'on ne pouvait guères prévoir, vint altérer la face des choses. Les Bacchides ne se permettaient d'alliance qu'entre eux. Labda, née de leur sang, était si contrefaite, qu'aucun de ses parens ne put se résoudre à l'épouser. Les Dieux, en lui déniant la beauté, ne l'avaient point exemptée des besoins de son sexe et de son âge. Elle immola les intérêts de la politique à ceux de sa personne, et donna sa main à un étranger. Etion, on nomme ainsi son époux, trouva fort avantageux de s'unir à une femme laide, qui lui apportait pour dot des prétentions à la souveraineté. Labda devint enceinte ; les Bacchides allarmés, se firent autoriser d'un oracle à leur dévotion, dans le projet de prononcer et de mettre à exécution un arrêt de mort contre le nouveau né. Dix assassins choisis parmi eux se chargent de faire périr un enfant, et le peuple semble les approuver (1), et même leur applaudir.

PYTHAGORE. Le peuple, compatissant de sa nature, devient féroce par superstition.

LE GYTHIEN. On en crut Delphes, prédi-

---

(1) Aristot. *econ.* II. *polit.* V.

sant que Labda mettrait au monde un rocher, lequel devait un jour écraser la liberté des Corinthiens.

Pleins de confiance, les assassins se rangent autour du lit de leur parente, comme pour la féliciter d'une fécondité long-temps attendue. Une mère, dans ces premiers momens, est crédule et vaine. Labda s'empresse de montrer le doux fruit de ses entrailles, et même consent à le laisser passer, de son sein, dans les bras de ceux qui marquaient tant d'empressement, et lui promettaient tant de caresses. L'enfant est porté dans la chambre voisine ; déjà l'un des conjurés le balance dans ses mains, pour l'écraser contre la muraille.

PYTHAGORE. O Spartiates ! que vous êtes sages de renoncer à l'histoire !

LE GYTHIEN. Les cris faibles de l'innocente victime, ses petits bras levés comme par instinct, vers les meurtriers, ses traits touchans, quoiqu'à peine formés, et plus que tout cela l'horreur salutaire que la nature inspire pour de telles exécutions ; toutes ces circonstances réunies, attendrissent les assassins, et sauvent l'enfant. Il est reporté précipitamment dans les bras de sa mère.

Les meurtriers font bientôt un retour sur eux-mêmes. Surpris et indignés de se trouver sensibles, ils revinrent sur leurs pas, résolus de consommer le sacrifice atroce.

PYTHAGORE. Bonne nature ! que les hommes ont changé, en s'éloignant de toi !

LE GYTHIEN. Pendant leur absence, Labda se rappelle qu'il lui avait semblé voir quelque chose de sinistre sur la physionomie, et dans la démarche de ses parens, mal intentionnés.

Son cœur lui inspire une juste défiance, et lui conseille la ruse. On cache le nouveau né sous un *boisseau* (1), dont il prit dans la suite le nom par reconnaissance. Les conjurés se présentent de nouveau pour s'emparer de lui; après une perquisition exacte et inutile, il leur fallut s'en retourner seuls, et sans l'enfant, et même publier que Labda n'était plus mère.

Cypsele fut élevé dans l'ignorance de cette catastrophe. Parvenu à l'âge où l'on est capable de résolutions fortes, son père et sa mère le conduisirent au trépied d'Apollon. La Pythie, dévouée à ceux qui la payaient davantage, s'apercevant que les Bacchides perdaient tous les jours de leur crédit sur l'opinion publique, crut pouvoir confirmer son premier oracle. Elle répondit aux nouveaux consultans: « Oui, Cypsele est le rocher qui écrasera ceux qui voulurent l'écraser ».

Fort de ce suffrage, Cypsele en répandit sourdement la nouvelle parmi le peuple, déjà prévenu par ses promesses. Un jour, les Bacchides sortent tous de la ville, pour revêtir de la sanction religieuse, dans un temple voisin, quelque nouvelle machination, dirigée contre Cypsele, qui commençait à leur porter ombrage. Celui-ci, pour parer le coup dont il est menacé, s'en permet un qui lui réussit au-delà de ses espérances. Il assemble le peuple sur la place, lui peint, sous les couleurs les plus prononcées, les vices de ses anciens magistrats:

« Citoyens, il en est temps, et l'occasion est favorable. Fermez vos portes aux Bacchides;

---

(1) *Cypselus*

depuis long-temps, ils n'ont plus d'autres droits sur vous que ceux de leur naissance. Fermez vos portes à des barbares qui se font un jeu d'arracher l'enfant du sein de sa mère. Fermez vos portes à des lâches qui se mettent dix pour écraser la tête d'un nouveau né ».

On applaudit à la harangue.

« Eh bien, en vertu d'un décret du peuple de Corinthe, que l'entrée de cette ville soit à jamais interdite aux Bacchides ! Tant d'autres cités gémissent sous un seul despote ! Que deviendrait Corinthe, si elle obéissait plus long-temps à toute une famille de tyrans » ?

On applaudit encore. Du milieu de l'assemblée quelqu'un désigne Cypsele pour remplacer les proscrits ; et le nom de Cypsele répété de bouche en bouche, est enfin reconnu d'un consentement unanime.

Ainsi Corinthe passa, du gouvernement aristocratique, à la monarchie, sous la trente-unième olympiade, trente-neuf années après la fin tragique de Candaule (1). Cypsele répara dans la suite les actes de cruauté qu'il se permit pour consolider sa puissance.

PYTHAGORE. Par quelle fatalité les fondemens de presque tous les gouvernemens sont-ils arrosés de sang ? La plupart des nations ont payé cher le plaisir d'avoir des maîtres.

LE GYTHIEN. Celui-ci gagna tellement l'amour des Corinthiens, qu'il ne voulut d'autres gardes qu'eux. Il porta le sceptre pendant trente années (2), et en mourant il le déposa sans

---

(1) Sept siècles avant l'ère chrétienne.
(2) Herodot. *cap.* 91. AElian. *var. hist.* VI. 13. Strab. VIII. *geogr.*

difficulté dans les mains de Périandre son fils. Qui n'a entendu parler de ce Périandre?

Honorable étranger, cette esquisse impartiale de notre histoire doit te suffire; tes propres observations t'en apprendront davantage. Puissent ma patrie et la Grèce n'avoir jamais besoin de l'indulgence du voyageur sage!

PYTHAGORE. Je te l'avouerai, Gythien obligeant! J'ai pris la résolution de visiter Lacédémone, d'après l'éloge qu'en a fait Terpandre (1): « La justice et le courage s'y donnent constamment la main ».

§. CXXXVIII.

Topographie extérieure de Sparte.

MON guide complaisant voulut me mettre sur la route de Sparte, en m'accompagnant jusqu'à *Ægia* (2), bourgade qu'on rencontre après Gythium. Il me demanda chez qui j'étais adressé, dans la capitale des Lacédémoniens.

PYTHAGORE. Je dois me présenter à l'un des éphores.

LE GYTHIEN. Sans doute à Chilon, fils de Damagète et le Nestor des Spartiates. Fassent les Dieux qu'il vive encore long-temps! de tels hommes devraient être immortels. C'est ce sage qui, envoyé vers les Corinthiens pour leur proposer une alliance, revint aussitôt sur ses pas sans entamer le sujet de sa mission, parce qu'il trouva les magistrats gravement occupés

---

(1) Poëte grec, de trois ou quatre âges d'homme moins ancien qu'Homère.

(2) Pausanias, *voyage en Grèce.* Strabo. *geogr.* VIII.

du nouveau jeu des échecs. Que le Ciel préserve ma patrie, s'écria-t-il à son retour, de s'allier avec des joueurs (1)! Invité au banquet des sept sages, chez Périandre, il ne s'y rendit que pour tenter une expérience sur l'ame d'un tyran.... Tu trouveras, dans ce magistrat, un homme plein de choses, mais avare de mots (2). Il ne s'exprime qu'en monosyllabes sententieux; la conversation tombe de ses lèvres goutte à goutte, comme l'eau d'une fontaine dans la saison des glaces. *Rien de trop* est sa règle (3).

En quittant mon guide officieux, je lui demandai ce que je devais croire de ces cailloux de l'Eurotas, qu'on m'avait dit se soutenir à la surface des eaux du fleuve (4).

Le Gythien me répliqua :

Ce prodige s'est passé à Lacédémone; adresse ta question aux habitans.

Au sortir d'Ægia, qu'Homère appelle Augée, je suspendis ma marche sur le bord d'un bel étang très-peuplé. Une jeune fille vint à moi, pour me dire : Etranger, garde-toi bien de pêcher dans cette onde prisonnière ; tu te verrais aussitôt métamorphosé toi-même en poisson.

PYTHAGORE. Jeune Laconienne, dis-moi : as-tu été le témoin de ce prodige ?

---

(1) Platini *opera*.
(2) D'où vient le proverbe grec : *Chilonius modus*, pro *laconismo. Chilon brevissimus in sententiis.*
   Suidas. Diog. Laërt.
(3) Aristot. *rhetor*. II. 13. Plin. *hist. nat.* VII. 32. Diog. Laërt. *passim*.
(4) Plutarch. *de fluv*.

La jeune fille. Pas encore : ce sont les prêtres du temple de Neptune qui l'assurent.

Pythagore. Et que devient tout ce poisson ?

La jeune fille. Il sert à couvrir leur table.

Pythagore. J'entends. Adieu, jeune Laconienne.

A mille pas plus loin, je me trouvai à *Crocée*, l'une des cent villes de la Laconie; elle est renommée par un temple de Jupiter, qui porte le nom du lieu, et plus encore par une carrière de cailloux, à l'entrée de laquelle je vis la statue en bronze des Dioscures.

J'appris en cet endroit, que dans un autre petit canton de la Laconie, on avait élevé un autel à Jupiter le ténébreux (1). On m'ajouta : il est fort fréquenté.

Il doit l'être, me dis-je en poursuivant ma route : les hommes adorent volontiers les choses obscures.

Je me détournai de ma route pour contempler les ruines de la ville *d'Hélos* (2). Son enceinte est encore tracée sur le bord de la mer, dans une plage marécageuse (3). Je ne rencontrai qu'un vieillard décrépit, assis à l'entrée d'une chétive cabane, construite parmi des décombres ; il était vêtu d'une peau de chien, et mangeait quelques figues. L'arbre qui porte ce fruit est de petite stature en Laconie (4), mais la figue n'en a pas moins de suc. Je paraissais douloureusement affecté ; il s'en aperçut, et

---

(1) Pausan. *lacon.*
(2) Voy. *Recherches sur les ilotes*, par Capperonnier, aux *mém. de l'acad. des inscript. et belles lettres.*
(3) Strabo. *geogr.* VIII.
(4) Athénée. III. VI. *deipnos.*

me dit : « Etranger, puisse-tu périr jeune, plutôt que de conserver la vie sans la liberté! Plains, avec moi, l'espèce à laquelle nous appartenons. Les différens états de la Grèce, où tu te proposes apparemment de voyager, t'offriront tous des esclaves. Les Crétois ont leurs *clarotes* (1); les Thessaliens ont leurs *penestes*; les Héracléotes, leurs *dorophores*; les Argiens, leurs *gymnètes;* les Sicyoniens, leurs *corynéphores*; les Syracusains, leurs *arottes* (2); Athènes et l'Attique, leurs ouvriers aux mines d'argent : mais de tous ces esclaves, il n'en est pas qui le soient plus que nous, que les *ilotes* de Lacédémone. Hélas ! nous n'avons plus d'autres jouissances que de faire quelquefois trembler nos maîtres. Etranger, poursuis ta route ; ne reste pas ici plus long-temps ; l'air qu'on y respire est mal-sain ; il métamorphose les mortels en bêtes de somme.

Je crus devoir lui adresser quelques paroles de consolation. « Bon vieillard, lui dis-je, toi et tes compatriotes, vous n'êtes point libres; mais ceux qui ont ravi à vos ancêtres ce premier des biens, en jouissent-ils eux-mêmes ? Les citoyens de Sparte, ceux des autres républiques de la Grèce sont peut-être plus esclaves que vous. »

LE VIEILLARD. Tu ne le penses pas.

PYTHAGORE. Sur la terre, où est le peuple qui puisse se dire libre avec vérité ? Infortunés ilotes ! vous dépendez des hommes ; vos maîtres ne dépendent que de la loi : mais la loi n'est-elle pas l'ouvrage et le jouet des hommes ? Les

---

(1) Jul. Pollux. liv. III. 8.
(2) Eustath. 295.

ambitieux la modifient ou la changent à leur gré. Vous êtes donc moins esclaves que vos maîtres : vous l'êtes par le droit du plus fort ; les peuples le sont de leur propre consentement ; eux-mêmes ils se lient les pieds et les mains. Par tout, et toujours, la multitude est aux ordres du petit nombre ?

Hélas ! bon vieillard ! dans tout le cours de mes longs voyages, je n'ai pas encore rencontré un seul mortel véritablement libre. Je n'ai vu encore que des millions d'esclaves indignement joués par une poignée de despotes monarchiques ou populaires ».

Le vieillard me tendit la main, serra la mienne, et rentra chez lui.

Quelques stades plus avant, l'Eurotas vient baigner le grand chemin. Là, se trouve un tombeau où je lus cette inscription : « Ladas, l'homme le plus agile de son temps, couronné aux jeux olympiques, pour avoir doublé le stade, est venu mourir dans sa patrie ».

Avant d'arriver à *Brysen*, je vis un temple de Cérès Eleusinienne ; le vestibule est orné d'une statue d'Orphée. Non loin de-là, sur une élévation, on a construit un monument au soleil. j'ai cru voir, dans le rapprochement de ces trois objets, l'origine des sociétés politiques. Point de moissons sans le soleil ; point d'association civile sans l'agriculture et les lois (1).

Au pied de cette montagne, qui est une dépendance du Taygète, la Ville de Brysen n'offre d'intéressant qu'un temple de Bacchus, desservi par des femmes. Le culte qu'elles y observent

---

(1) *Ceres thesmophoros.*

est un secret pour les hommes. L'intention de la nature n'est pas, ce semble, qu'il y ait des secrets entre les deux sexes.

Les Grecs sont, de tous les peuples de la terre, celui qui est le moins avare de monumens. Comment se fait-il que je n'en aye pas vu un dans le bourg *d'Alésie*, en l'honneur de Mylès, fils de Lelex, né en ce lieu, et inventeur des meules. Mon Gythien m'en avait parlé. Cette découverte importante méritoit quelque reconnaissance ; mais les peuples n'adorent que ce qu'ils craignent. Le dieu Mars reçoit de fréquens sacrifices à Therapné (1), dans le collége de Castor et Pollux ; les habitans ont élevé un temple à Hélène et à Ménélas, causes premières de tant de maux. Un temple à Ménélas, et pas même un cippe à Mylès !

Avant de traverser l'*Eurotas* (2), on trouve sur la route deux autres sanctuaires et une statue de Minerve. Jupiter le riche occupe le premier, fréquenté par les citoyens pauvres. Dans le second, on sacrifie à Esculape. Hercule, guéri d'une blessure à la cuisse, fonda ce monument.

La ville d'Amyclée m'arrêta quelque peu. Le culte que les habitans décernent à Bacchus *Philas* me fit bien augurer de leurs mœurs (3). Par ce surnom qu'ils consacrent au dieu des raisins, ils donnent à entendre que l'homme doit imiter l'oiseau qui se soutient hors de

---

(1) Pompon. Mela.
(2) Aujourd. *Basilipotamo*, Fleuve royal. Les modernes habitans du pays l'appellent *Livis*.
(3) *Phila*, en langage dorien, signifie la *pointe* de l'aile d'un oiseau. Pausanias.

l'atteinte du chasseur, en battant l'air du bout, de l'aile; l'homme aussi ne doit se permettre l'usage du vin (1), qu'autant qu'il en faut pour se placer au-dessus des soucis de la vie. Les Amycléens possèdent un temple dont la construction remonte haut, s'il fut bâti par Eurotas. L'autel, consacré à Onga par Cléadamas, porte une inscription en lettres cadméennes (2). Sous le vestibule est une table de marbre où se trouvent gravés, en vieux caractères, le nom, la famille et le temps du sacerdoce de chacune des grandes prêtresses (3). Ce monument nécrologique pourra un jour en servir à l'histoire.

Les cygnes d'Amyclée ont de la réputation; ils y sont en très-grand nombre et y reçoivent une sorte de culte, à cause de Leda et de son œuf d'où sortirent Castor et Pollux, Hélène et Clitemnestre. Ils semblent avoir adopté l'Eurotas pour leur patrie (4); ils paraissent s'y plaire plus que sur tout autre fleuve. Cependant la plume de ces superbes volatiles entre dans le commerce. Les imitateurs de Pâris s'en procurent pour rendre leur couche plus voluptueuse.

Hors de la ville, sur le chemin qui mène droit à Sparte, le Tiase, joli ruisseau dont l'Eurotas reçoit le tribut, baigne la base d'un autel dédié aux Grâces; elles n'y sont représentées que deux. Alcman n'en célébra pas davantage. Et le fondateur a été de l'avis du poëte.

---

(1) Proverbialement, *une pointe de vin.*
(2) Fourmont, *acad. des inscript. et belles lettres.*
(3) Freret, *acad. inscript. mem.* tom. X. *in-*12. p. 471.
(4) C'est pour cela qu'on l'appelait *Olorifer.*

A sept stades de la capitale des Lacédémoniens sont groupés cinq côteaux très-renommés par le vin qu'on y recueille. Il a, me dirent les habitans du lieu, en me pressant de le vérifier par moi-même, il a le parfum des fleurs (1).

Mais je ne manquai pas d'aller voir un autre côteau encore au-dessus pour la célébrité ; c'est celui où Ulysse, lui-même, planta de la vigne, quand il n'était que le prétendant de la belle Pénélope. Comment le cœur humain peut-il allier des goûts aussi simples avec les passions les plus opposées. La vie des héros est pleine de contrastes.

A quelques pas et presqu'aux portes de Sparte, est un très-petit bourg honoré d'un temple à Minerve par Lycurgue lui-même. Je ne voulus point passer outre, sans connaître l'occasion d'un tel incident. Voici ce que je pus recueillir. Lycurgue proposait ses lois aux Spartiates rassemblés autour de lui dans la place publique. Un bâton lancé du milieu de la foule, l'atteint au visage et le prive d'un œil. Ce n'était encore que le signal d'un événement plus grave. On en voulait à la vie du législateur. Il fuit, pour éviter des suites plus fâcheuses. Beaucoup de citoyens se rangent près de sa personne. La ville est divisée en deux factions. Lycurgue, aidé par ses amis, parvient, non sans peine, jusqu'à ce hameau ; on l'y poursuit ; mais il y fut défendu avec chaleur. Ses ennemis criaient : *Il faut lui arracher l'œil qui lui reste.* Ly-

---

(1) Athénée, *deipnos*. Sans doute c'est une expression figurée qui est venue jusqu'à nous. Les gourmets modernes ne disent-ils pas : ce vin a beaucoup de bouquet.

curgue fait trop le clairvoyant. Les bons citoyens redoublèrent de courage ; pour soutenir leur zèle, le grand homme prononce tout haut le vœu de bâtir un temple à Minerve, si cette divinité le préserve d'une entière cécité. Lycurgue fut exaucé, et remplit sa promesse. Et depuis, les malades menacés de perdre la vue, viennent avec confiance implorer Minerve, la puissante protectrice de Lycurgue. Je ne sais si c'est lui encore qui éleva un petit temple voisin à l'aînée des grâces. Dans les affaires importantes, les magistrats de Sparte viennent y passer la nuit pour en consulter l'oracle, disent-ils (1).

Avant d'entrer dans la capitale de la Laconie et de tout le Péloponèse, je m'arrêtai encore devant un vieux monument composé de sept colonnes portant le nom des Divinités qui président aux sept planètes. Vestiges antiques et devenus trop rares qui attestent que les premiers mortels eurent la sagesse de ne reconnaître d'autres Dieux que les astres (2).

Un nouvel obstacle vint retarder mon admission dans la ville de Lycurgue. On me notifia de la part du *proxène* (3), une injonction de demeurer quelques jours hors de l'enceinte ; à cause d'une épidémie occasionnée par des exhalaisons dont l'aile des vents s'était chargée (4), en soufflant des excavations brûlantes du mont Taygète.

Je mis à profit ce délai, en allant méditer

---

(1) Cicer. *divin.* I.
(2) Platon. *opera.*
(3) Magistrat chargé de la surveillance des étrangers.
(4) Apoll. *histor. Mirab.* IV.

pendant quelques heures sous le portique du temple de Jupiter le ténébreux (1). Une épaisse enceinte de chênes toujours verts a motivé ce surnom. Avis sage donné à ceux qui veulent sonder les profondeurs obscures de la nature. Conseil salutaire dont ne profitent pas assez les mortels téméraires qui parlent des Dieux.

J'eus le temps de recueillir quelques observations. Cent parties d'un gnomon (2) en Laconie fourniraient soixante-quinze parties d'ombre. Le plus long jour y dure un peu plus de quatorze heures et demie (3).

L'épidémie prolongeant sa durée, je proposai aux citoyens de Lacédémone les épurations qui avaient si bien réussi à Epiménide pour délivrer Athènes d'un pareil fléau (4), et dont il m'avait donné connaissance. Les Spartiates s'en trouvèrent bien. Mais mon propre exemple fit plus que tout le reste. Le peuple voyant que je me conservais sain près d'une foule *contagiée*, crut à mes paroles et fut guéri.

Le moment de mon entrée dans Sparte fut marquée par une circonstance que je dois vous dire, mes chers disciples. Un grand concours en sortait. Qu'elle fut ma surprise de reconnaître au milieu, Mæandrios (5) qu'un proxène (6),

---

(1) Pausan. *voyages*. et l'abbé Gedoyn.
(2) Plin. *hist. nat.* VI. 34.
(3) Latitude de Lacédémone, 35 deg. 26 min. Selon d'autres, 37 deg. 10. min.
(4) *Lacedemonon expiata per Pythagoram immunis à peste. Vita Pythag.* p. 9. *in*-4°.
(5) Hérodote, *Thalie.* III.
(6) Magistrat subalterne, chargé d'inspecter les voyageurs. *Proxenète*, mot français toujours pris en mauvaise part, en est dérivé.

par l'ordre des éphores, conduisait hors de la ville et même du territoire. Il m'aperçut et détourna la tête.

Je demandai autour de moi quel était son délit.

On me dit : « Chassé de Samos pour son ambition, cet homme trouva moyen de s'introduire dans notre cité. Il aurait pu y vivre paisible, en demeurant ignoré. Mais il eut l'imprudente vanité d'étaler en public quantité de beaux vases d'or et d'argent, comme pour tenter la modération lacédémonienne. Il osa plus; il offrit en don plusieurs de ces précieux objets à des citoyens pauvres. Les éphores instruits de sa conduite, ont jugé qu'un tel homme déjà décrié dans son pays, était dangereux et de mauvais exemple dans une république qui a pour base la simplicité des mœurs. Ils lui ont en conséquence appliqué la loi de xénélasie.

§. CXXXIX.

Pythagore à Sparte.

ME voici dans *Sparte* (1). Quoique sans murailles, sans forteresse, cette cité fameuse a quelque chose de sombre et de triste au premier aspect. J'aurais désiré à ce chef-lieu de la liberté grecque, à une ville qui porte le nom d'une femme (2), un abord moins sévère,

---

(1) Aujourd. *Paleochori*, ou le *Vieux bourg*; d'autres disent *Misitra*, à cause des bons fromages qui se font sur l'emplacement occupé par Lacédémone.
(2) *Sparta*, épouse du roi Lacédæmon.

moins repoussant. La liberté est une vertu ; pourquoi lui donner l'air d'un châtiment ?

Ne pouvant être présenté tout de suite à Chilon, j'employai le temps à parcourir la ville (1). Dans la plus vaste de ses places publiques, je fus frappé à la vue d'une image colossale que je pris d'abord pour celle d'Hercule. Cette figure n'en a que la massue. C'est, me dit-on, la statue du peuple armé, debout, et paraissant braver les ciseaux des Parques dont le groupe est en face. Je trouvai l'idée grande et d'une belle simplicité. L'exécution me sembla grossière. Un Spartiate qui s'aperçut de l'impression qu'elle faisait sur moi, ajouta : « Le travail en est un peu rude ; c'est une ressemblance de plus. Un peuple poli n'a point de nerf ».

Dans le voisinage de ce monument national, sont des portiques destinés aux repas publics. A chaque extrémité est placée l'image de Jupiter hospitalier et de Minerve hospitalière. Les mots *concorde* et *frugalité* (2), sont écrits aux deux entrées.

Un Spartiate nommé Lichas vint à moi : « Etranger, honore mon foyer de ta présence. J'ai consacré mes biens à adoucir ce que nos lois ont de rude à l'égard de l'étranger. Viens t'asseoir à ma table ». Et sans attendre ma réponse, Lichas me prit fortement par le bras et me conduisit dans sa maison (3). Je n'ai

---

(1) Latitude de Sparte, 37 deg. 10 min.
(2) Ce qui sans doute avait donnée l'idée aux fondateurs de plusieurs de nos maisons religieuses détruites, d'écrire sur les portiques de leurs cloîtres, le mot latin *Pax*.
(3) Xenophon. *memor.* I.

jamais connu d'hôte plus prévenant. Je le trouvai au-dessus de sa réputation. On le citait pour l'homme hospitalier par excellence.

Il avoit deux enfans, au premier âge, tenus fort proprement sur une couche de roseaux battus (1). Leurs membres n'étaient point resserrés dans des langes. Lycurgue, me dit le père à ce sujet, défend l'usage du maillot (2). A Sparte, dans aucune saison de la vie, l'homme ne connaît d'entraves.

En sortant de chez lui, nous traversâmes un carrefour au milieu duquel il m'arrêta un moment pour me dire :

« C'est sur cette place qu'Archiloque de Paros (3), introduit à Sparte sans subir l'examen, fut reconnu, et chassé pour avoir inséré dans l'un de ses poëmes cette maxime de lâches : « Il vaut mieux fuir que de risquer sa vie ».

Il me montra deux rotondes contiguës, mais bâties à une grande distance de temps. La première, dédiée à Proserpine conservatrice, est une fondation d'Orphée. La seconde, à peine achevée, renferme un autel à Vénus olympienne, dressé par Epiménide.

Près de là j'examinai le *Gnomon* qu'Anaximène, en passant par cette ville, traça sur les parois d'un temple d'Apollon Phœbus. Les Spartiates ne connaissent pas tout le prix de cette invention. Ce sont des barbares aussi étrangers aux sciences qu'aux arts, dis-je dans un premier moment d'humeur.

---

(1) *Recherches sur les habillemens des enfans*, par Alph. Leroy. 1772.
(2) *Idem*.
(3) Plutarch. *instit. lacon.*

Je fus conduit au *Dromos*. C'est un stade de peu d'étendue où les jeunes Spartiates font leurs essais à la course. A l'extrémité, j'en vis plusieurs occupés à sacrifier devant une antique statue d'Hercule, à l'occasion de leur passage de l'adolescence à l'âge viril. Ce simulacre ainsi que presque tous les autres qui sont à Sparte, ont plus de mille années d'existence (1).

En sortant de ce gymnase, on me montra la maison qu'habitait Ménélas, occupée aujourd'hui par un simple citoyen qui vit dans le célibat. Personne n'ose lui adresser un reproche. Le choix de son habitation y répondrait d'avance. Comment n'en avez-vous pas fait un temple? dis-je en souriant.

On me répondit, en dirigeant ma vue sur le temple d'*Agnitas*; Esculape, qui en est le Dieu, y a une statue tissue d'*osier*: si l'épouse de Ménélas eût couché habituellement sur les feuilles de cet arbrisseau, nous lui aurions dressé un autel dans la maison de son mari, m'ajouta-t-on. Le père de la médecine (2) nous apprend que le feuillage de l'osier possède une vertu réfrigérante, favorable à la chasteté des femmes.

Je répliquai: «Pénélope n'en eut pas besoin».

Je fus attiré par un grand bruit, vers une île que forme l'Eurotas. La jeunesse de Sparte, divisée en deux phalanges de nombre égal, se disputait l'entrée de cette île par l'un des deux ponts qui y conduisent. Les combattans

---

(1) Petav. *rat. temp.* XXI.
(2) Esculape. Cette expression a été consacrée depuis à Hippocrate.

n'ont point d'armes (1). Le poing, le pied et les dents leur en servent Je ne vis jamais acharnement pareil. La plupart avaient le visage ensanglanté. Cette lutte, d'usage à différentes époques, ne cesse que quand une des deux troupes a renversé l'autre dans l'*Euripe* du fleuve (2). L'ardeur est d'autant plus grande qu'elle est consacrée par la présence d'Hercule et de Lycurgue dont les images président à ces jeux cruels. Le lieu de la scène devrait inspirer de plus paisibles amusemens. C'est un bois de platanes (3), qui conviendrait à des études ou à des exercices plus utiles.

On me fit monter sur une colline remarquable par deux temples à la même Divinité. Vénus, dans l'un y est représentée sous les armes; et dans l'autre, on la voit enchaînée par un pied. Ainsi donc, observai-je, le peuple peint ses Dieux à son image. A Sparte, Vénus est guerrière. Le Spartiate n'a qu'une passion, celle des combats; il enchaîne toutes les autres.

Le hasard seul a-t-il placé un autel à Esculape, derrière les deux temples de Vénus?

En continuant mes recherches, je rencontrai sur mes pas les fondations d'un nouvel édifice. Encore un temple, dis-je à mon conducteur.

LE CONDUCTEUR. Précisément.

PYTHAGORE. Est-ce encore au dieu Mars, ou à Vénus armée?

---

(1) Voy. Ciceron, *Tuscul.* V. Pausan. *Lacon.* Plutarch. *vita Lycurg*

(2) Nom que les Anciens donnaient aux bras de rivière, ou aux canaux remplis d'eau, qui ceignaient les cirques.

(3) *Platanistas;* aujourd. *platanon.*

Le conducteur. Non, mais à Lycurgue, notre législateur. La mort d'un grand homme en fait un Dieu.

Pythagore. Je retrouve ici Sparte toute entière ; mais où se porte cette foule de citoyens ?

Ils allaient à un temple de Diane. Je les suivis devant un autel (1). Un victimaire, armé de verges, en frappait un enfant de douze années : il l'épargna si peu, que le sang jaillit jusques sur la statue de la Divinité. La prêtresse alors donna le signal pour cesser cette flagellation (2), qui ne put arracher un cri à la jeune victime.

On me dit que jadis on égorgeait un homme dans ce temple (3), pour appaiser la Déesse jalouse. Lycurgue eut assez d'ascendant pour changer cet usage (4). Sa réforme a produit deux effets heureux. La vie des hommes est conservée ; et ce sacrifice, inutile autant qu'horrible, est devenu une épreuve pour connaître le courage et la force de caractère des enfans de Sparte.

Trois temples, qui n'en devraient faire qu'un seul, sont construits dans le voisinage l'un de l'autre, et dédiés à Minerve, aux Muses, et à Jupiter *Cosmetès*, ou le grand ordonnateur de toutes choses. La statue de ce Dieu est de bronze, et la première qu'on ait fabriquée de ce métal. Elle n'est pas d'une seule pièce ; ses différentes parties sont jointes

---

(1) Cicéron assista une fois à cette exécution. *Tusc.* II.
(2) *Diamastigose.* Philostr. V. *Apoll. vita.*
(3) Theodor. *de sacrif.* VII.
(4) Pausan. *voyage en Grèce.* III.

avec beaucoup d'art et de précision, et retenues par des clous d'airain. L'artiste aurait-il voulu offrir le symbole du monde ?

L'harmonie et la nécessité en sont les deux souveraines, qui commandent aux hommes, et même aux Dieux. Les hommes dociles à la nécessité, parce qu'ils ne peuvent faire autrement, semblent vouloir se dédommager, en s'affranchissant de l'harmonie ; ils se contentent d'en étudier les lois, observées à la voûte des cieux, et méconnues sur la terre.

Je ne me serais pas attendu à rencontrer tant d'images de Vénus dans la ville de Sparte. On m'en découvrit une, sous le titre d'*Ambologère* (1). Elle est accompagnée de la mort et du sommeil. Les Egyptiens n'ont rien imaginé de plus sage.

Un vieillard y faisait une invocation (2), pour demander à la Divinité quelques jours de plus (3).

Et les Dioscures ? demandai-je, où sont-ils ? On me répondit, en me montrant deux poutres (4) accollées par des tenons : Castor et Pollux (5) n'ont point d'autres statues. J'admirai ce laconisme des arts. Quel sculpteur

───────────────

(1) Vénus qui charme la vieillesse.
(2) Pausan, *lacon.*
(3) Nous luy faisons (à Vénus), dit Plutarque traduit par Amyot, prière, en chantant les hymnes des Dieux, et luy disons :

    Dame Vénus, nostre belle Déesse,
    Renvoye encore arrière la vieillesse.
              Propos de table. III. 6.

(4) Plutarch.
(5) *Ambulii.* Pausan.

rendrait mieux l'intime amitié de deux frères nés ensemble ?

Ce qui dut m'étonner, d'après les idées fausses que les autres peuples se sont faites de celui-ci ; c'est le goût pour la poësie et pour le son des flûtes, que je remarquai, surtout parmi les jeunes hommes : ils observent exclusivement le mode dorien (1), dont l'intonnation, plus basse et la modulation plus pure que celle des modes étrangers, répond beaucoup mieux aux mœurs graves de Sparte, et convient davantage à des hommes courageux et tempérans : mais la poësie dythirambique est proscrite parmi eux ; elle sent, disent-ils, l'ivresse du Dieu auquel on l'a consacrée (2).

Sparte a même quelques artistes. On me fit connaître Médon, jeune statuaire, qui donne des espérances ; il a pris le nom d'un fleuve du Péloponèse (3), sur les bords duquel il est né.

Enfin, je fus admis en la présence du premier éphore, et j'en reçus un accueil distingué. Un initié, me dit-il, à Sparte est encore chez lui. Tu ne t'offenseras point, si je ne m'acquitte pas envers toi des saints devoirs de l'hospitalité aussi long-temps qu'en toute autre circonstance : j'ai d'autres devoirs à remplir, plus sacrés encore. Je suis père ; mon fils est à la veille de combattre aux jeux olympiques qui vont s'ouvrir. Ma présence, m'a-t-il dit en partant, lui est nécessaire pour vaincre. Pytha-

---

(1) Athenæus, *deipnos*. XIV. 5 et 7. Plato, *in lesch*. Plutarch. *musica*.

(2) Bacchus.

(3) Strabo. *geogr*.

gore, tu me trouves occupé des préparatifs de mon voyage pour l'Elide. Je pars dans peu de jours. Viens avec moi; je pourrai en route satisfaire à ce que tu désires savoir sur l'esprit de notre législation.

Pythagore. Respectable magistrat de Sparte, c'est tout ce que je souhaitais; mon vœu est rempli, si tu me permets de t'accompagner et si tu daignes m'instruire.

Je ne perdis pas un seul des momens qui me restaient pour me familiariser avec les coutumes lacédémoniennes, et me bien pénétrer du caractère des Spartiates.

Une remarque générale à faire sur ce peuple, c'est qu'on trouve chez lui bien moins de populace que par tout ailleurs.

Les Lacédémoniens naissent tous hommes, ils n'ont point d'enfance (1); leurs nourrices donneraient des leçons aux instituteurs des autres nations.

Mes chers disciples! vous vous récrierez, comme je l'ai fait moi-même d'abord : *mais les ilotes!*

Ici, dans notre école, nous sommes tous idolâtres de l'indépendance; et pourtant, je serais tenté d'applaudir à la politique lacédémonienne, par la raison, que de deux maux, il faut éviter le pire. Puisque les hommes en sont encore réduits à cette triste alternative; ne vaut-il pas mieux sacrifier une partie de la population à l'esclavage, pour conserver le reste à la liberté, que de condamner tous les hommes à être plus ou moins les esclaves les

---

(1) Plutarch *in Lycurg. vitâ.*

uns des autres, sans en souffrir parmi eux de véritablement libres ?

Ce calcul est affligeant et pénible, sans doute; mais la nécessité des choses le commande.

J'assistai aux exercices viriles des jeunes Lacédémoniennes (1). On m'avait déjà prévenu sur la forme de leurs vêtemens (2), très-courts (3). Quoiqu'on en dise, je trouvai encore parmi elles beaucoup de pudicité. Elles ne donnent que des désirs chastes; ce sont de belles statues animées, auxquelles un Babylonien, ou un Sybarite ne saurait atteindre.

Presque toutes les femmes sont belles à Sparte (4); mais le souvenir d'Hélène serait un bouclier pour le sage, si les danses lacédémoniennes dégénéraient en indécence. J'assistai à celles de Vénus armée (5), et j'observai que le but du législateur est encore rempli : elles excitent une émulation louable parmi les jeunes guerriers. Personne, plus que Lycurgue n'eût été capable de fondre ensemble la nature et la politique, si l'alliage en était possible.

Je savais que la famille de Lycurgue n'était pas éteinte; qu'elle s'assemblait régulièrement, pour conserver, du moins parmi ses membres, l'esprit de la législation du grand homme, qui tous les jours s'altère dans Sparte; qu'elle admettait dans son sein quelques citoyens purs, et même des étrangers connus par la rigidité

---

(1) Plutarque, *vie de Numa*, vers la fin.
(2) Les jeunes Lacédémoniennes étaient vêtues si légérement, qu'on les appelait *montre-hanches*.
Winckelmann, *sur l'imitation des ouvrages grecs*.
(3) Sophocle, cité par Plutarque.
(4) Eusebe cite un oracle à ce sujet.
(5) Cragius. III. 3. Pollux. IV. 14.

de leurs principes. Je m'y présentai, sans autre titre que celui de mon initiation. J'assistai aux graves entretiens de ces hommes d'élite, pleins du génie de Lycurgue. Ce jour-là, on traitait de la population humaine. Un *Lycurgide* (1) (c'est le nom que se donnent ceux qui composent cette société sainte) exposa son avis en ces termes :

« Point d'égalité, d'indépendance, ni de bonheur pour les hommes, quand ils sont en trop grand nombre. La liberté veut des hommes de choix. Lycurgue fut un véritable philantrope, en ordonnant de trier parmi les nouveaux-nés ceux qui sont véritablement dignes de la vie. L'homme, sans doute, n'appartient pas à l'une de ces espèces animales que la nature semble produire pour servir d'aliment ou de jouet aux autres. Le grand dessein de notre illustre ancêtre (2) était de régénérer les hommes ; il n'avait d'autre but que leur perfection, et l'expérience des siècles antérieurs au sien lui avait démontré qu'une trop grande quantité d'hommes sur la terre est un grand mal. Leurs besoins parlent plus haut que leurs vertus ; les devoirs et les droits se heurtent ; on ne songe plus qu'aux moyens d'exister, et tous sont bons aux yeux de la nécessité impérieuse.

L'indépendance et l'égalité, la paix et les

---

(1) . . . Ses familiers, parens et amis firent une compagnie et confrairie, en mémoire de luy (Lycurgue), qui dura bien long-temps, et appelèrent les jours esquels ils se réduisaient ensemble, les *Lycurgides*.
Plutarque traduit par Amyot
(2) Plutarch. *vita Lycurg*.

vertus veulent plus de terre que d'hommes : plus d'hommes que de terre causent les querelles, l'avide industrie, les passions basses. Une grande population change un peuple en populace. Une famille nombreuse devient pauvre; et pour subsister, se met aux gages d'une autre famille plus riche, parce qu'elle est moins nombreuse. De ce moment, l'équilibre est rompu; le petit nombre donne la loi au grand nombre : celui-ci à son tour fait trembler l'autre. Remettre tout en commun, est le seul remède alors; mais il n'est possible que chez une nation peu populeuse : et les effets n'en sont durables, qu'autant qu'on surveille les limites de la population. L'espèce humaine est une plante vivace qui veut être taillée au printemps, pour donner de beaux fruits en automne. Du reste, Lycurgue ne fit qu'appliquer à Sparte un usage que le Cathéen (1), peuple des rives de l'Hydaspe, semble observer par instinct; et ce peuple a les mœurs aussi pures que le beau sang qui coule dans ses veines.

Rappelons-nous que les premiers sacrifices d'animaux et même d'hommes, ne sont dûs peut-être qu'à la crainte des suites de leur trop rapide multiplication. Sans doute aussi que beaucoup de guerres n'ont eu d'autres motifs que de décharger les villes des excès de la population : n'a-t-on pas dit que Jupiter permit dans cette seule intention le long siége de Troye? De sages pères de famille sont-ils bien empressés de se reproduire au profit des victimaires du dieu Mars ou d'un despote?

___

(1) Strab. *geogr.*

Dix hommes de la trempe de Lycurgue ne sont-ils pas préférables à mille ilotes, ou à cent adultères, se modelant sur Pâris? Population choisie, égalité parfaite; voilà les deux bases de tout bon gouvernement. Renouvelons le vœu de notre illustre ancêtre (1)! Puisse notre patrie n'offrir toujours qu'un pays partagé entre des frères (2) » !

Je demandai à un Lycurgide quelques notions sur la société des amis, fondée par Lycurgue lui-même.

Il me répondit : « C'est l'une de ses plus belles institutions. Quand deux Spartiates éphèbes (3) se rapprochent par la conformité des humeurs et du caractère, ils se donnent l'un à l'autre; ils ne sont plus deux. Solidaires pour le châtiment, comme pour la récompense, ils font tout en commun, l'action et la pensée. En temps de guerre, l'un ne doit pas revenir du combat sans l'autre. Pendant la paix, ils se livrent ensemble aux mêmes études et aux mêmes divertissemens. La force de ces deux amis est décuplée; la beauté du corps n'est pour eux que l'indice de la perfection de l'ame. Qu'il est méprisable l'homme incapable d'une amitié (4) aussi sublime, qui ose

---

(1) Lycurgue.
(2) Porphyre, *abstin. de la chair.* IV. 3.
(3) De 18 à 30 ans.
(4) Lycurgue déclara infâme quiconque paroistroit n'aimer autre chose en un jeune homme que la beauté du corps, et fit tant, que tous les Spartiates qui s'entr'aimoyent, vivoyent aussi sainctement et chastement que font les frères avec leurs frères.

Xénophon, *de la républ. de Sparte.* 1619. Yverdon, de l'imprimerie de la société Helvétiale Caldoresque. *in* 8°.

en nier l'innocence (1) ! Sparte est redevable des vertus qui lui ont mérité l'admiration de l'univers, à la société des jeunes amis. Ces émules de sagesse et de gloire (2) deviennent un jour nos grands hommes ».

§. CXL.

Chilon le Sage, l'un des cinq éphores de Sparte, et Pythagore.

Le jour du départ de Chilon arrivé, beaucoup de jeunes citoyens de Sparte se rassemblèrent devant la porte de sa maison, pour accompagner ce magistrat jusqu'à mille pas hors de la ville. Il monta sur un chariot découvert, à quatre roues basses, et attelé de deux bœufs. Je marchai à coté du vieillard, et tout le long de la route il voulut bien se prêter au besoin que je lui témoignai, d'être instruit et d'éclaircir mes notions confuses sur Lacédémone et ses lois.

Je commençai par manifester à Chilon le plus grand étonnement de ce qu'il n'existait pas un recueil écrit des lois de Sparte. Des lois traditionnelles, lui dis-je, sont toujours arbitraires.

Il me répliqua : les positives ne le sont pas moins ; on les interprète comme on veut ; on les fait taire, quand il plaît.

Pythagore. Cela pourrait induire à croire que Lycurgue ne s'est pas même donné la peine

---

(1) *Amat Spartanus adolescentem, sed amat tantùm ut pulchram statuam.* Maxim. Tyr.

(2) Voy. Platon, Elien.

de rédiger des lois ; il ne fit que redire à Sparte ce qu'il avait appris en Crète.

Chilon. Quand cela serait : cela ne prouve que le bon esprit de Lycurgue, et la docilité du peuple Lacédémonien.

Pythagore. Une législation aussi vague, permet aux magistrats d'y ajouter chaque jour, en se couvrant du manteau de Lycurgue ; ils peuvent légitimer les plus grandes erreurs politiques, en les attribuant au législateur.

Chilon. Nous sommes-là tous pour connaître de l'imposture.

Pythagore. Ce n'est pas assez ; il faudrait une autorité spécialement préposée à l'entière exécution des lois.

Chilon. Eh ! n'avons-nous pas le tribunal des *nomophylaces* (1) ?

Pythagore. Je le sais ; mais ce sont toujours des hommes.

Chilon. Les magistrats Spartiates sont plus que des hommes.

Pythagore. Lycurgue ressemble peut-être au Trismégiste de l'Egypte ; celui-ci n'a presque rien fait de tous les ouvrages qu'on lui attribue.

Chilon. Qu'importe, si Sparte est la première république de la Grèce et du monde !

Pythagore. Les Spartiates ne sont toujours que les copistes des Crétois.

Chilon. Des copistes qui ont laissé bien loin derrière eux leurs originaux.

Pythagore. Un peuple qui ne sait pas même lire (2) ! car s'il le savait, ses lois seraient écrites.

---

(1) Dépositaires des lois.
(2) Isocrat. *panath*.

CHILON. Un peuple en sait assez (1), quand il est heureux chez lui, et se fait craindre chez les autres.

PYTHAGORE. Avez-vous une grande quantité de lois?

CHILON. Peu suffisent à des gens qui parlent peu, disait le neveu de Lycurgue (2).

PYTHAGORE. Sparte est tellement ignorante, qu'elle est obligée de donner à des astronomes l'entrée au conseil de ses deux rois (3).

CHILON. Nous ne voulons de science que ce qu'il en faut pour administrer la république.

PYTHAGORE. La science du gouvernement en suppose une infinité d'autres, et tient à tout. C'est de tous les arts.....

CHILON. Le moins compliqué; il suffit de se connaître en hommes.

PYTHAGORE. Votre existence politique vous coûte cher; une partie de la nation n'est libre qu'en asservissant l'autre. Les ilotes étaient vos égaux, pourquoi en faites-vous vos esclaves?

CHILON. Des hommes qui perdent leur liberté avant leur vie, sont nés apparemment pour la servitude.

PYTHAGORE. Que pouvaient les ilotes contre la force et le nombre?

CHILON. Ils pouvaient mourir!

PYTHAGORE. On vous fait un reproche grave et flétrissant (4). « Tout ce qui leur paraît utile, passe pour honnête à leurs yeux ».

---

(1) Plutarch. *instit. lacon.*
(2) *Charilaüs*, suivant Plutarque; selon d'autres, *Léobotès*. Ce neveu fut roi, grâce à son oncle.
(3) *Astronom.* Delalande, préface. *in*-4°.
(4) Thucydide.

Chilon. C'est que tout ce qui est vraiment utile est toujours honnête.

Pythagore. On ne peut guère définir votre gouvernement ; il porte tout à la fois les caractères les plus opposés. D'abord il est despotique à l'excès envers les ilotes.

Chilon. Les lois d'une république ne sauraient être trop tyranniques à l'égard des lâches et des hommes sans vertus.

Pythagore. Votre systême social, au premier aspect, semble plein d'inconséquences : chaque royaume n'a qu'un roi ; la république Lacédémonienne en a deux.

Chilon. Deux premiers magistrats (1).

Pythagore. Pour résister à deux despotes, vous vous donnez cinq tyrans ; car cinq *éphores* qui ont droit sur la vie (2), qui font des lois, qui jugent sans appel, peuvent devenir plus tyrans que vos deux rois ne sauraient être despotes. Régime bizarre, qui donne le trépas, pour prévenir la maladie ! L'autorité des éphores ébranle celle du trône. Quel contre-poids peut rassurer sur la masse des pouvoirs confiée aux éphores ? Ce n'est pas le sénat, et ce devrait être lui.

Chilon. Vingt-huit vieillards sont impuissans ; deux rois qui s'entendent pour faire le mal, donneraient des inquiétudes : mais cinq magistrats plébéïens doivent rassurer ; ils ne sont, ni trop, ni pas assez. Leurs fonctions ne durent qu'un an ; et sans cesse ils sont sous l'œil du

---

(1) *Archaegetae.*
(2) C'est-à-dire, *inspecteurs*, surveillans des deux archègtes.

peuple, qui les a choisis. Imagine quelque chose de mieux.

Pythagore. Mais ces deux rois, qui ne sont rien en temps de paix, voudront toujours la guerre, qui les rend tout-puissans, en les affranchissant de la tutelle éphorienne. Que pourront opposer les éphores à deux rois revenant à Sparte, à la tête d'une armée victorieuse, chargée de dépouilles.

Chilon. C'est l'affaire du peuple : s'il ne maintient pas son ouvrage, s'il préfère la guerre à la paix ; si au lieu de ramasser ses forces, de les concentrer dans son territoire, il les épuise en conquêtes ; ces deux rois finiront par emprisonner ou égorger les cinq magistrats ; mais de ce moment Sparte ne sera plus celle de Lycurgue.

Pythagore. Ni celle de Chilon ; car on m'a dit que cette magistrature des éphores est ton ouvrage.

Chilon. L'idée en appartient à Lycurgue (1) ; l'application en avait été faite, déjà avant moi, par Théopompe.

Pythagore. La république de Sparte n'est qu'un gouvernement militaire ; Lycurgue paraît n'avoir voulu qu'un peuple soldat (2). Je ne vois pas de citoyens parmi vous.

Chilon. Tout peuple libre doit être soldat ;

---

(1) Xenoph. *republ. lac.* Herodot. I.
(2) Lycurgue, le plus profond, peut-être, de tous les législateurs ; mais il faut croire qu'il ferait aujourd'hui plus d'un amendement au plan de sa république, qui ressemblait plutôt à un séminaire de soldats, qu'à une société d'hommes libres. *Almanach des républicains.* p. 41.

c'est-à-dire toujours armé pour se défendre, jamais pour attaquer.

Pythagore. Quand on a sans cesse les armes à la main, la démangeaison des conquêtes se fait sentir. L'un de vos Dieux, ou plutôt le premier fondateur de Sparte, le chef des Héraclides, fut le conquérant de la Laconie.

Chilon. Ce n'est pas le plus beau de ses exploits.

Pythagore. L'exemple d'Hercule parlera plus haut que la législation de Lycurgue.

Chilon. Tant pis : le peuple de Lacédémone, avec ses deux rois et ses cinq éphores, durera autant que la nature, s'il reste chez lui ; hors de ses foyers, je n'en réponds plus.

Pythagore. Le passé n'est point un garant sûr pour l'avenir ; les Lacédémoniens n'ont pas toujours combattu pour leurs saintes lois.

Chilon. Nous avons fait des fautes, ce sont des leçons.

Pythagore. Des fautes heureuses sont des piéges ou des encouragemens : c'est un grand attrait que la victoire!

Chilon. Sparte se maintiendra la première ville du monde, si, au titre de *conquérante de peuples*, elle préfère celui de *dompteuse d'hommes* (1.)

Pythagore. L'expérience, l'exemple des nations semble menacer le peuple Lacédémonien ; il deviendra ce que sont devenus les autres.

Chilon. Non, s'il ne se modèle sur aucun.

Pythagore. La Messénie et les ilotes prouvent qu'il aime les conquêtes, et prend goût au despotisme.

---

(1) Simonides, Plutarque.

Chilon. Que Sparte en reste là ! Alors il lui manquoit quelque chose ; à présent, elle n'a plus rien à désirer.

Pythagore. Et les vices du dedans ? On dit que déjà les éphores en agissent trop souvent comme ne devant rendre aucun compte. La vénalité, cette rouille qui s'attache aux ressorts politiques ! . . . .

Chilon. Mon avis a toujours été de justifier de l'usage des pouvoirs qui nous sont confiés.

Pythagore. La vénalité corrompt aussi les mœurs. Hélène déjà compte plus d'imitatrices à Sparte, que Pénélope.

Chilon. Nous avons, pour nous épurer, la ressource des colonies.

Pythagore. La vertu dépouillée s'expatrie ; le vice enrichi demeure.

Chilon. Cela regarde le peuple ; il a des lois, il les sait par cœur. Il bâtit en ce moment un temple à Lycurgue.

Pythagore. Les honneurs divins à un homme ! Des autels à Lycurgue ! cela sent l'idolatrie et la servitude ; et je m'en étonne de la part d'un peuple amant jaloux de l'égalité, de la part d'une nation formée à l'école de Lycurgue lui-même. S'il revenait à la vie, il serait, j'en suis certain, le premier à vous en blâmer. Il ne faut pas être superstitieux envers les grands hommes, après leur mort.

Chilon. Aimerais-tu mieux que nous en fissions des Dieux de leur vivant ? Revenons. Des colonies faites à propos, et plus de conquêtes.

Pythagore. J'ai entendu dire que la plus grande calamité qui pourrait arriver à la Grèce, serait de tomber sous le sceptre de plomb des Spartiates.

CHILON. Les états de la Grèce auraient atteint le sommet de la prospérité, si, indépendans les uns des autres, et renfermés chacun dans les limites indiquées par la nature, ils observaient fidellement les lois de Lycurgue.

PYTHAGORE. Mais point d'ilotes nulle part; point d'hommes esclaves! Ces deux mots doivent toujours être étonnés de se trouver l'un à côté de l'autre, et surtout à Sparte.

CHILON. Pythagore, tu supposes les hommes tous dignes de la liberté, tous capables d'être libres.

PYTHAGORE. Du moins, ne faut-il pas combler la mesure de leur infortune par un traitement barbare.

CHILON. Non! Mais il faut un régime ferme à des ames molles; les ilotes ont mal défendu leur indépendance, et sont jaloux de la nôtre. C'est une espèce dégénérée, qui ne sachant se commander, ne sait pas mieux obéir.

PYTHAGORE. Vous ne passez pas non plus pour une nation hospitalière.

CHILON. Nous n'aimons ni les désœuvrés, ni les espions.

PYTHAGORE. Il est vrai que le Spartiate voyage peu. Ce peuple casanier fait bande à part sur la terre.

CHILON. C'est qu'on n'est bien que chez soi.

PYTHAGORE. L'accueil sévère que vous faites aux étrangers ne viendrait-il pas de la honte que vous éprouvez de n'avoir aucun monument des arts à montrer. Pas une de vos statues n'est un chef-d'œuvre. La figure colossale du peuple est d'un ciseau rude. On dirait qu'elle est d'après nature. Pourquoi les formes n'en sont-elles pas plus adoucies ?

CHILON. C'est que la massue d'Hercule est noueuse.

PYTHAGORE. A ce propos, que font les parques dans le voisinage de la statue du peuple ?

CHILON. Rien !

PYTHAGORE. Pourquoi sont-elles oisives ? Par tout ailleurs, on les représente toujours en action.

CHILON. Pour marquer que le peuple de Sparte est immortel.

PYTHAGORE. Vous ne comptez pas un poëte, pas un orateur (1)...

CHILON. De profession. Nous le sommes tous, quand nous parlons de liberté, ou quand nous célébrons nos héros.

PYTHAGORE. Vous n'avez pas un seul recueil d'hymnes nationaux. Vous en mendiez à vos voisins. Terpandre, Tyrthée...

CHILON. Tu ne connais donc pas notre *chant de Castor* (2).

PYTHAGORE. Sparte n'a pas produit davantage de philosophes, Chilon excepté...

CHILON. C'est que tu ne les connais pas.

PYTHAGORE. Hors le métier des armes, on est ici à l'apprentissage sur tout le reste.

CHILON. Nous savons moins, mais mieux.

PYTHAGORE. On m'a pourtant parlé de la musique militaire des Spartiates (3), propre à exciter le courage....

---

(1) Cicer. *in orat.*
(2) *Castoreum canticum*. Pindar. Eustath. Pollux.
(3) Aul. Gell. *noct. att.*

Chilon. Dis : faite pour tempérer l'ardeur et régler la marche du soldat.

Pythagore. Combien Sparte pourrait-elle mettre d'hommes sur pied contre un roi puissant, contre Darius ?

Chilon. J'ignore le nombre, mais assez pour le battre.

Pythagore. Cependant, vous redoutez la population des ilotes. Vous autorisez votre jeunesse à courir sus, comme dans une chasse de bêtes fauves.

Chilon. Il n'est pire ennemi qu'un esclave domestique.

Pythagore. En entrant à Sparte, je m'attendais à trouver le règne de l'égalité. Quelle a été ma surprise d'y voir un certain nombre de familles opulentes, et le reste des citoyens dans la misère. Chez vous comme ailleurs, la caste des nobles possède les meilleures terres. Les mauvaises sont le partage des gens du peuple. Pourquoi ce scandale dans la république de Lycurgue ?

Chilon. C'est qu'il y a des citoyens qui ne savent pas mieux conserver leur champ que leur indépendance personnelle. Les lois de l'égalité n'autorisent pas l'injustice. C'en serait une que de voir des propriétaires dissipateurs ou négligens partager la même aisance avec les citoyens économes, intelligens et laborieux.

Pythagore. Je sais que les grosses fortunes et l'extrême indigence ne doivent point être imputées aux lois ni au gouvernement ; elles n'attestent que l'inconduite des basses classes et l'insatiabilité des hauts rangs.

Chilon. Les magistrats et les lois ne peuvent tout faire.

Pythagore.

Pythagore. Et moins encore chez un peuple soldat que par tout ailleurs.

Chilon. Le législateur crétois ou lacédémonien l'avait prévu. L'esprit guerrier qui domine dans notre régime politique devait servir et sert en effet à fondre toutes ces passions honteuses de la société dans un sentiment unique, le salut et la gloire de la patrie.

Pythagore. Pour suppléer aux lois, un peuple soldat est trop ignorant....

Chilon. Mais il est moins corrompu que tout autre.

Pythagore. Vous obstinez-vous à demeurer étrangers aux talens qui élèvent l'homme au-dessus de lui-même.

Chilon. Nous devons notre grandeur à nos institutions.

Pythagore. N'en êtes-vous pas plutôt redevables à votre invasion de la Messénie, l'une des plus riches contrées de la Grèce?

Chilon. Nous existions avant cette conquête, mieux que nous n'existerons, si on vient à bout de nous la ravir.

Pythagore. Avant cette grande injustice qui ne vous a que trop bien réussi, vous ne vous disiez pas encore le premier peuple de la Grèce.

Chilon. Nous l'étions déjà, sans nous soucier d'être connus pour tels.

Pythagore. On vous accuse d'avoir abusé de votre supériorité. Vainqueurs insolens, maîtres durs, les Lacédémoniens ne connaissent pas le plaisir de pardonner aux vaincus et de ménager les faibles.

Chilon. C'est que nos lois n'ont point été faites pour un peuple conquérant.

Pythagore. Lacédémone aime le sang et

l'argent. La Fortune, qui n'a qu'un simple autel à Sparte, a son temple dans le cœur de tous les Spartiates.

Chilon. Sparte aime toujours ses lois et la liberté : si l'or est devenu l'alliage impur de nos principes, sache les séparer, quand tu en parles.

Pythagore. Je révère Lycurgue et ses lois ; mais elles n'empêchent pas qu'il n'y ait à Sparte, comme ailleurs, des magistrats corruptibles (1).

Chilon. Si la vénalité des éphores est devenue possible, leur magistrature est demeurée intacte :

Pythagore. Ta conduite bientôt ne sera plus qu'une exception.

Chilon. Pythagore ! on ne loue point un Spartiate en face.

Pythagore. Pardonne....

Chilon. Il en est de nos mœurs civiles, comme de nos vertus guerrières. Ne juges pas des Spartiates d'après l'une de leurs phalanges mise en fuite par des femmes de l'Arcadie, sur le mont Philactre. Qu'allions-nous faire chez les Arcadiens ? Je ne répondrais pas même de la force d'Hercule se permettant un exploit injuste.

Pythagore. Cependant, le costume seul qu'affectent les Spartiates devrait les faire vaincre sans coup férir ; il est formidable. Ces moustaches longues et touffues qui flottent sur leur poitrine, les assimilent aux sauvages de la Scythie. Est-ce par orgueil ou par négligence qu'ils recouvrent leur tunique d'une casaque rouge toute en

---

(1) Aristote a beaucoup critiqué Lycurgue ; mais celui-ci était un législateur, **homme** de génie ; l'autre, un homme très-savant.

lambeaux ou pleine de taches. Je n'augure pas bien d'un peuple sale dans ses vêtemens.

Chilon. J'augure plus mal encore d'une nation qui donne dans l'excès opposé : mais nos armes courtes en imposent aux longues épées, et voilà notre parure.

Pythagore. Un peuple heureux, qui a la conscience de sa force et de son courage, n'est pas toujours ainsi sur la défensive. Une douce sécurité fait le charme de la vie sociale. Le citoyen de Sparte ne jouit point de cet avantage.

Chilon. Il a d'autres jouissances ; celle par exemple, d'en imposer sans cesse à un ennemi voisin ou domestique, plus rusé que nous.

Pythagore. Un peu plus de soins dans les habitudes domestiques aurait épargné le scandale de ces *Parthéniens*, fondateurs de Tarente. Les femmes lacédémoniennes ne fussent point devenues mères pendant l'absence de leurs maris, et les vierges de Sparte eussent attendu le retour de leurs jeunes amis. Les mœurs commencent à se ressentir de l'irrégularité des vêtemens. Cette cuisse presque nue, ce sein découvert à demi...

Chilon. Avant nos guerres, tu n'eus pas hasardé cette observation ; la décence les couvrait de son voile.

Pythagore. O Lycurgue ! Lycurgue ! on s'éloigne tous les jours de tes institutions. Ton génie cède peu à peu aux circonstances. Bientôt peut-être....

Chilon. N'en rends pas responsable un législateur qui nous avait interdit le commerce maritime. Il aimait mieux renoncer aux avantages qu'offrent nos côtes, que de s'exposer à échanger nos mœurs anciennes contre les trésors des trois mondes.

Pythagore. Il devait, il pouvait calculer les effets du temps... Le modèle existe toujours; mais il n'est presque plus consulté. L'école de Lycurgue n'est point fermée, mais elle devient solitaire.... Les enfans de Sparte se rebutent des préceptes âpres de leur instituteur.

Chilon. Quelle éducation eût vallu cet usage, prescrit par Lycurgue, de mettre sans cesse les deux sexes en présence l'un de l'autre, de les assujettir à des exercices communs, sous les regards des magistrats? Moyens tout naturels, pour perfectionner l'espèce humaine, de génération en génération.

Pythagore. Mais l'abus en est si voisin et si facile! Il fallait le prévoir.

Chilon. Ce n'est pas le législateur qui a égaré les hommes, ce sont les hommes qui ne tiennent pas compte du législateur.

Pythagore. Il semble que la législation de Lycurgue n'ait été qu'un simple objet de curiosité. Le peuple de Sparte, semblable à tous les autres, épris de la nouveauté, a essayé de ces lois pendant quelques années. Le voilà qui s'en détache peu à peu; il fait des sièges et des conquêtes; il creuse des ports, élève des fortifications, toutes choses défendues par le suprême ordonnateur de la république.

Chilon. Du moins, il en reste encore des traces suffisantes pour juger le plan et l'intention.

Pythagore. L'intention est pure, le plan est sublime, sans doute; mais...

Chilon. Mais Lycurgue n'a point médité ses lois, ou n'en a pas été chercher en Crète pour un peuple avide de s'agrandir. Il a travaillé pour la ville de Sparte et le territoire de Lacédémone seulement ; pour des citoyens qui ne voulaient conserver d'autre trésor que leur liberté ; pour des citoyennes qui ne voulaient dépendre que de leurs maris ; pour des femmes, riches seulement de leur beauté, de leurs mœurs et de l'estime de leur patrie.

Pythagore. Lycurgue a voulu recréer l'homme ; refondre l'espèce humaine : entreprise belle, hardie...

Chilon. Ajoute, si tu veux, et impraticable.

Pythagore. Je le crains. L'expérience peu encourageante des législateurs qui l'ont précédé, ne l'a point découragé.

Chilon. C'est que Lycurgue prit une autre route qu'eux.

Pythagore. Il ne l'a que trop manifesté, peut-être, dans l'éducation qu'il veut qu'on donne aux enfans. Elle est toute pour le corps. Il semble que le Spartiate n'ait point reçu de la nature le don d'une ame. Chez vous, point d'écoles, point d'études sédentaires et paisibles !

Chilon. C'est qu'il n'y a point d'ame saine dans un corps qui ne l'est pas. L'ame serait invulnérable, si le corps pouvait le devenir. Le développement de toutes les facultés de la matière, met en jeu cet agent secret qui l'anime.

Pythagore. Sans doute : mais à Sparte, le jeune homme est élevé précisément comme ces jeunes animaux qu'on dresse pour le combat. Dans leur gymnase, vos enfans n'apprennent qu'à se battre, à se surprendre, à se dérober ce qu'ils possèdent.

Chilon. Ils sauront supporter la douleur, les fatigues, les privations.

Pythagore. Mais ils périssent avant de savoir jouir de la vie, altérés de sang, haletans de vengeance, pâles de jalousie, ou le visage enflammé de fureur; quand leur apprend-t-on à modérer leurs désirs, à régler leurs passions? Ils peuvent devenir de bons soldats, jamais ils ne seront des hommes.

Chilon. Les Spartiates sont l'un et l'autre à la fois.

Pythagore. L'éducation à Sparte, est un long supplice. Celle abandonnée à la nature est si facile et si douce!

Chilon. Tu me parles de ce qui devrait, et de ce qui ne peut plus être. Il faut à présent prescrire aux hommes en société, bien au-delà de ce qu'ils ont à faire.

Pythagore. Faut-il pour cela donner aux enfans une éducation si austère, et au peuple des lois si dures?

Chilon. Les instituteurs et les magistrats, ne relâchent que trop l'arc qui te paraît trop tendu; et le temps achève le désordre.

Pythagore. On y a suffisamment pourvu par le culte de la déesse Orthia (1).

Chilon. A Sparte, on n'égorge plus les hommes aux pieds des autels, depuis qu'on y fouette des enfans, ou qu'on les agace pour qu'ils se meurtrissent les membres de coups et de morsures. Tant que les hommes se battront, il faudra bien apprendre aux enfans à se battre.

Pythagore. Et tous ces nouveaux-nés, que

---

(1) Plutarch. *Lycurg. vita.*

vous jetez dans l'Eurotas (1), ou dans une caverne, pour peu qu'ils annoncent une complexion délicate ou quelque difformité ; cet usage barbare...

Chilon. Rend du moins les mères enceintes plus soigneuses du dépôt qui leur est confié.

Pithagore. Nous sommes tous frères, sans doute, enfans de la même nature ; mais pour cela faut-il enlever aux pères le plus sacré de leurs droits, le plus doux de leurs devoirs, celui d'élever eux-mêmes leurs enfans ? Une éducation commune est tyrannique.

Chilon. Mais nécessaire pour mettre de l'harmonie et de l'uniformité dans les mœurs d'un peuple.

Pithagore. Lycurgue proscrit impitoyablement toutes ces institutions paternelles, qui auraient pu lui fournir dans le besoin de grandes ressources.

Chilon. L'éducation domestique doit être nulle, jusqu'à ce que le peuple soit assez instruit pour se charger lui-même de l'instruction de sa progéniture. Faut-il donc abandonner à des aveugles une fonction qui exige tant de surveillance.

Pithagore. Je rends hommage à cette belle loi qui dispense les filles d'une dot, et à cette autre loi, qui ne défend la parure qu'aux femmes honnêtes ; mais la forme des mariages Lacédémoniens, peut-on quelque chose de plus immoral ? Ce choix d'une épouse, fait la nuit, à tâtons, parmi un troupeau de femmes, rassemblées pour recevoir la loi du premier in-

---

(1) Cragnius, *repub. lacedemon.*

connu, que le hasard guide vers elles !... De tels procédés sont au moins étranges...

CHILON. Des raisons d'état et le salut de la patrie le veulent ainsi.

PYTHAGORE. Il ne fallait rien moins que ces motifs graves. Lycurgue n'est pas un législateur vulgaire.

CHILON. Est-il besoin de te rappeler les désordres sans nombre; dûs à la jalousie des amans et des époux ? De plusieurs inconvéniens, Lycurgue a choisi le moindre. D'ailleurs, le jeune Spartiate qui se donne pour compagne une femme qu'il n'a pas choisie, ne peut toujours que rencontrer une citoyenne; il connaît d'avance les mœurs des filles de Lacédémone, et comme il n'est pas destiné à vivre casanier dans le cercle étroit du ménage; quelques disconvenances de caractère ne peuvent altérer pour lui les charmes de l'union conjugale. Se reproduire, est tout ce qu'exige la patrie.

Lycurgue, comme la nature, va toujours aux grands effets, et leur immole, en passant, toutes les petites considérations.

PYTHAGORE. Cependant, c'est de Sparte, comme de la boîte de Pandore, que se sont échappés tous les fléaux qui ont désolé la Grèce et les peuples voisins. Hélène.....

CHILON. Le siége de Troye, n'est-ce pas ? Lycurgue n'avait point paru. Il a fait tout ce qu'il a pu pour rapprocher la nature et la société.

PYTHAGORE. Et peut-être les a-t-il blessées toutes deux.

Quoi qu'il en soit, Lycurgue, qui était savant, semble avoir craint de se donner des rivaux.

Pour ce qu'on enseigne ici à la jeunesse,

une éducation commune, des institutions vagues suffisent. En effet, l'art de se battre, le talent de piller ne demandent pas des études particulières. Les calculs ne s'élèvent point chez vous au-dessus du nombre des doigts de la main. Pour graver une date sur des cippes de pierre, il faut peu de science ; on ne perd pas beaucoup de temps à l'apprendre.

Chilon. Pythagore, tu ne saisis pas bien l'esprit de notre législation. Nous voir abandonner à nos esclaves toutes les autres professions, même l'agriculture, pour nous en tenir au métier des armes, t'étonne peut-être, et te porte scandale ?

Pythagore. Même l'agriculture !

Chilon. Rappelle-toi que Lycurgue et Minos, ou Rhadamante, n'ont eu qu'un but, et le plus beau qu'aucun législateur puisse se proposer : celui de former des hommes libres. Un statuaire habile, un grand peintre, un savant grammairien, un poëte sublime, un célèbre musicien, un rhéteur éloquent, que sont tous ces gens-là à côté d'un homme libre ! Qu'est-ce qu'un citoyen, qui toute sa vie ne s'occupe qu'à fabriquer des chaussures, à tailler des habits ou des pierres, ou qui apprête les comestibles d'un plus riche que lui ? Toutes ces occupations viles et rebutantes, dont la société a besoin, sont-elles le fait d'un homme libre ? Peut-on se conserver tel, en s'y livrant tout entier ? Lycurgue a-t-il eu si grand tort de n'en point faire cas, et d'interdire aux hommes jaloux de leur indépendance (1), ces exercices

---

(1) Xenophon, *œconomie*. Lanauze, *mém. sur les Lacédémon.* Tom. XXX. *in-12. acad. des belles let. de Paris.*

mécaniques, et ceux qui épuisent le corps, énervent l'ame, et lui ôtent toute son élévation, tout son ressort? Un homme libre peut-il se résoudre à des spéculations mercantilles, qui dégénèrent en avidité pour le gain? Un homme libre peut-il se résoudre à garder les porcs d'un autre homme dont il est l'égal? Pour ne pas nous exposer à être tous des êtres ignobles et dépendans les uns des autres, il falloit donc reléguer dans les derniers rangs, la classe nombreuse des hommes chargés de ces emplois subalternes, et les soumettre aux citoyens d'élite, nés avec un goût plus décidé pour une vie franche et sans liens. Le Spartiate ne sait qu'une chose ; mais il la sait bien : Vivre libre et défendre sa liberté, ou mourir pour elle ; il se glorifie d'ignorer tout le reste. La science de la liberté est la seule qui convienne à l'homme digne de ce titre. Lacédémone est composée du peuple et de la nation : aux hommes du peuple, les travaux manuels et une verge de fer ; aux hommes de la nation, le sentiment de l'indépendance, dans toute sa plénitude, dans toute son énergie, dans tout son orgueil. Sparte est divisée en deux régions : la partie grossière, la caste des esclaves qui, comme le plomb, tend sans cesse vers la terre ; la classe des hommes libres qui, comme le soleil, plane sur le reste des habitans, les inonde de ses rayons, et dédaigne les détails obscurs de la vie animale et civile. Le courage du lion, et le vol de l'aigle, caractérisent le Spartiate ; il ne se permet que des pensées graves, et il les exprime avec dignité. L'idée d'être libre éclipse en lui toute autre considération, l'occupe tout entier et le retient à une distance incommensurable du vulgaire des hommes pliant sous le fardeau des fonctions oiseuses qu'imposent les sociétés politiques mal organisées.

Pythagore. D'après cela, je vois sur la terre beaucoup de républiques; je n'y vois point de peuples libres.

Chilon. Si le Spartiate se livre à la poësie, c'est dans Homère ou Tyrtée; à la musique, c'est pour marcher au son de la lyre; s'il sacrifie à Vénus, il lui met les ceps aux pieds; s'il parle, chacune de ses paroles a plus de poids que de longues inscriptions d'airain. Nous ne souffrons point de rhéteur parmi nous; il n'en faut point pour apprendre à nos enfans à penser juste, et à parler comme on pense.

Tout l'attachement que les autres peuples portent aux richesses, aux femmes, aux conquêtes, aux aisances de la vie, aux arts, aux sciences, nous le donnons exclusivement à nos lois, parce que nos loix seules font l'homme libre. Nous sacrifions tout au sentiment de notre liberté; tout, même la vertu.....

Pythagore. Ephore! *même la vertu*.....

Chilon. Je veux dire ces petites vertus appropriées à la faiblesse des autres hommes, qui se contentent d'une demi-indépendance.

Pythagore. Théorie sublime! mais si peu faite pour des hommes, que les Dieux même ne pourraient s'en accommoder long-temps.

Chilon. Du moins est-il beau d'avoir donné ce phénomène politique à la terre pendant plusieurs années.

Pythagore. Mais il s'ensuivrait que le règne de la liberté n'est que de quelques instans, et ne convient qu'au très-petit nombre.

Chilon. C'est ce que je pense.

Pythagore. Et c'est ce qui m'afflige.

Chilon. Si notre législateur eût prétendu faire partager le bienfait de l'indépendance à tous les habitans de la Laconie, aux ilotes, comme aux Lacédémoniens, il eût manqué le but en l'outre-passant. Nous ressemblerions aux autres états de la Grèce, où tous les citoyens sont esclaves, parce qu'ils prétendent être tous libres.

Pythagore. Sans doute que vous n'avez pas jugé mes compatriotes dignes d'être affranchis ?

Chilon. Nous avons tous approuvé notre roi Cléomènes, dans le refus, un peu brusque (1), qu'il fit aux envoyés de Samos, de les secourir contre la tyrannie de Polycrate.

Pythagore. Je suis obligé de convenir de la justesse de vos procédés ; la conduite de mes concitoyens ne vous justifie que trop ; ils savent si mal user de la liberté !

Chilon. Les hommes libres de Sparte, dont le nombre s'élève à peine à neuf mille, parmi une population cent fois au-dessus, forme une espèce d'association sainte, à l'exemple des pontifes de l'Egypte et de l'Inde. La raison et la liberté se concentrent au milieu de nous, qui sommes leurs seuls et vrais adorateurs ; les autres habitans de la Laconie restent aveugles et presque bruts, et cela ne peut guère être autrement.

Pythagore. Si c'est une vérité d'expérience, qu'elle est amère et flétrissante !

Chilon. Le flambeau de la liberté, comme celui de la raison, entre les mains du peuple, deviendrait la torche des furies.

---

(1) Plutarque, *dits notables des Lacédémoniens.*

Pythagore. Le vœu de la nature est donc loin d'être rempli.

Chilon. Il l'est au contraire pleinement. Vois ce qui s'y passe : Dans les airs, au sein des forêts et des eaux, par tout elle néglige et sacrifie la multitude à un petit nombre d'êtres plus parfaits.

Pythagore. Les hommes, du moins, devraient faire exception.

Chilon. Pourquoi ? Ainsi donc ce qui t'étonne à Sparte, est pourtant commun à toute la terre ; chez toutes les nations, la multitude est composée d'ilotes. Le petit nombre forme la classe des Spartiates.

Mais nous sommes ici plus prononcés, plus francs qu'on ne l'est ailleurs. Nous professons l'indépendance autant par instinct naturel, que par un sentiment réfléchi. C'est pourquoi ce régime nous a mieux réussi, et nous vaut la supériorité sur les autres peuples.

Pythagore. Du moins, vous ne l'avez pas en fait de superstition. Le Spartiate a pour le moins autant de Divinités que les autres nations.

Chilon. Mais nos prières sont plus courtes.

Pythagore. Lycurgue lui-même (1)...

Chilon. Un législateur n'a pas tout fait, quand il a conçu un plan sage. Le plus difficile est de forcer les hommes à vouloir être heureux. Lycurgue proposa au nom d'Apollon ce qu'on eût refusé peut-être sous le sien. La

---

(1) Lycurgue se fit appeler par l'oracle de Delphes : *l'ami de Jupiter, et Dieu plutôt qu'homme.*
Lycurgue seul semble mériter le nom de législateur.
Mathon de la Conr, *dissertation couronnée* en 1767.

raison toute nue a peu de charmes aux yeux du peuple ; il ne voit alors qu'une femme ; mais qu'on place la raison dans un sanctuaire obscur ; qu'elle parle peu, mais qu'elle s'exprime en termes magnifiques et ambigus ; le peuple en fera sa Divinité. Lycurgue connaissait l'âme humaine et savait qu'il ne serait point entendu par la *Plèbe*, sans le truchement des oracles. Il répéta ce qu'on s'était permis avant sa venue, et ce qu'on répétera sans doute long-temps encore après lui. Et notre Vénus armée, feras-tu encore de son culte un crime à Lycurgue ?

PYTHAGORE. Non, je n'y vois qu'une ingénieuse précaution du législateur, qui craignant que ses concitoyens ne devinssent efféminés et lâches, voulut qu'au sein même du plaisir, ils eussent toujours devant les yeux l'image de la valeur ; ou bien encore pour leur dérober l'élégance voluptueuse des formes de la beauté, écueil ou un peuple de héros peut échouer comme tant d'autres.

CHILON. Il faut long-temps réfléchir, avant de se permettre de prononcer entre un grand homme et la *tourbe* des hommes.

PYTHAGORE. Comme voyageur, je puis du moins te faire part d'une observation ; vos grandes routes ne sont pas bien tenues : serait-ce parce que vous en avez confié la police (1) à vos rois eux-mêmes ? Un magistrat chargé de ce soin unique...

CHILON. N'oublie donc pas que nos rois rendent des comptes. La dégradation de nos chemins publics tient à une autre cause. Nous

---

(1) Herodot. *erato.*

ne voulons pas trop applanir les issues qui mènent à Sparte. Sparte n'est point une place de commerce. Les lois de Lycurgue ont, toutes, leur raison.

Pythagore. Est-elle bien de lui, celle qui autorise l'éphore entrant en fonctions, à commander aux citoyens de se raser la barbe de la lèvre supérieure (1). Est-ce donc là une loi bien digne d'un peuple libre ?

Chilon. Oui ! si une nation ne peut se conserver indépendante, sans une obéissance passive aux lois et à leurs magistrats. L'éphore débute ainsi dans son administration, comme pour faire l'essai de cette obéissance (2), sauvegarde du salut public.

Pythagore. On ne trouve point de tels réglemens dans les monarchies ; les rois ont plus de politique, ils cachent du moins le joug sous des fleurs, et ne tiennent pas si courtes les lisières du peuple.

Chilon. Je le crois ; un maître intéressé ménage son esclave.

Pythagore. Magistrat sage ! tout ce dont tu viens de m'instruire s'est opéré sans le concours de plusieurs ; le génie de Lycurgue a tout fait, et suffit à tout ?

Chilon. Avant Lycurgue, les Spartiates n'étaient que des Grecs comme les Athéniens, les Corinthiens et les autres nations de cette partie du monde : depuis Lycurgue, les Spartiates sont des hommes.

---

(1) La moustache que portaient les Spartiates.
(2) Plutarque, *traité de ceux qui sont punis tard*. tom. II. *oper. moral.*

Pythagore. Cette métamorphose de Grecs en hommes fut l'œuvre d'un seul législateur ?

Chilon. Et d'un seul jour. .

Pythagore. Permets-moi encore de hasarder quelques paroles.

Chilon. Dis.

Pythagore. Quelles peines infligez-vous aux mauvais citoyens ?

Chilon. La honte.

Pythagore. Vous conservez des prêtres.

Chilon. Mais ils sont pauvres.

Pythagore. On reproche à Lycurgue d'avoir rompu les liens de famille.

Chilon. Il n'y a point de familles à Sparte ; il n'y a qu'une république.

Pythagore. On lui reproche encore d'avoir soumis les deux sexes à des réglemens trop austères pour l'un d'eux.

Chilon. Il n'y a plus qu'un sexe à Sparte.

Pythagore. Je doute que les femmes en sachent gré au législateur : elles y perdent.

Chilon. Elles y gagnent. Nous nous abaissions jusqu'à elles ; nous les élevons jusqu'à nous.

Pythagore. Lycurgue punit de mort le viol et l'adultère ; et il n'est pas rare à Sparte de voir un citoyen céder sa femme à un autre. Les mœurs et les lois semblent ici en contradiction.

Chilon. Eh ! ne peut-on offrir sa table à son ami !

Pythagore. Même au sein de vos maisons, pourquoi toujours être en état de guerre ? Ne peut-on vivre et se conserver sans menacer ses voisins, ou sans se tenir prêt à les combattre.

Chilon. Un peuple ressemble au fer d'une lance

lance (1), qui ne brille qu'autant qu'il est en action ; il se rouille dans le repos.

Pythagore. Comment Lycurgue, avec l'élévation de son ame et les ressources de son génie, ne pensa-t-il point à établir à Sparte la pure démocratie, un gouvernement populaire? Pourquoi ne point assigner un égal pouvoir à des citoyens tous égaux ?

Chilon. Un Spartiate du temps donna ce conseil à Lycurgue lui-même. Voici la réponse de notre législateur : « Commence par établir ce régime dans ta famille ».

Pythagore. Magistrat sage, c'est ton avis que je réclame.

Chilon. Eh bien ! j'estime que Lycurgue donna à Sparte un gouvernement meilleur encore que la pure démocratie, si toutefois elle est praticable.

Pythagore. Tu m'étonnes; explique-moi ce phénomène social.

Chilon. Notre république réunit et décuple les avantages de la démocratie, de l'aristocratie et de la royauté (2), sans en partager les vices et les inconvéniens.

Pythagore. Lycurgue serait le premier et vraisemblablement, serait long-temps le seul qui eût osé d'une main sûre, ne faire qu'un, des trois principaux régimes politiques connus.

Chilon. Et pendant un siècle, ce triple rouage a exécuté son jeu avec la plus rigoureuse précision : et si l'on pouvait élever un doute sur le succès, que l'on compare Sparte

---

(1) Clément Alex. *strom*. I.
(2) Polybe et Mably.

Tome IV.   G

sous Ménélas, et Sparte, sous les rois successeurs du neveu de Lycurgue. Le génie de Lycurgue, qui respire dans ses lois, a donné et conserve encore à présent à la ville de Sparte la prépondérance sur le tribunal même des Amphictyons.

Pythagore. Vous avez atteint déjà votre apogée : je crains l'avenir pour Sparte.

Chilon. Il n'y a que le sage qui puisse le prévoir et le maîtriser (1).

Pythagore. La félicité des citoyens prouve la bonté du gouvernement. Est-on heureux à Sparte ?

Chilon. Nous sommes heureux à Sparte.

Pythagore. C'est donc à peu de frais.

Chilon. Le vrai bonheur ne coûte presque rien.

Pythagore Tu me pardonnes les doutes que je me suis permis sur la perfection des lois de Lycurgue.

Chilon. On ne peut pas faire tout à Sparte, mais on y peut tout dire. Nos lois ont des yeux, et point d'oreilles.

§. CXLI.

Voyage de Sparte à Pise, ou Olympie.

Tandis que l'auguste vieillard, s'abandonnant à une sorte d'enthousiasme, faisait un moment trêve au laconisme pour lever tous mes doutes, nous poursuivions notre chemin à travers les montagnes ; tout ce pays en est

---

(1) *Chilo dicebat futurorum providentiam ratione comprehendi posse, pro virtute viri.*

Diog. Laërt. I. *vitae philosophorum.*

hérissé, et entrecoupé de plusieurs ruisseaux, dont les uns tournés vers le couchant, vont payer tribut au golfe messénien ; les autres, dirigés à l'orient, descendent pour grossir l'Eurotas.

A l'entrée d'une très-petite ville, est une fontaine où je voulus me rafraîchir les pieds ; une femme du lieu, occupée à y laver son voile, me dit : « Voyageur ! ne te hasarde point trop avant dans les eaux de cette source. Hélas ! une jeune fille s'y laissa tomber en venant y puiser ; nous ne la revîmes plus ; son voile surnagea seul. Tu peux le voir dans le temple d'Esculape voisin. Donne une larme aux mânes de cette infortunée ; périr au printemps de la vie » !

Arrivés sur les terres de Messénie, nous traversâmes sur un radeau le Pamisus, pour aller séjourner à Ithôme, ville célèbre, à quarante stades de la source du fleuve.

Cette cité forme une enceinte au mont Ithôme, qui lui donne son nom. Elle a de bonnes murailles. Sur la principale place publique, je remarquai une statue de Jupiter sauveur ; elle est d'ivoire ; le temps en a disjoint les parties. On cherchait un artiste assez habile pour réparer ce vieux monument. Un autre, plus moderne, est le tombeau d'Aristomène, le dernier des Messéniens libres. Les Ithomiens ne peuvent croire que ce héros soit mort tout entier. Ils se plaisent à dire tout bas que ses mânes sont errantes sur la montagne, et n'attendent qu'une circonstance heureuse pour rentrer dans un nouveau corps, et délivrer leur patrie infortunée. Je me fis un devoir de les confirmer dans cette illusion flatteuse : fortement empreinte au cerveau d'un jeune guerrier, elle pourrait enfanter un prodige.

Je montai à la citadelle d'Ithôme, et me reposai sur la pente de la montagne, près la fontaine de Clépsydra. Je m'y abandonnai, pendant quelques instans, au souvenir des belles actions d'Aristomène. Seul, il releva le courage de ses concitoyens, et fit trembler toute la nation de Lacédémone. Ce héros semble avoir donné la mesure des forces humaines.

On me montra dans cette forteresse un monument que les vainqueurs n'ont pas osé déplacer. C'est une pierre où se trouve gravé le traité (1) de partage des terres du Péloponèse, entre les descendans d'Hercule, quand ils s'en emparèrent, cent ans après la prise de Troye : Sparte n'en tint pas compte ; Lycurgue l'eût respecté.

Un Messénien qui s'aperçut de l'intérêt que m'inspirait sa patrie, me dit, en descendant le mont Ithôme : « Nous n'avons pas perdu tout espoir. Le grand Aristomène en abandonnant nos foyers, que son courage ne pouvait plus défendre contre le nombre, a déposé secrétement au sein de cette montagne, dans un vase d'airain, les saintes formules des mystères d'Eleusis, gravées sur des rouleaux d'étain (2), par le pontife Lycus. Ce volume sacré est le gage du salut de la Messénie ; tant que nous aurons ce palladium, il nous est permis d'attendre le jour des vengeances. Tôt ou tard, il viendra, si les Dieux sont justes ».

---

(1) Tacit. *annal.* IV. 43.
(2) Pausan. *voyage en Grèce*. IV.

PYTHAGORE. N'en doutez pas : les peuples sages, tôt ou tard, recouvrent la liberté.

Le Messénien repliqua par cette exclamation : « Puissent Hercule et Thésée, dont les images sanctifient ce lieu d'exercice, nous entendre tous deux »!

J'examinai en passant ces deux statues ; le travail en est égyptien (1). Le Nil a été le premier maître de la Grèce.

Nous eûmes encore d'autres monts à franchir pour nous trouver à celui d'Ira, lieu si connu sur la route de l'Elide, dans la province Triphylia. Le fleuve Néda, limitrophe de l'Arcadie, de l'Elide et de la Messénie, baigne le pied du mont *Ira*.

Nous ne perdîmes pas notre temps à le gravir. Ce dernier refuge de la liberté Messénienne (2), ne rappelle aujourd'hui que de tristes souvenirs.

Nous apprîmes seulement qu'un Messénien s'y était retiré pour composer à loisir les annales de son infortuné pays. Polyzèle, c'est son nom, a bien du courage!

Allons plutôt, me dit Chilon, sacrifier à Esculape, dans le temple que lui ont élevé les habitans d'Aulon, petite ville, à la sortie du territoire conquis par les Lacédémoniens.

C'est le Dieu des vieillards, m'ajouta l'éphore de Sparte en souriant ; la maladie qui m'afflige est au-dessus de son pouvoir. Quel Dieu a la puissance de s'opposer aux ravages du temps.

---

(1). Pausan. *Mess.* XXXII.
(2) *Ira*, aujourd. *Calamata*. Sophianus.

Pythagore. L'amour paternel te doit un prodige à Olympie, il te rajeunira.

En continuant notre voyage par terre, nous aurions eu à traverser le mont Elaïus, et d'autres endroits élevés, la plupart ombragés principalement par des mûriers. Cet arbre se plaît beaucoup dans tout le Péloponèse (1).

La difficulté des chemins rebuta Chilon, impatient d'arriver. Il quitta son chariot, et nous descendîmes dans une nacelle, le fleuve Néda, jusqu'à la mer, près la ville de Pyrgi, où nous prîmes une barque, pour nous conduire le long de la côte, jusqu'à l'embouchure de l'Alphée, dans le golfe Cyparisse.

En navigeant, on nous montra dans notre voisinage, sur les bords de l'Anigrus, la ville bâtie par Lepreos; c'était, nous dirent les mariniers, un aussi grand mangeur qu'Hercule; ils dévorèrent chacun un bœuf, et aussitôt l'un que l'autre; mais il n'avait pas autant de courage et de force que de voracité. Enhardi par son premier succès, il osa provoquer au combat son rival de banquet. Hercule le tua.

Les citoyens de Lepreos préfèrent cette origine à une autre qui paraît plus certaine : autrefois les habitans du lieu étaient sujets au mal de la lèpre. Ils ont à côté d'eux le reméde, les eaux salubres de la fontaine Arèné.

Une tradition secrète du pays me révéla que le héros mangeur, mettant trop peu de choix dans ses alimens, devint lépreux et communiqua cette maladie affreuse à tout le pays,

---

(1) C'est pourquoi les modernes en ont donné le nom à cette province de la Grèce, *Morèa*.

par ses mauvaises mœurs. Il souilla presque toutes les femmes dont il était fort recherché. Hercule le compte parmi les monstres dont il a purgé la terre.

Les monumens du lieu consistent en un vieux temple de pierre dédié à Jupiter; un autre à Cérès bâti en briques crues, et plusieurs tombeaux. Sur l'un d'eux est sculptée une figure d'homme tenant une lyre à la main; les voyageurs de pied ne manquent pas de se détourner pour voir cette statue.

Sur la même ligne, baignée par un autre ruisseau, on nous montra, de loin, la ville de Pylos qui réclame à celle de Messénie portant le même nom, l'honneur d'avoir eu pour prince le vénérable Nestor. Homère a donné lieu à cette rivalité, en désignant d'une manière vague la patrie du plus sage d'entre les capitaines grecs.

Nous ne nous arrêtâmes pas au promontoire Samicum, ni à la ville du même nom; laissant à notre gauche les îles Strophades ou Plotées, nous cinglâmes vis-à-vis Scillunte, ville située sur la rive gauche du Selinus, dont les eaux sont un grand bienfait pour ce territoire toujours altéré. Ce ne sont que des sables parsemés de quelques pins sauvages. C'est un pays de chasse peuplé de cerfs et de sangliers.

Au bord de l'horizon, en prolongeant sa vue au milieu des terres, on distingue dans la vapeur la pointe du mont Typée, haut rocher d'où l'on précipite les femmes qui auraient assisté aux jeux olympiques. Les Eliens ont une loi formelle à cet égard, et qui me paraît très-sage. La place d'une femme n'est pas au milieu d'un grand concours d'hommes, encore moins d'athlètes.

Un vent favorable nous poussa dans les eaux de l'Alphée (1), et nous aida à remonter ce beau fleuve jusqu'à la ville de Pise ; là, il est dans toute sa largueur, ayant reçu les tributs de plusieurs ruisseaux considérables venus du septentrion et du midi. Pendant cette dernière et paisible navigation, Chilon m'entretint des jeux olympiques avec des circonstances inconnues au vulgaire. Le territoire où nous sommes, est consacré de temps immémorial par un temple à Saturne ; on y professait le culte primitif, la religion du soleil dont la ville d'Elis porte le nom. On y célébrait ses douze travaux symbolisant les mois de l'année. Hercule, fondateur de ce culte qu'il propagea dans tout l'univers, institua le premier les jeux qui nous amènent ici. On lui doit la dimension du stade olympique dont il traça la longueur sur la mesure de son pied (2), six cent fois répétée. Le stade commun de la Grèce est d'une même quantité et cependant moins long.

PYTHAGORE. Sans doute, parce que les Grecs l'ont mesuré sur leurs pieds. D'où l'on peut inférer que le grand Alcide était en effet plus grand que les autres hommes (3).

---

(1) Strabo. *geogr.* VI.
(2) *Relig. univ.* par Dupuis. *in*-4°.
(3) . . . Pythagore découvrit de quelle taille avait été Hercule. Ayant mesuré le stade de Pise, qu'Hercule avait déterminé à la mesure de six cents de ses pieds, et l'ayant comparé avec le stade commun de la Grèce, que les autres Grecs avaient déterminé à la longueur de six cents de leurs pieds, il trouva celui-ci plus court que celui de Pise, de

Ceci me rappelle que lors de mon voyage en Egypte, on me montra à Kemmis dans la Thébaïde, l'une des sandales qui avaient servi à un grand homme du pays (1). Elle était longue aussi de deux coudées. Par tout, on aime le merveilleux, jusque chez les Scythes (2). Ils montrent aux étrangers la trace du pied d'Hercule, sur une pierre ; le pied du héros, en Scythie, a plus de quatre paulmes de longeur.

Assez d'autres institutions rapetissent l'homme : il est bon qu'il y en ait qui lui donne une haute idée de lui-même.

CHILON. C'est Hercule qui établit douze juges fournis par chacune des douze tributs de l'Elide. Observe, m'ajouta le vieillard, que le signe céleste du verseau, occupé par le soleil au septième mois, est précisément celui dans lequel se trouve la pleine lune du solstice d'été, à laquelle est fixée la tenue des jeux olympiques ; ils sont ainsi appelés du nom donné à la lune, qui fournit toute sa lumière, à l'ouverture des combats paisibles dont l'olivier est le prix. Après les mystères de Cérès Eleusine, il n'y a pas d'institutions qui rapportent plus de gloire à la Grèce.

Un peu avant de toucher au terme de notre

---

quelque quantité. Delà, Pythagore conclut que la même différence de grandeur qui se trouvait entre le stade olympique et le stade commun, avait dû se trouver entre le pied d'Hercule et le pied des autres hommes ; et cette différence de la grandeur des pieds lui étant connue, il découvrit aussitôt, par une conséquence nécessaire, celle des corps entiers, qui est d'ordinaire proportionnée à celle des pieds. Huet, *pensées div.* p. 352 et 353. *in*-12.

(1) Herodot. II.
(2) *Idem*. IV. 82.

voyage, on nous montra sur les bords de l'Alphée, le côteau où s'est faite la première vendange (1). Un agriculteur du lieu me dit à ce sujet : « les jeux olympiques sont beaux mais stériles. Il n'en va pas de même de la vigne ; elle paye les sueurs dont on l'arrose ».

§. CXLII.

Topographie de la ville Olympique.

Arrivés à Pise (2), autrement appelée la ville Olympique, à cause de sa forme circulaire (3), le premier objet qui attira mes pas, fut le temple de Jupiter, au milieu d'un bois marécageux ; Il est de marbre, taillé en forme de briques, et recouvert de tuiles de la même matière. C'est Bysès, enfant de cette contrée, qui, le premier, s'avisa de cette manière de construire.

Les colonnes, et surtout les statues de cet édifice saint, n'attestent pas encore la perfection de l'art. Sous le vestibule est suspendue une table d'airain où le premier éphore de Sparte me fit remarquer cette inscription : Lycurgue (4), contemporain d'Iphitus, contribua beaucoup à la surséance d'armes qui s'observe pendant la fête des jeux olympiques ».

Placé à égale distance des autels de Pélops et de Junon, l'autel de Jupiter n'est ni de

---

(1) Athenée, *deipnos*. I.
(2) C'est la métropole de Pise, en Etrurie, ou Toscane. Voy. *cenotaphia pisana*, du cardinal Noris.
(3) Plutarch. *rom*. Fabius pict. II.
(4) Plutarch. *Lycurg. vita.*

pierre, ni de marbre, ni de bronze orné d'ivoire. C'est un monceau de la cendre des victimes qu'on lui sacrifie ; il ressemble à ces foyers élevés à la hâte dans plusieurs endroits de l'Attique ; Hercule institua cet usage dont on ne rend pas raison. Cette cendre est pétrie avec le sang des animaux immolés. Les hommes seuls peuvent approcher du sanctuaire, qu'un néocore balayait avec de la verveine. Mais je fus peu tenté d'y porter mon offrande. Les parfums qu'on y brûle, en quantité, ont peine à repousser l'odeur des chairs.

Ce fut encore Hercule qui fonda un culte à *Jupiter Chasse-mouche*, ou *Dieu des mouches* (1) ; pour en obtenir l'absence de ces insectes ailés, pendant les solennités. Les grands hommes ne dédaignent pas les petites choses. Un bœuf est dépecé (2), tout exprès, pour repaître les mouches, afin de les détourner des sacrifices.

Près de l'autel de Jupiter, on en a dressé un aux Dieux inconnus. Cette précaution pieuse me fit sourire. Il est plus fréquenté que celui de la Concorde. Un sanctuaire au dieu de l'*Opportunité* ne désemplit pas ; il est voisin de deux autels aux Grâces et aux Muses.

Derrrière le grand temple, j'allai voir l'*olivier aux belles couronnes* ; ainsi désigné parce que

---

(1) Tout le monde ne sait peut-être pas que le mot *Beelzebub*, nom d'une idole juive, signifie le *Seigneur des mouches* ; mais par *mouches*, dans le style oriental, on entend *les hommes* : ce qui est bien plus philosophique que le Jupiter *Apomyus* de Pise.

(2) Athenée, *deipnos*. I.

ce bel arbre fournit les rameaux qui ceignent le front des vainqueurs olympiques. Hercule en obtint la première couronne (1). L'olivier sauvage ombrage le groupe des Heures, des Nymphes, et une statue d'Hercule. Arrangement symbolique, qui apprend aux athlètes que la ponctualité (2), et la force (3) fille de la frugalité (4), doivent les préparer aux combats; pour compléter la leçon, les Parques, tout près de là, sur le chemin qui mène à la barrière du stade, ont un foyer, et avertissent des dangers qui accompagnent l'imprudence, ou la témérité.

Les divers cultes qui partagent l'encens des mortels n'ont pas tous une aussi respectable origine que celui de Junon dans le temple de cette grande Divinité à Pise. Les citoyens de cette ville et les habitans du reste de l'Elide étaient mal d'accord. Ils convinrent de s'en rapporter à l'arbitrage d'une femme d'une vertu reconnue, choisie dans chacune des seize principales cités du pays. Ce sénat de matrones parvint à rétablir la bonne intelligence. Pour prix de leurs soins, on les honore de la direction des jeux célébrés par les femmes de la Grèce à la gloire de Junon. Ces seize prêtresses sont en outre chargées de broder le voile dont on fait hommage, tous les cinq ans, à l'auguste épouse de Jupiter.

J'assistai à ces courses solennelles des filles

---

(1) Plin. *hist. nat.* XVI. 40.
(2) Les heures.
(3) Hercule.
(4) Les Nymphes des fontaines, ou l'eau donnée pour correctif au vin.

grecques. Leur chevelure déliée flotte avec grâce, jouet des vents. Elles portent la tunique abaissée jusqu'au dessous du genou. Toute l'épaule droite est nue jusqu'au sein. Je les vis parcourir le stade olympique, dont on abrège en leur faveur la carrière de la sixième partie. Mes voyages ne m'avaient pas encore offert un spectacle aussi beau, ni plus pur. Une innocente émulation est le seul sentiment qui anime cette scène rapide. Rien n'y blesse les regards ni la pensée. La nature semble sourire à son plus bel ouvrage. Elle y développe ces formes enchanteresses auxquelles l'art ne peut atteindre. Ce fut une Lacédémonienne qui obtint la couronne d'olivier, et qui la reçut avec un maintien modeste.

Le principal groupe, dans l'intérieur du temple de Junon est la statue de cette Divinité, représentée assise sur un trône. Jupiter est figuré debout près d'elle. Ces deux attitudes différentes ont leurs raisons; elles caractérisent chacun des deux sexes. Cet ouvrage d'or et d'ivoire, est d'un travail un peu rude.

La famille qui n'aguères régnait à Corinthe envoya son présent à Junon-olympienne; il consiste en un coffre de bois de cédre, à la mémoire de Cypselus. Il est enrichi de petites figures d'animaux en or et en ivoire.

Le temple de Junon offre une particularité qu'on ne put m'expliquer. La partie postérieure est soutenue par deux colonnes dont l'une est de pierre revêtue de marbre; l'autre est formée d'une pièce de bois de chêne.

On me fit voir, gravées sur le palet (1) d'I-

---

(1) Pausan. *voyage en Elide*.

phitus (1) l'un des restaurateurs des jeux olympiques, les lois et les éphémérides de cette grande institution.

Une foule de statues est consacrée à Jupiter dans l'*Altis* ; on appelle ainsi son bois sacré, j'en distinguai une, tribut de la reconnaissance des Lacédémoniens après une victoire importante remportée en Messénie.

Cette figure, qui a six pas d'hommes de hauteur, est placée sur la montagne de Saturne, et tournée vers l'orient : l'inscription lui donne le surnom de Plébéïen, ou ami du peuple. Le peuple ayant fait ses Dieux à son image, les charge aussi de ses fautes.

Les Elaïtes, peuplade descendue des bords du Caïque, vers la mer, pour occuper l'Eolie, ont dressé au même Jupiter, un simulacre qui le représente sans barbe; apparemment pour marquer que les Divinités ne vieillissent point, ou bien qu'elles n'ont point de sexe.

Près les murailles qui ferment l'Altis, le même Jupiter a encore une statue, mais sans inscription. Elle regarde l'occident; cette circonstance a son motif.

Dans le bois sacré, on a placé le sénat; ou tribunal des juges. Il a pour principale décoration un Jupiter des sermens. Le visage de ce Dieu inspire la frayeur ; ses mains sont armées chacune d'un foudre. Devant lui les athlètes, leurs familles et leurs maîtres, viennent jurer, sur les entrailles fumantes d'un porc, qu'ils s'abstiendront de toute fraude, et qu'ils ne veulent point devoir à la ruse le prix des

---

(1) Vingt-cinq ans avant Rome fondée, selon Clément d'Alexandrie, *strom.* I.

jeux olympiques. Ils affirment en même-temps qn'ils ont dix mois d'études et d'exercices. Les juges promettent aussi qu'ils ne se laisseront pas corrompre dans l'examen des jeunes coursiers destinés à entrer en lice. On ne mange point la victime, selon l'usage antique de s'en abstenir quand elle a reçu un serment ; ce serait donner à entendre qu'on ne fait guères plus de cas du serment lui-même.

Et tous ces graves préparatifs pour des jeux! Mais ces jeux ont le droit de suspendre toute hostilité. Sous les pieds de ce Jupiter *Horcius* (1), on me fit lire une imprécation contre les parjures. Je n'en connais pas contre les peuples ou les princes qui se permettent des guerres injustes.

Ils ont perdu la tradition d'Hercule et du lion de Némée, dont on voit le groupe à l'extrémité de la voie sacrée, qui conduit de Pise à Elis.

Un monument historique et fort curieux, est celui des neuf capitaines grecs, qui jetèrent leurs noms dans le casque de Nestor, pour apprendre du hazard lequel d'entre eux combattrait le héros troyen, époux d'Andromaque. Ces dix personnages sont représentés sur le même piédestal. Ce groupe a été consacré dans le bois de Jupiter Olympien, par les peuples de l'Achaïe.

Les généreux insulaires de Thase (2), originaires de Phénicie, ont envoyé aussi leur présent. Il consiste en une statue de bronze, haute de dix coudées. Elle représente l'Hercule

---

(1) Le jureur.
(2) Herodot. II. *hist.*

de Tyr, armé de la massue et de l'arc : ouvrage d'Onatas d'Egine, fils de Micon, et statuaire recommandable.

Les Messéniens, pour immortaliser le souvenir d'une bataille, gagnée par eux sur le peuple de Lacédémone, dans l'île Spartérie, ont fait élever une colonne à Pise, mais sans oser la charger d'une inscription, par égard pour leur ennemi, toujours redoutable quoique vaincu.

Ce procédé me parut tout à la fois lâche et vain. Aristomène ne s'en permit jamais de semblables.

Parmi tant de statues, on n'a pas oublié celles d'Orphée, d'Homère et d'Hésiode ; on leur associe Minerve et Bacchus. J'aime qu'on observe les convenances.

Presque tous les athlètes, vainqueurs aux jeux olympiques, ont leurs statues dans l'Altis, en sorte qu'il y en a presqu'autant que d'arbres. Je m'arrêtai un moment pour lire l'inscription de celle consacrée à un Samien, qui avait remporté le prix au pugilat, et qui en méritait un second pour sa modestie. A son nom est substitué celui de sa patrie. « Les insulaires de Samos, y est-il dit, excellent entre tous les peuples d'Ionie, et ont toujours la palme dans les combats de mer ». Je ne vis pas du même oeil une image de Polycrate.

Près de ces monumens, qui me rappelaient ma terre natale, j'en aperçus un autre qui effaça l'impression fâcheuse qu'ils avaient laissée en moi. C'est le groupe d'un jeune Achaïen et de son maître. Ce bel enfant, vainqueur au pugilat sur tous les rivaux de son
âge,

âge, voulut partager sa gloire avec celui dont il avait reçu des leçons.

On me montra un autre objet bien digne d'être vu ; le groupe d'un père, porté en triomphe sur les épaules de ses deux fils, vainqueurs aux jeux olympiques, le même jour: représentation fidèle de ce qui s'est passé aux jeux de Pise, lors de la victoire de cette famille messénienne, dont la mère était la propre fille du vaillant Aristomène. Mais on ne put rendre le tableau de tous les Grecs jetant des fleurs sur le passage de ces héros de l'amour filial.

Tout auprès, je lus sur la base d'une statue de lutteur : « Eutélidas de Sparte remporta le prix de la lutte sur la jeunesse, en la trente-huitième olympiade ».

J'aperçus sur le haut d'une colonne un char de grandeur médiocre. On me dit que c'était celui de Polyphite, lacédémonien ; son père Callitèles est sur le même monument. Tous deux méritèrent la couronne d'olivier, le père à la course des chevaux, le fils au combat du ceste dans le rang des hommes.

J'allai de suite parcourir les trésors dont les peuples de la Grèce font hommage à Jupiter Olympien, au pied du mont Saturne.

Je distinguai d'abord deux espèces de petits sanctuaires de cuivre, l'un d'ordre ionien, l'autre dorique. Ils ne sont pas d'égale grandeur : je lus sur le plus petit : « Les Sycioniens, pour conserver la mémoire de Miron, leur roi, vainqueur à la course du char, en la trente-troisième olympiade, consacrèrent ce monument du poids de cinq cents talens ».

Parmi les autres dons précieux, on me fit

voir l'épée d'or de Pélops, et la corne d'ivoire d'Amalthée (1). Ces deux présens sont de Miltiade, fils de Cypselus, et roi de Thrace et de la Chersonnèse.

Plus loin, une statue d'Apollon; on en a doré la tête : tribut de la piété des Locriens, peuple voisin du cap Zéphyrium.

Les Sélinuntes, peuple de la Cilicie, avaient envoyé une image de Bacchus, dont la tête, les mains et les pieds sont d'ivoire.

Celle d'Endymion, due à la munificence des citoyens de Métapont, est toute d'ivoire, à la réserve des draperies.

Les habitans de Mégare, sur les confins de l'Attique, se sont distingués par plusieurs petites statues de Dieux des deux sexes, toutes en bois de cédre, parsemé de fleurs d'or.

Je visitai le sommet du mont Saturne; j'y trouvai les prêtres de cette antique Divinité; on les appelle d'un nom particulier, *Basiles*: ils célèbrent chaque année, au mois du belier, à l'époque de l'équinoxe, une grande solennité, reste précieux d'un culte astronomique, dont ils ne se doutent même pas.

Au bas de la montagne, du côté du septentrion, je rencontrai le temple de Lucine olympienne. Sur le fronton du vestibule, est sculpté un enfant nouveau né et tout nu. Au-dessous, on lit *sosipolis* (2). La prêtresse qui n'était point en ce moment dans ses fonctions, mais qui s'y disposait, car elle déployait son voile blanc, voulut bien m'instruire en ces mots :

« Les habitans de l'Arcadie vinrent faire une

---

(1) Herodot. *hist.*
(2) *Sauveur de la ville.*

irruption dans l'Elide. On s'arme à la hâte. La bataille va être donnée, et les Eléens mal préparés auraient infailliblement été vaincus. Une femme éléenne se présente au milieu des deux armées, un enfant à la mamelle dans ses bras. Les Arcadiens, à cette vue, restent immobiles, et puis reprennent le chemin de leur pays, disant qu'il n'étaient pas venus pour combattre un enfant. Telle est l'origine du culte dont je suis chargée.

PYTHAGORE. Prêtresse! il fait honneur à ceux qui l'ont fondé, et à celle qui le remplit ».

Je dirigeai mes pas par un chemin couvert à l'usage des juges et des athlètes, et j'arrivai au stade : à l'une des extrémités de cette longue terrasse, est une place fermée par un cable; c'est ce qu'on appelle la barrière. Les combattans se rassemblent là pour y attendre le signal donné par un aigle de bronze, dont les ailes se déployent à l'aide de ressorts cachés.

Vis-à-vis l'endroit du stade où se placent les juges, et tout le long de l'arène, le sol s'élève naturellement et offre un amphithéatre convenable pour y recevoir la foule des assistans.

J'eus tout le loisir de descendre dans les détails des accessoires de la solennité olympique; Chilon m'avait quitté pour rejoindre son fils et assister aux exercices préliminaires des athlètes.

§. CXLIII.

Pythagore aux jeux olympiques.

Enfin, les jeux s'ouvrirent. Toute la Grèce et les contrées voisines veulent en être les témoins. C'est un enthousiasme, une ivresse qui n'a rien de comparable. Le premier motif de cette brillante institution est effacé depuis long-temps de tous les esprits. Néanmoins, la pompe du spectacle, l'affluence des spectateurs, les prodiges d'adresse et de force des athlètes, l'appareil des prix qu'on y distribue et la teinte religieuse qui recouvre de son voile respecté cette solennité politique, tout porte à élever l'ame des assistans les plus froids, et de tous les étrangers. La Grèce ne craindrait pas le monde entier soulevé contr'elle, si elle conserve dans toute sa ferveur et dans tout son éclat la célébration des jeux olympiques. Je ne connais pas de fêtes nationales mieux accommodées au génie des peuples que celle-ci.

J'assistai à tous les combats, soumis aux lois de l'équité; car les *Agonothètes* se piquent de cette vertu première (1). Ce sont les juges, vieillards vénérables, habillés de pourpre. Un sceptre d'ivoire est dans leurs mains. Les conducteurs de char ne manquent pas d'abaisser leur fouet devant eux, quand ils passent. Chacun des cinq jours consacrés aux jeux fut marqué par un événement plus caractérisé encore que le reste. Je fus le témoin d'un épisode qui a son prix. Un Corinthien dès le

---

(1) Plutarch. *flamin.* Lucian. *Anacharside.* Dion. Cassius. *Lexicon* Pitisci.

commencement de sa course, tombe de cheval; c'était une jument *de l'Epire* appelée *Aura* (1). Quoique privée de son cavalier, elle continue de fournir sa carrière. Je la vis tourner la borne avec la même adresse que si elle eût gardé son conducteur. Au bruit de la trompette, elle redouble de force, de courage et d'agilité, passe tous les autres coursiers, arrive la première, et comme si elle eût eu le sentiment de la victoire qu'elle venait de gagner, s'arrête devant les juges, et attend le prix qui lui est dû: elle partagea avec son maître les applaudissemens de la multitude enchantée; et de plus, un décret du sénat des jeux fut porté à l'instant pour décerner une statue au quadrupède vainqueur. En attendant, on attacha une couronne à sa crinière ornée déjà de chaînettes d'or (2).

Une merveille d'un autre genre devait illustrer la seconde journée. Un Crotoniate nommé *Milon* (3), et fils de Diotime, se présenta dans le stade olympien de Pise, où il avait été couronné six fois déjà. Une grenade était dans sa main. Elle est, dit-il, à celui qui pourra me la ravir. Plusieurs adversaires vinrent à lui et acceptèrent le défi. Milon alors formant une espèce de cage avec ses doigts y garda le fruit intact et sans être aucunement pressé (4), contre les efforts successifs de tous les combattans. Aucun d'eux ne put lui redresser les doigts, ni s'emparer de la grenade.

---

(1) Servius. in Virgil. *georg.* I.
(2) *Ampyx.* Homer. *iliad.* E. 350.
(3) Pausan. *voyage en Grèce*, *Elide.*
(4) Plin. *hist. nat.* VII. 20.

Ce n'était que le prélude. Il posa le pied sur un palet arrosé d'huile, et se maintint à ce poste glissant; il fut impossible de l'en déposséder. Il y resta ferme et lassa tous ses rivaux.

Changeant d'attitude, il rejette derrière lui son bras droit, ouvre sa main, lève le pouce, et joint le reste de ses doigts avec une telle roideur, que pas un athlète tour-à-tour ne put parvenir à séparer son petit doigt des autres auxquels il demeura adhérent.

Voyant que l'arène était déserte, il voulut donner seul une nouvelle preuve de la force extraordinaire dont il avait été doué en naissant et qu'il sçut accroître encore et conserver par de fréquens exercices.

Il se ceignit fortement la tête avec une corde, au lieu d'une bandelette passée dans ses cheveux: puis il retint sa respiration. Alors le sang se porta à son front, et lui enfla tellement les veines, que le cordage rompit. Enfin, traçant autour de lui un cercle (1), il défia tous les autres athlètes de l'en faire sortir; aucun n'en put venir à bout.

Tous les spectateurs agitaient les pieds et les mains de surprise et de joie. Milon voulut y mettre le comble par un dernier exploit. « O Grecs, s'écria-t-il au milieu du stade, vous m'avez honoré d'une statue, ouvrage immortel de Daméas (2), mon compatriote: je veux moi-même la porter dans le bois sacré de Jupiter olympien où vous lui destinez une

---

(1) Ce trait de force est attribué par Elien à *Démocate*, ou *Démocrate*.

(2) Pausan. *eliac.*

place. Qu'on aille la chercher dans l'atelier du statuaire »! Plusieurs Eléens robustes commandés par les directeurs des jeux remplirent le vœu de Milon ; on les vit succombant sous le poids de ce marbre, le traîner péniblement sur le stade où le Crotoniate l'attendait ; les assistans doutaient du succès de cette entreprise qui leur paraissait téméraire. Plusieurs me disaient : « Milon va flétrir lui-même ses lauriers. L'amour de la gloire l'emporte au-delà du but ».

Mais lui, écartant les jambes pour ramasser ses forces, se baisse, et de ses bras dont il fit saillir tous les muscles, soulève la statue, la pose sur l'un de ses genoux comme sur une base, pour reprendre haleine ; puis, rassemblant toutes les facultés de son corps, parvient à coucher doucement le marbre sur son épaule gauche ; ayant trouvé le point d'appui, et sentant le fardeau en équilibre, il marche, disant : « Grecs ! qui me contemplez ; suivez-moi ». La foule se précipite sur son passage, et Milon termine ce grand travail en dressant sa propre statue à l'endroit qui lui fut indiqué. Les juges qui l'avaient accompagné, le couronnèrent sur le lieu même ; et chacun pouvait à peine en croire ses yeux.

Milon, ce jour-là, avait orné sa ceinture de plusieurs pierres *alectoriennes* (1).

Un envieux, près de moi, me dit tout bas : « Il leur doit toute sa force ».

Je lui répondis :

---

(1) Ces pierres, grosses comme une féve, se trouvent dans le gésier ou dans le foye des coqs.
Plin. *hist. nat.* XXXVII. 10.

« Moi, je ne les regarde que comme un symbole. Milon a sans doute, acquis le droit de se comparer à celui de tous les oiseaux qui sait le mieux combattre » (1).

La vue réitérée de tous ces exercices violens me fournit une observation qui ne fait point l'éloge de cette gymnastique si vantée, et qu'on dit si propre au développement des belles formes dont l'espèce humaine est douée. Les lutteurs et les athlètes au pugilat sont très-maigres de corps depuis les hanches jusqu'aux pieds (2); tandis que les parties supérieures acquièrent un volume prodigieux. Au contraire, les sauteurs et les coureurs maigrissent beaucoup de la tête aux hanches; les parties inférieures de leurs corps ont beaucoup d'embonpoint. Sans doute, parce que les sucs nourriciers se portent vers les endroits où se font les plus grands efforts et les plus continuels.

Cette remarque n'a point échappé au législateur Solon (3), qui ne s'est jamais prononcé en faveur des athlètes. Il ne voulait d'excès en rien.

Un jeune homme qui, sans doute, avait saisi quelques-unes des paroles que je m'adressais, un peu à l'écart, s'offrit à moi et me dit :

« Je suis Xénophane, fils d'Orthomène, et né à Colophon (4) : permets moi de te réciter quelques vers inspirés par le même spectacle qui te porte à réfléchir (5); les voici : « Eh! quoi! pour avoir été vainqueur sur les bords

---

(1) Le coq.
(2) Xenoph. *banquet de Socrate.*
(3) Diog. Laërt. *vita Sol.*
(4) Strabo. *geogr.* XIV.
(5) Athenée. Tourreil, *préface sur Démosthène.*

de l'Alphée, un citoyen en devient-il plus respectable que les autres ? Cependant, au cirque, la première place lui est déférée. Nourri aux dépens de sa ville, il reçoit des présens qu'il doit moins à sa vertu qu'à la vigueur de ses chevaux. Et rien de tout cela ne se fait pour l'homme vertueux ! Ainsi l'ont arrêté des lois bizarres. La sagesse n'est-elle donc pas préférable à la force des hommes, à la légéreté des chevaux ? Les habitans d'une cité sont-ils plus heureux, parce qu'elle renferme dans son enceinte un vainqueur aux jeux olympiques » ?

PYTHAGORE. Jeune homme ! Tu es né pour la sagesse (1) ; étudie et persévère.

Le matin du troisième jour des jeux, il se fit une grande rumeur à l'autre extrémité de la colline qui sert d'amphithéatre à l'hippodrome. J'y portai aussitôt mes pas ; j'entendis autour de moi : « Thespis est arrivé ; il vient disputer le prix de la poësie dramatique : il apporte une nouvelle composition ; allons au *Lalichmion* (2) pour l'entendre ».

Je m'y rendis avec le même empressement que la foule, ivre du nouveau genre de poësie dont Thespis a pris l'idée dans les poëmes immortels du divin Homère; je pus à peine trouver place dans le gymnase. A la première nouvelle de l'apparition du poëte tragique, chacun s'étoit hâté de prendre son rang d'avance, dans cette espèce de temple voûté, dont Hercule paraît être le Dieu. Sa statue, en occupe le sanctuaire, orné d'un bas-relief de marbre, représentant le groupe des Muses.

---

(1) Diog. Laërt. *vita philosophorum.*
(2) Gymnase.

Enfin parut Thespis, accompagné de Phrynicus son élève (1), et suivi d'une nombreuse clientelle de ses concitoyens de l'Attique (2), fiers d'avoir donné à la Grèce l'inventeur de la tragédie (3). Il portait à la main une longue verge garnie d'ivoire, espèce de sceptre. Dans sa chevelure était passée une bandelette de pourpre. On se leva en sa présence (4), pour l'honnorer, et lui laisser un chemin jusqu'au pied de la statue. Parvenu sur les degrés du sanctuaire, debout, il étendit la main pour obtenir du silence : « O Grecs, dit-il, assemblés à Pise pour y célébrer les jeux olympiques, avant de vous réciter la composition que je soumets à votre jugement, rendons hommage au prince des poëtes ! C'est dans les chants sublimes du favori des Muses que j'ai puisé. Il m'a guidé dans la carrière nouvelle que j'ai ouverte ; je lui dois les suffrages que mon drame d'*Alceste* a obtenus dans Athènes. Phrynicus ! récite un fragment de l'Iliade ».

Malgré son impatience, l'assemblée écouta dans un respectueux silence. A la fin de cette lecture, on applaudit avec transport. Puis un cri général se fit entendre : Thespis ! Thespis !

Le poëte de l'Attique, déroulant un volume de papyrus qu'il portait à la main : « Jupiter Olympien ! sois-moi favorable ! Hercule *Musagète* (1), c'est un de tes bienfaits que j'ai mis en action ! obtiens-moi le prix des jeux

---

(1) Poëte tragique d'Athènes, qui le premier introduisit sur le théâtre un rôle de femme. Suidas.
(2) Thespis était de la tribu Icarienne.
(3) Horat. *ars poët.* vers 275.
(4) Homer. *hymn. Apoll.* n°. 3. Pausan. *arcad.*
(5) Conducteur des Muses.

que tu as fondés. » Et il déclama son nouveau drame. Le choix du sujet, la simplicité de sa marche, les noms d'Hercule et de Prométhée, l'expression tour-à-tour animée et touchante de Thespis, lui méritèrent des applaudissemens prolongés bien au-delà des repos qu'il s'était ménagés pour soulager sa voix. Quand il eut fini, un hérault se leva et dit:

« Personne ne se présente pour disputer à Thespis la couronne d'olivier sauvage »?...

Personne ne se présenta, excepté un poëte d'Icarie, en Attique. *Susarion* voulut lire quelques vers mordans et accusateurs; mais comme sa muse se servait de termes aussi grossiers que les vices qu'elle censurait, un murmure d'improbation générale empêcha Susarion de continuer; on s'aperçut tout de suite qu'il n'avait que la patrie de commun avec son prédécesseur. Thespis fut proclamé vainqueur. J'eus peine à parvenir jusqu'à lui, pour en obtenir la grâce de transmettre sur mes tablettes ce qu'il venait de lire. « Pythagore, me répondit-il, je n'ai rien que je puisse refuser à un initié; et l'intérêt qu'il prend aux essais informes d'un art qui deviendra sans doute un jour les délices et la gloire de la Grèce, m'honore davantage que les bruyantes acclamations de toute une multitude ».

Mes chers disciples, voici ce drame, monument utile un jour, pour constater les progrès de l'esprit humain. Solon (1) s'est montré peut-être trop sévère, en voulant arrêter le premier essor de la muse tragique.

---

(1) *Solon tragaedias scribere et fabulas docere prohibuit.* Diog. Laërt. *in Solone.*

§. CXLIV.

HERCULE ET PROMÉTHÉE,

Ou *Prométhée sur le Caucase*; *l'une des premières tragédies grecques, à un seul acteur* (1).

Le lieu de la scène représente un antre du mont Caucase. Prométhée, retenu par une longue et forte chaîne, scellée dans le roc, est sommeillant. Un aigle, qui repose à ses pieds, le réveille en s'envolant, avec l'extrémité de son aile.

Le premier regard de Prométhée éveillé se porte sur une grande figure humaine, ébauche modelée en argile ou terre rouge de la couleur du sol. Elle est debout, tient une massue à la main, et sur l'autre une petite statue de la Liberté.

PROMÉTHÉE.

Hélas! Ce n'est qu'un songe. Cette argile, détrempée dans les eaux du torrent et revêtue

___

(1) Il est vraisemblable que le *Prométhée sur le Caucase* de Thespis, donna à son successeur Eschyle, l'idée des trois drames qu'il composa sur le même personnage.

Voici ce qu'en dit l'estimable auteur du *théâtre des Grecs*, le P. Brumoy. tom. II. *in*-4°.

« Eschyle avait composé trois tragédies sur Prométhée, à savoir, son vol, ses liens et sa délivrance. Il ne nous reste que la seconde pièce. Le sujet et toute la suite en sont assez bizarres. C'est le supplice de Prométhée...

On y reconnaît la rudesse antique de la tragédie naissante avec beaucoup d'élévation et de grandeur. Le déchaînement de Prométhée contre la royauté devait inté-

DE PYTHAGORE.   125

par moi de la forme humaine (1), j'ai cru la voir pendant mon sommeil, s'animer tout-à-coup. Son premier mouvement était un acte de reconnaissance. A peine doué de la vie, ce simulacre d'un peuple libre commençait par rompre les anneaux de la chaîne indestructible que je suis condamné à porter (2). Des

---

resser les Grecs. Eschyle avait en vue de leur plaire par cet endroit ».

Ces réflexions du P. Brumoy peuvent s'appliquer à l'*essai tragique* de Thespis, aux jeux olympiques.

Eschyle donna sa tragédie de *Prométhée lié*, *Prometheus vinctus, religatus*, dans LXXXVIe olympiade.

Quant à Thespis, il ne nous reste à peu près de lui que le titre de l'une de ses pièces, l'*Alceste*; et pourtant il en composa jusqu'à cent.

Un certain *Héraclide*, du royaume de Pont, composa plusieurs tragédies sous le nom de Thespis.

Voy. la *bibliothèque grecque* de Fabricius. *in-4°*. II. p. 600 et 601.

Le théâtre de Rome s'empara aussi de ce sujet traité trois fois par Eschyle, d'après Thespis. Le poëte Martial nous apprend, *spect*. I, *epigr*. 7, qu'un certain Laureolus, homme très-méchant, fut crucifié sur l'amphithéâtre de l'empereur Vespasien, pour représenter le supplice de Prométhée.

Voy. le dialogue de Lucien, *Prométhée*, ou *le Caucase*; et un autre entre *Jupiter et Prométhée*.

La tragédie, avant Thespis, n'était qu'un simple chant de tout le chœur. Ce poëte créa un personnage qui, pour délasser le chœur, et lui donner le temps de reprendre haleine, récitait les aventures de quelqu'homme illustre.

Poëtique d'Aristote.

(1) Prométhée est vraisemblablement le nom du premier sculpteur né avec une étincelle de génie.

Tableaux de la fable, édit. de 1787. *in-*16.

(2) *De Prometheo... illi ferreum annulum dedit antiquitas, vinculumque id intelligi voluit.*

Plin. *hist. nat.* XXXIII. 1.

débris, il frappait la tête de mon persécuteur. Hélas! ce n'est donc qu'un songe.

Ce froid limon ne s'est point animé. Immobile, le voilà toujours à la même place, sur le même socle. L'étincelle de la vie manque à ses yeux sans expression. Son sein né palpite pas sous les doigts qui le pressent. Ce n'est encore que de la terre du mont Caucase. — Et moi, aussi; me voilà encore, traînant mes fers, rivés par les ordres du roi de Crète (1). Pour me rendre suspect au peuple, le roi de Crète a révélé que je haïssais tous les Dieux, et que j'osais les rivaliser (2). Eh bien! je l'avoue : Oui! je les hais tous (3), puisqu'ils permettent qu'il y ait des esclaves parmi les hommes. Si j'avais prostitué mon art à reproduire les traits du tyran; si j'avais eu la bassesse de le représenter sous ceux d'un Dieu bienfaisant ou terrible; ce vil sacrilége eût reçu sa récompense. Le despote m'eût nommé le premier des artistes attachés à sa cour : parce que j'ai donné les prémices de mes études à la liberté; parce que l'image sainte que mes mains en ont ébauchée, a frappé les regards du peuple; le despote inquiet et jaloux m'enchaîne ici; espérant que les oiseaux carnaciers viendraient me déchirer les entrailles

---

(1) Jupiter, premier législateur, ou despote des Crétois.
(2) *Quam* (tellus) *satus Iapeto mistam fluvialibus undis Finxit in effigiem moderantum cuncta deorum.*
Ovid. *metam.* lib. I.

Le doigt de Prométhée impie audacieux,
Osa pétrir l'argile à l'image des Dieux.

(3) *Omnes deos odi.....*
Æschyl. *prométh. trag.*

et s'en repaître. Moins féroce qu'un roi (1), l'aigle du Caucase a respecté l'ami, le martyr de la liberté. La voix d'un homme libre a sçu plaire à ce volatile indépendant. Chaque jour, il vient déposer sa proie à mes pieds pour la partager ensemble. Prométhée, tu ne méritais pas cette faveur. Tu es un lâche, digne de la chaîne. Le remords, comme un vautour, t'inflige en ce moment le supplice qui t'est dû. Souffre sans te plaindre; et n'invoque pas un libérateur, puisque tu n'as pas sçu l'être de ta patrie. Eh! quoi! tu perds le temps à modeler une statue de la liberté. Pour fonder le règne de l'indépendance, ce ne sont point des statues qu'il faut, mais des hommes. C'est perdre sa peine que de chercher à éveiller le remords dans le cœur des rois. Les rois n'ont point de remords. J'acheverai pourtant la tâche que je me suis imposée. Je veux y mettre tout mon talent, et porter l'illusion aussi loin que dans ce rêve fugitif, encore présent à ma pensée. Si ce n'est point un libérateur que je me serai donné, ce sera du moins un ami, le témoin silencieux de mes souffrances, le confident discret de mes vœux. J'aurai à qui adresser la parole dans cette solitude affreuse; et l'écho me répondra pour lui. Ce que j'ai vu dans mon sommeil ne sera point tout-à-fait un songe. S'il n'est pas sur tout le globe un seul homme

---

(1) Caylus, *antiquités étrusques*, tome II, cite une cornaline où se trouvent gravés en creux Prométhée et son vautour, ou un aigle. L'oiseau paraît avoir été dessiné d'après le drame de Thespis; *il est d'une tranquillité parfaite*, et semble en effet apprivoisé. p. 85 et 86. *in* 4°.

véritablement libre : qu'il en existe au moins le modèle ici ; et que ce soit l'œuvre de mes mains. — Cette attitude n'offre point un ensemble qui en impose assez. Elle se ressent des liens qui me captivent. Il y a de la contrainte. La franchise des formes pourrait être mieux exprimée. Il faut que toute cette figure respire l'indépendance naturelle. — Si le plus absolu des princes la rencontrait sur son passage, qu'il soit forcé de baisser les yeux devant la majesté, la toute-puissance du peuple rendu à lui-même! — Qu'est-ce qu'un roi près du peuple? Un atome près de la nature. — Que tout homme qui a conservé l'instinct de ce qu'il devrait être, soit mécontent de lui, en voyant cette statue à laquelle il aurait dû servir d'original et dont il n'est pas même la copie! — L'arc des sourcils veut être plus fortement prononcé. De la paupière doit jaillir un regard de feu qui porte la terreur au sein des méchans, et l'indignation dans l'ame des bons. Que la prunelle ardente de ses yeux soit un double volcan d'où s'échappe la foudre vengeresse! Je ne saurais donner à ce front auguste un trop grand caractère. La souveraineté de l'homme y réside. — Je veux que ces lèvres entr'ouvertes disent et fassent entendre : « *Justice aux opprimés! Périsse l'oppresseur!* Que la force circule dans tous les muscles de ce corps à grandes proportions! — Tant qu'il y aura des tyrans, le sang doit bouillonner dans les veines brûlantes d'un homme libre. Sa poitrine comprimée par un lourd fardeau se soulève avec de puissans et continuels efforts. Tous ces mouvemens de l'ame veulent être rendus, sentis; ils sont à
peine

peine indiqués. Ce bras qui tient la massue n'est point assez nerveux. L'action de ses doigts est trop faible. Le poids seul de sa main puissante doit écraser et briser, en se refermant, la tête audacieuse de tous les scélérats. — A ses pieds ; non ! sur sa tête, il convient de placer l'aigle généreux qui lutte avec l'orage et plane au-dessus de la tempête. L'aigle qu'aucun art humain n'a sçu apprivoiser, n'a pu asservir, est le type naturel de l'homme libre et qui veut toujours l'être. Que ses ailes étendues ombragent cette tête mâle ; et que son bec recourbé et menaçant en défende l'approche ! — Si l'homme fier de sa force, se montrait toujours ainsi, debout, armé, l'œil ouvert, la poitrine haletante en présence de la liberté !... — Mettons y la dernière main. Il faut que ce soit un chef-d'œuvre. Si je succombe sous le poids de mes fers, si je meurs ici, j'aurai vécu ; j'aurai du moins laissé une trace honorable de ma douloureuse existence. Hélas ! j'aurais pu davantage ; et ce reproche est le véritable vautour qui me déchire. Insensé que j'étais ! J'ai enseigné à mes contemporains à lire dans les cieux et à féconder leur sol natal. Je leur ai découvert l'harmonie des astres et la vertu des plantes. J'ai cru leur avoir fait le plus beau des dons, en leur désignant les propriétés du feu (1). Oh ! qu'il sera bien plus digne de leur reconnaissance celui qui les avertira d'être libres ! — *Libres !*

---

(1) Voy. dans Eschyle, le culte décerné à Prométhée, comme inventeur du feu, et tous les services qu'il se vante dans la tragédie de son nom, d'avoir rendu à l'espèce humaine.

Ce mot sacré, ce mot magique retentit au fond de toutes les ames. Il suffit de le prononcer pour affranchir le monde. — On m'attribue la faculté de connaître l'avenir. Eh! bien ! Oui ! mon vœu s'accomplira dans la sombre profondeur des siècles à venir. Du moins si quelque voyageur un jour gravit ce mont horrible : mes ossemens blanchis, cette chaîne oisive alors et ma statue, peut-être encore debout, lui retraceront ma déplorable histoire. Ah ! qu'il mouille d'une larme mes ossemens blanchis, qu'il soulève cette chaîne pesante et se mesure un moment à ma statue ! — Où m'entraîne mon imagination vagabonde ? Hélas ! tous les habitans de la terre fléchissent leurs genoux tremblans et baissent un humble front sous les pieds superbes de quelques brigands heureux. Les Atlantes dans leur île fortunée sont esclaves. L'Egypte, ma patrie, l'Egypte entière depuis les sources du Nil jusqu'à la Méditerrannée, est esclave. Les insulaires de la Crète d'où l'on m'a banni, sont esclaves. Athènes, à peine fondée, a déjà un maître. Au pied de cette montagne où je suis lié avec des nœuds d'airain, les Scythes sauvages sont plus esclaves encore que moi, puisqu'ils payent volontairement un tribut honteux à un despote lointain. Par tout où j'ai voyagé, par tout des esclaves ! Deux mortels sur la face de ce globe, Hercule et moi sont les seuls, peut-être, qui ayent le sentiment réfléchi de l'indépendance. Mais Hercule est trop occupé à combattre les monstres envoyés contre lui, pour penser à d'autres monstres plus malfaisans. Et moi, dans l'état où je suis, que puis-je ? — O désespoir ! Faut-il que je périsse ainsi, attaché à ce roc. Personne ne viendra me secourir et me rendre à moi-même. Rage impuissante! Malheureux Promethée! Tu mourras ici tout entier, sans laisser de vestiges dans la mémoire des hommes.

O Liberté! fille aînée de la nature! pourquoi ne serais-tu pas aussi puissante que ta mère? Au commencement de toutes choses (si le grand Tout a commencé), on dit que le doigt créateur d'une providence universelle, a pétri complaisamment du limon, pour en former le premier homme. Liberté! pourquoi n'opérerais-tu pas le même prodige? Tu m'en dois un; je suis ton élève, ton apôtre, ton martyr. Venge-moi, ou plutôt, venge l'espèce humaine, en lui rendant sa première dignité, en la rappelant à sa destination première! Tu as guidé mon génie; achève, couronne mon ouvrage! Pourquoi ne formerais-tu pas aussi une nouvelle génération d'hommes? Tu es le flambeau céleste qui donne la vie à tout: qu'un souffle de ta bouche, qu'une étincelle de tes yeux passe dans ce bloc d'argile, l'échauffe, le pénètre, l'agite! Que cette figure insensible devienne le vengeur de l'espèce humaine. Tremble, roi de Crète! Ce Prométhée que tu crois déchiré en lambeaux, va te rendre tout le mal que tu as fait; il prépare ton châtiment! Si de mes mains pouvait sortir le restaurateur des hommes!...
Je lui donnerai une compagne modelée sur les belles formes des femmes de Crète et d'Egypte. Il lui communiquera le bienfait de l'existence; ils seront les deux premiers parens d'une famille nombreuse, et la souche d'une peuplade franche et sans maître. Leurs enfans, élevés dans les principes éternels de la nature,

descendront de cette montagne âpre et stérile, pour porter et répandre ces précieuses semences parmi les habitans demi-barbares de la froide Scythie ; ainsi, de proche en proche, l'indépendance et le bonheur germeront sur la terre. Il suffit d'une seule famille libre, pour racheter toute l'espèce humaine de la servitude... Prométhée ! tu achèves le rêve bienfaicteur qui t'a procuré déjà un si agréable repos. Réveille-toi ; ouvre les yeux, et regarde : c'est de cette masse de terre, pétrie de tes mains captives, que tu attends la régénération de l'espèce, et l'affranchissement du monde ! Le produit de ton cerveau délirant deviendrait le type de l'univers émancipé !... Laisse, laisse refroidir un moment ton ardente imaginative. — Non ! je ne suis point dans le délire ; je remplis la destinée attachée à mon nom (1) : il répugne moins de croire à la métamorphose d'un bloc inanimé en un être vivant, qu'à celle de plusieurs millions d'hommes nés libres, en autant d'esclaves. — Remettons nous à l'ouvrage..... Mais quels accens ? Que vois-je ? Hercule !....

Un chœur grave se fait entendre. Hercule et le peuple scythe paraissent devant Prométhée. Hercule en frappe la chaîne avec sa massue.

HERCULE (2).

..... Lui-même. Sois libre ! Il n'est point de chaînes qui résistent à la massue d'Hercule. Le bruit de tes malheurs a frappé mes oreilles ;

---

(1) *Prométhée*, mot grec qui signifie *celui qui prévoit*.
(2) Voy. Lucien, déjà cité.

j'ai tout quitté pour te secourir. J'ai raconté ton aventure à ces peuplades qui habitent au-dessous de toi dans les flancs du Caucase. Leur ame est aussi neuve que ta statue. Il ne m'a fallu qu'une parole, pour faire prendre à ce bon peuple l'attitude qui lui convient, et que tu as tant de peine à donner à ton modèle. Vas! le cœur de l'homme est plus docile à la voix de la nature, que ce froid limon au talent de l'artiste. J'ai dit à ce peuple les crimes des cours, leurs prétentions insolentes, les calamités dont elles inondent la terre. Il a juré de ne plus payer d'autres tributs que celui de l'admiration à la vertu, et de la pitié à l'infortune. Comme il prononçait ce serment entre mes mains, les envoyés du roi de Crète se sont présentés pour réclamer, de la part de leur maître, la contribution annuelle. La réponse a été de les chasser, en leur déclarant, en ma présence, que la nation Scythe était résolue de s'affranchir de toute servitude. Prométhée! ton vœu est accompli; laisse-là tes statues: voici des hommes.

Chœur de Scythes, hommes et femmes, enfans et vieillards. Ils se pressent autour de Prométhée et de sa statue, et s'emparent des débris de sa chaîne. Ils témoignent leur joie à l'artiste délivré, et leur reconnaissance à Hercule de les avoir avertis d'être libres.

§. CXLV.

Pythagore aux jeux olympiques. Suite.

Le quatrième jour des fêtes olympiques, je ne quittai point Chilon : « Mon fils, me dit-il, dispute aujourd'hui le prix du pugilat ».

Il vint, avant le combat, dire à son père, avec une assurance qui n'était point de la témérité : « Pour honorer ta vieillesse, ô mon père ! Hercule, cette nuit, m'a promis la couronne ». Chilon lui répondit : « j'en mourrais de joie ».

Le jeune homme s'arma, devant nous, du ceste. Il y en a de plusieurs sortes ; il ne voulut point choisir la plus meurtrière, celle qui est garnie de balles de plomb, et qui porte des coups presque toujours mortels. Il se contenta du ceste appelé *meilique* (1) ; ce sont des courroyes fines et déliées qui laissent le poignet et les doigts à découvert. On versa des flots d'huile sur tous ses membres ; on lui ceignit sur les reins une large écharpe (2), sur laquelle étaient peintes deux jeunes divinités, Eros et Antheros, se disputant une palme. Puis il nous quitta pour entrer dans la lice. Nous le vîmes attendre un adversaire, dans l'attitude la plus capable d'intimider le plus hardi lutteur. Doué de force et de beauté, on l'eût pris pour Hercule. Ses muscles fortement tendus, sa haute stature, son pied ferme, ses bras nerveux, sa tête élevée, il paraissait immobile comme un

---

(1) *Moeurs et usages des Grecs*, par Menard. *in-*12. pag. 277.
(2) Pausan. *voyage en Elide*. l. VI.

Dieu terme de marbre ou de bronze.. Enfin, un rival se présenta ; c'était un Arcadien. Le fils de Chilon commença par le harceler, pour connaître ses moyens ; puis élevant les mains à la hauteur de son front, il les étendit en avant, pour les laisser retomber de tout leur poids sur l'ennemi qu'il avait en tête. Celui-ci sut éviter le coup deux fois ; mais il reçut le troisième, qui fut si rude, qu'il lui fit mesurer l'arêne de tout son corps. Il se releva pourtant, vint à bout de faire chanceler à son tour notre jeune Spartiate. « Mon fils, lui cria Chilon, souviens-toi d'Hercule et de ton père ». Ces paroles décidèrent la victoire, en inspirant une nouvelle ardeur à celui des deux combattans qui nous intéressait. Par un dernier effort, il put enlever de terre son rival ; le précipita à ses pieds, et l'y retint jusqu'à ce qu'il en eût obtenu l'aveu public de sa défaite.

Le père du vainqueur eut peine à soutenir les premières impressions de sa joie, au bruit des applaudissemens universels. A la vue de plusieurs autres adversaires qui se présentaient comme pour venger la honte de leur compagnon, Chilon revint à lui, et passa à des sentimens opposés. Son fils ne le laissa pas long temps dans cette anxiété pénible. Son premier succès lui parut un engagement pour en obtenir de nouveaux ; mais il courait un autre danger. Ses victoires même pouvaient l'affaiblir et l'épuiser. Heureusement que les autres combattans, intimidés, lui abandonnèrent le stade, et l'y laissèrent seul et sans rivaux. Une acclamation unanime de tous les assistans, confirma son triomphe. Les hérauts proclamèrent, par trois fois, le fils de Chilon, premier éphore de Sparte, vainqueur aux jeux olympiques. Il fut conduit devant les juges, qui lui ceignirent la tête de l'olivier sauvage; mais à peine son front en est paré, qu'on le voit, traversant le stade d'un pas précipité, poser sa couronne sur les cheveux blancs de son père. J'étais auprès du vieillard; il ne put soutenir l'excès de son attendrissement à cette scène touchante. La vanité d'avoir donné le jour à un vainqueur des jeux olympiques, n'était pas la cause de ce qu'il éprouvait. Non, le sage avait pu supporter cette première jouissance; les facultés de son ame succombèrent à la vue de son fils, qui semblait n'avoir combattu que pour décerner à son père les honneurs du triomphe. Quoiqu'un Spartiate dût être accoutumé à de pareilles actions, Chilon, qui déjà ployait sous le double poids des années et des travaux, fut obligé de céder à cette nouvelle épreuve (1). Il en avait eu le pressentiment; son génie l'avait averti déjà que l'heure suprême ne tarderait pas à s'écouler pour lui. La nature n'aurait-elle prolongé son existence, que pour lui en faire trouver le terme au sein de la plus pure félicité ? Le dernier moment de sa vie en fut le plus heureux; et c'est ainsi que devroient mourir les bons pères et les hommes vertueux.

 Chilon tomba dans mes bras, et son fils, encore tout haletant, recueillit sur sa bouche, son dernier soupir. Les juges accoururent, pour contenir la foule; tous les assistans aux jeux avaient quitté leurs places, pour con-

---

(1) *Cum, victore filio Olympiae, expirasset gaudio.*
P . *hist. nat.* VII. 32.

templer l'auguste vieillard expirant. « Ce trépas est une faveur des Dieux », se disait-on. Un tel événement relevait encore la gloire des jeux olympiques. Il fut décrété que le lendemain du cinquième jour, et dernier de la solennité, serait destiné à rendre les honneurs des funérailles publiques à l'illustre vieillard, au nom de toute la Grèce.

Le corps de Chilon fut conduit et déposé au pied du mont de Saturne, vers le couchant. Le vainqueur orphelin, et moi, nous marchâmes silencieusement à sa suite, et à travers des flots du peuple. La douleur du fils était calme, et tempérée par l'idée d'avoir du moins procuré à son père le plus beau jour de sa vie.

Le cinquième des jeux olympiques était ordinairement le plus brillant. Ce fut Eryxidas (1), de Chalcis, qui en eut les honneurs. J'avais déjà vu tant de combats, que je préférai d'entendre la lutte des poëtes, des artistes et des rhéteurs. Ils rassasièrent ma curiosité plus vîte encore ; cette journée était consacrée au cérémonial pompeux du couronnement des vainqueurs : le fils de Chilon ne s'y trouva point ; on ne put l'arracher d'auprès du corps de son père.

Il n'y avait plus de prix à donner, et déjà on commençait l'hymne d'action de grâces à Hercule, composé par Archiloque (2). Un homme se présente, tout couvert de sueur, un bâton de voyage à la main : « J'arrive peut-être un peu tard, mais je viens au nom des

---

(1) Jambl. cap. VII. *ad finem.*
(2) Pindare... Sevin, *mém. acad. inscript.* tom. XIV. *in*-12. p. 65 et 67.

Dieux, spécialement au nom de Minerve, proposer une nouvelle sorte de combat, et réclamer la récompense due à l'industrie humaine, qui fait que les mortels ne dépendent que d'eux-mêmes. Peuples ! vous venez de couronner l'adresse, la force et l'agilité. Le plus habile à la course, au pugilat, a reçu la branche d'olivier : quels honneurs réservez-vous à l'homme qui sait se passer des autres hommes, qui n'est redevable qu'à lui seul de ses vêtemens (1), de ses chaussures, de ses ustensiles domestiques. Ce manteau, cette ceinture (2), sont les fruits de mon travail. La couche où je repose est l'œuvre de mes mains. Cet anneau d'or (3), que je porte à ma droite, est fabriqué par moi ; c'est moi qui ai gravé la pierre du chaton, qui

---

(1) Cicero, *de oratore*. lib. III. cap. 21.

(2) L'homme se suffit parfaitement ; il peut trouver en lui, ou se procurer par lui-même le nécessaire. Ce n'est donc pas le besoin absolu des secours réciproques, qui a porté les hommes à se réunir en société ; et ce n'est que l'amour du superflu qui les retient unis.

Zenon disait de Cléanthes, son disciple, qu'il pouvait nourrir encore un autre Cléanthes. D'après cet exemple, qu'on pourrait multiplier par des citations, l'homme trouve donc en lui, non-seulement le nécessaire, mais encore du superflu ; il lui reste de quoi parer aux événemens, sans importuner ses voisins. Il n'a donc pas un besoin réel de son semblable. Les hommes ne dépendent donc aucunement l'un de l'autre ; les liens du sang et le rapport des sexes exceptés, l'homme n'a rien à demander à l'homme.

Qui se conduirait ainsi que le philosophe dont parle Cicéron, lequel était tout à la fois son tailleur, son cordonnier, son barbier, son cuisinier, etc. serait l'homme véritablement indépendant et heureux.

Correctif à la révolution, ou *les soirées d'un père de famille*. p. 119, 20, 21. in 8°. Paris.

(3) Kirchmann. *de annulis*. III.

me sert de cachet. L'utile et l'agréable, j'ai tout fait.

Je n'ai imploré le secours de personne; je puis me dire libre, puisque je me suis affranchi même des liens de la reconnaissance. J'imite le soleil, qui n'emprunte sa lumière à aucun astre. Qui dans cette assemblée peut en dire autant? qu'il se lève (1) »!

L'originalité de cet incident fixa l'attention, mais personne ne répondit.

Le même étranger continua : « Habitans de la Grèce! vous vous qualifiez du titre d'hommes libres. Sachez qu'il n'y a d'homme, véritablement indépendant (2), que celui qui est tout à la fois, son maître et son serviteur, et qui n'attend pas pour vivre le bras de son semblable. Personne ne me répond, personne ne s'est encore avisé de placer son indépendance dans l'heureuse faculté de se passer de tout le monde. Je viens vous offrir cet homme-là. Vous le voyez en moi. Je réclame la couronne d'olivier; elle m'est destinée, plus qu'à tout autre, puisque je me suis voué aux conseils de la sage Minerve. Décernez-moi le prix dû à l'industrie, mère de l'indépendance. Faites mieux, faites plus; imitez-moi. Mon plus beau triomphe serait d'avoir beaucoup d'imitateurs. Juges des jeux olympiques, prononcez »?

Les juges se turent, et aucun de l'assemblée n'osait rompre le silence. Je m'avançai devant le tribunal, et prenant la main de l'orateur qui venait de parler : « Peuples de la Grèce! nations voisines! vous tous qui êtes ici ras-

---

(1) Paw, *rech. sur les Grecs*. tom. I. p. 22.
(2) Montaigne, *essais*. III. 9.

semblés, écoutez-moi. J'ai quelques titres pour vous adresser la parole. Je suis l'hôte du sage Chilon; c'est moi qui l'accompagnai de Sparte jusqu'ici. Initié de Thèbes, Pythagore de Samos a le droit d'assister à la solennité olympique, et d'y proposer son avis... Vous n'avez plus de couronnes à donner, et cet homme les mérite toutes. Rendez du moins hommage au premier de tous les talens, celui de se suffire à soi-même. Si les deux législateurs de la Grèce présidaient cette assemblée, Lycurgue et Solon vous diraient : aimez toujours la gloire ; c'est la source des grandes vertus politiques; mais conservez votre estime pour les travaux utiles de l'industrie personnelle. Honorez l'homme qui n'a besoin que des lois. Le sage Chilon me le disait, en venant à vos jeux. La liberté est la première des sciences. L'art de se défendre contre son ennemi, de le combattre et de le vaincre, est nécessaire sans doute : le talent de vivre indépendant est encore au-dessus. Honorez l'homme qui vient rappeler les temps héroïques, déjà si loin de nous. Les guerriers du divin Homère fabriquaient eux-mêmes leurs armures (1), et préparaient leurs alimens de leurs mains. Le sage Anacharsis, le frère du roi des Scythes, se procurait des vêtemens de ses mains (2), avec des nates de jonc et des branches de genêt. Il ne vous reste plus de couronnes à distribuer. Qu'un décret solennel rende hommage à la vertu qui trouve en elle seule toutes ses ressources, et ne va point

---

(1) *Iliad.* chant des funérailles de Patrocle.

(2) Diog. Laërt. Bourdelot, *histoire de la musique*, ch. VII. tom I.

mendier des secours au dehors; proclamez l'indépendance de la vertu ».

Un assentiment général à mon avis, traça aux juges leurs devoirs; le plus ancien se leva, et dit :

« Toute la Grèce assemblée aux jeux olympiques, reconnaît et déclare que l'homme sage et libre par excellence, est celui qui se suffit à lui même, et sait se passer des autres hommes (1) ».

Le lendemain, on procéda aux funérailles de Chilon. L'assemblée des jeux olympiques, avant de se séparer, y assista toute entière. Les députations de chaque peuple de la Grèce, précédées des juges, se rendirent au pied du mont Saturne. On y renouvella le couronnement du vainqueur, qui posa une seconde fois l'olivier sur la tête de son père; mais Chilon n'était plus sensible à ces honneurs. Son corps fut placé sur un char triomphal, traîné par quatre coursiers blancs. On lui fit parcourir lentement le stade dans toute sa longueur. Le fils marchait derrière; la multitude se leva, et conduisit jusques sur le bord de l'Alphée le cortége funèbre. Là, un cercueil s'ouvrit pour recevoir la dépouille du sage éphore. Une barque fut chargée de conduire ce dépôt en Messénie, où le chariot de Chilon l'attendait pour le ramener à Sparte. J'embrassai son fils, avant de le quitter, et de reprendre le cours de mes voyages.

Mes chers disciples, après les honneurs funèbres décernés au plus sage des Spartiates,

---

(1) C'est ce qu'on appelait l'*autharchie*, c'est-à-dire, l'art de n'avoir besoin de personne.

me permettrez-vous de rapporter ce qui m'arriva personnellement aux jeux olympiques. A peine le tribunal eut-il obtempéré à mon avis de rendre un éclatant témoignage à l'étranger, libre par excellence, qu'il crut devoir quelque chose au caractère dont j'étais revêtu. Le chef des juges prolongea l'assemblée olympique à ma considération. « Grecs, dit-il, la présence d'un initié a relevé l'éclat de vos jeux. Il faut encore qu'elle nous soit profitable. Nous sommes déjà redevables à Pythagore de Samos d'un bon conseil ; demandons-lui la participation de quelques-uns de ses principes (1) ».

Je pris alors la parole : « O Grecs ! je ne m'étais proposé que d'être le spectateur de vos jeux célébres, et d'y applaudir ; mais la reconnaissance du plaisir qu'ils m'ont fait, me porte à répondre au vœu que vous manifestez de m'entendre. Voici quelques idées sur les origines de l'histoire, et sur les principaux législateurs des nations ».

J'avais chargé mes tablettes de voyage de quelques notes sur tous ces objets. Elles me guidèrent pour donner un peu d'ensemble au discours que je prononçai devant l'assemblée olympique (2), sans autre préparation.

Le succès que j'obtins fut bien par delà

---

(1) . . . Des poëtes, des orateurs, des philosophes, des historiens, placés aux péristyles des temples, et dans tous les endroits éminens, récitaient leurs ouvrages. . .
Barthelemy, *voyage du jeune Anacharsis*. III. vol.

Les présidens des jeux assistaient quelquefois aux lectures qui se faisaient à Olympie, et le peuple s'y portait avec empressement. *Idem.*

(2) *Ad Olympicum certamen venit.*
Steph. Rhodericus. V.

mes espérances. Les Grecs, excessifs en tout, animés d'ailleurs par les spectacles précédens, s'écrièrent, parmi de longs applaudissemens :

« L'initié de Samos a fait couler un fleuve d'or au milieu des jeux olympiques ».

D'autres, par une métaphore, digne des Orientaux : « L'initié de Samos nous a découvert sa cuisse d'ivoire et d'or (1) ».

Mes chers disciples ! jugez en par vous mêmes ; je vais vous relire ce discours, non pas tout-à-fait tel qu'il fut entendu par les Grecs, rassemblés aux jeux olympiques. Je crus devoir alors adoucir quelques traits, pour ne pas heurter imprudemment certains préjugés nationaux, que le temps seul peut détruire. Je l'ai rédigé depuis, dans l'intention de le faire entrer dans nos études politiques.

---

(1) *Pythagorae rerum abditarum pretium et excellens indicatura foemur aureum fecit.*
Calcagnin. *epist.* III. 41.

En passant à travers les jeux olympiques, il laissa voir sa cuisse qui était d'or.
Plutarq. trad. par Amyot. *Numa Pompilius.*

Voy. Naudé, *apologie des grands hommes accusés de magie.* ch. X.

§. CXLVI.

Origins de l'histoire, et dénombrement des premiers législateurs.

Parcourons à grands pas le vaste domaine de l'histoire, pour apprendre ce qu'on a fait avant nous, et ce qu'il nous reste à faire.

L'histoire est une sorte de voyage chez les morts. La nuit de la tombe n'est pas plus épaisse que les ténèbres qui enveloppent le berceau de la grande famille humaine ; mais les enfans sont les images de leurs pères, et pétris du même limon, pour nous servir d'une expression familière à je ne sais quel peuple (1), entre la Phénicie et la Chaldée. D'après ce qui se passe sous nos yeux, jugeons par analogie, et à quelques nuances près, de ce qui peut avoir eu lieu bien loin de nous, et aux époques les plus reculées. L'homme d'autrefois ayant été le même que l'homme d'aujourd'hui, pourvu des mêmes organes, animé des mêmes passions, sujet aux mêmes besoins, il a dû agir à peu près de même. Les causes semblables doivent produire de semblables effets.

Nous pourrions en rester là ; pourtant, comme le Nil, dont j'ai suivi et remonté le cours, présente à sa source d'autres phénomènes qu'à son embouchure, l'espèce humaine aussi a dû subir bien des révolutions, en passant à travers les siècles, depuis les temps primitifs, jusqu'à nos jours. Nous allons fouler à nos pieds bien des débris ; heureux, s'il s'en

---

(1) La nation juive.

offre toujours à nous! Pour peu que nous remontions, nous n'avons pas même des ruines pour nous servir de guides : il nous faut marcher à l'aventure et en tâtonnant. Les prêtres que j'ai consultés, et qui ne doutent de rien, sont moins embarrassés. Aussi audacieux qu'Ixion, à la place de la vérité, ils proposent d'embrasser sa nébuleuse image. Il nous faut quelque chose de plus substanciel. Nous voulons des faits, et nous n'étudions la nature que sur les corps.

Si j'écrivais l'histoire du genre humain, le récit des premières époques n'aurait qu'un chapitre ; malheureusement, ce sont les plus curieuses. Il serait intéressant de savoir si l'espèce humaine a toujours existé comme elle est, ainsi que le monde dont elle fait partie ; ou bien si les premiers germes en ont été longtemps dispersés, avant de rencontrer les circonstances nécessaires à une forme déterminée. N'aurait-elle pas plutôt commencé par une famille ? par un ménage ? Oui, l'homme est *autochtone* : puisqu'à sa mort, il rentre dans la terre ; il en est sorti à sa naissance.

L'essence de la nature, ou ce grand tout dont nous sommes une parcelle, est d'être toujours et toujours la même. C'est un composé des mêmes principes ; ces principes innombrables sont susceptibles d'une infinité de formes. La nature agissant en tout temps sur elle-même, de tout temps est en révolution ; et les circonstances de l'une de ces révolutions qui ont uni dans les entrailles de la terre deux germes pour produire l'homme, venant à changer dans une autre révolution, donneront lieu à d'autres êtres, ou plutôt à d'autres formes que notre imagination ne peut se peindre, parce qu'elle ne travaille que d'après nos sens. Ainsi, les enfans de Deucalion et les soldats de Cadmus, les premiers produits d'une pierre, les seconds d'une dent de dragon, ne sont que des réminiscences embellies, ou plutôt défigurées par les poëtes, de ce qui s'est passé à l'émission du genre humain; et ceci est applicable à tous les autres animaux et à toutes les plantes. Le système entier de la nature repose sur cette transfusion, sur cette émigration d'autant de germes qu'il y a d'espèces, d'une forme de matière donnée sous une autre. Ces grandes catastrophes n'arrivent qu'après plusieurs milliers d'années; et l'histoire n'en peut être écrite, puisqu'il ne reste rien des anciennes modifications; il n'y a que les germes qui soient invariables, impérissables, mais susceptibles de nouvelles combinaisons. On ne peut exiger de preuves, puisque les témoins de ces grandes révolutions en sont en même temps, non pas les victimes, car rien ne périt; mais les agens ou les sujets.

Il fut une époque où la terre sur laquelle nous vivons aujourd'hui, prit ou reçut l'arrangement que nous lui voyons; une époque où la matière auparavant différemment combinée en vertu de la force que la nature a d'agir sans cesse sur elle-même, et de n'être jamais rigoureusement la même, devint terre et eau: de ce nouvel arrangement des parties du grand Tout, il résulta, non pas la création de nouveaux êtres qui n'existaient pas avant, (car la nature est composée d'un nombre déterminée de germes, qui ne peut augmenter ni diminuer), mais un nouveau système de formes dont se revêtissent les germes, par une suite nécessaire de leur déplacement, et d'après l'harmonie des influences.

Le cahos n'est autre chose que le passage d'une combinaison de la nature à une autre; et il ne se fait point au hasard, et selon le caprice de la destinée aveugle, comme plusieurs l'ont avancé, mais en vertu des forces graduées du grand Tout agissant et réagissant sans cesse sur lui-même.

Cette théorie a pour base des faits qu'il n'est pas facile de vérifier, par la raison qu'on ne peut dans sa propre cause être juge et partie ; mais il fallait bien donner un commencement à l'histoire du genre humain. Arrêtons-nous là, et laissons à la poësie le merveilleux des hommes de Prométhée. Sans doute ce mortel exista, et nous sommes redevables à la pénétration de son génie du peu que nous savons des premières origines du monde. Peut-être, lui et Pandore sont-ils les deux premiers êtres de forme humaine qui sortirent du sein de la mère commune de tout ce qui respire. Nés frère et sœur, et dans la saison favorable à l'hyménée, ils se précipitèrent dans les bras l'un de l'autre, et commencèrent cette chaîne d'êtres nouveaux qui s'étendit d'un bout du globe à l'autre, et dont nous sommes les anneaux.

Ce ménage ne tarda pas à devenir famille, et cette famille, la souche de toutes les nations.

Chacune d'elles prétend au droit d'aînesse ; prétention absurde sans doute, mais précieuse, en ce que c'est un vestige de la tradition des faits primitifs ; c'est la seule trace qui nous reste de l'histoire de l'homme pris à son berceau. Combien l'imagination s'est tourmentée pour gâter le plus beau moment des annales humaines ! Que signifient ces figures de boue, et ce flambeau, et ce vautour déchirant le foie de Prométhée ? et cette boîte de Pandore, d'où sont sorties toutes les calamités ? Pourquoi flétrir par de telles images les beaux jours de l'enfance du monde ?

Prométhée et sa sœur naissent ; c'est-à-dire, sortent des entrailles de la terre, tout formés. Leurs premiers regards tombent sur eux-mêmes. Un doux instinct les attire. Au langage muet des yeux, succède le cri du besoin, puis l'accent des passions. L'entretien de leur existence leur coûte peu de travaux, peu de soucis. Ils ont sous la main les fruits spontanés d'un sol vierge. Rien ne distrait le couple heureux du premier devoir de la nature, le devoir de la reproduction. La fécondité de ce premier hymen rivalise la prompte végétation du globe. Tous les êtres, à l'envi, multiplient sous les yeux de ces deux époux, les aînés de la terre. Avant la première révolution annuelle du soleil, ils se reconnaissent déjà dans d'autres eux-mêmes ; et le quinzième printemps voit s'élever une troisième génération. La famille, comme un arbre hâtif, étend ses rameaux, et couvre en peu d'années une très-grande surface.

Déjà la langue se délie, et veut accompagner le geste. Quelques monosyllabes sont trouvés. Pour peindre les idées, pour rendre les sentimens qu'on éprouve, on emprunte à tous les objets ce qu'on trouve à sa convenance. On contrefait le chant des oiseaux ; on imite le cri des animaux qu'on s'est attachés. On est attentif au bruit du ruisseau qui gazouille parmi les ravins et les cailloux, aux mugissemens du torrent qui se précipite du haut d'une roche : le sifflement de l'air dans le feuillage des arbres, les éclats du tonnerre qui gronde au loin; on étudie tout, on profite de tout, et on imite l'écho imitateur. Ce qu'on ne peut se dire de vive voix, le doigt le trace sur le sable, à l'instar des eaux tranquilles d'un étang où l'on a pris plaisir à se regarder. Emule de tout ce qu'il voit, de tout ce qu'il entend, de tout ce qu'il palpe, l'homme veut se rendre raison de tout; il commence par chanter ses plaisirs, et finit par demander ses besoins, exprimer ses vœux et communiquer ses sensations, à l'aide de la parole. Sa langue et sa main sont les deux premiers instrumens dont il essaye l'usage et qu'il met en œuvre. Les enfans de cette première famille se font part de leurs découvertes respectives et mettent tout en commun pour qu'il leur profite davantage. On s'impose des noms. On se donne celui de l'objet qu'on aime le mieux, ou qu'on a perfectionné. Avant de pouvoir le prononcer, on l'écrit; c'est-à-dire, on le signale par l'image informe de l'objet même. Ainsi, le chef de cette première famille fut appelé *le premier né*. On désigna le soleil sous le titre de *maître d'en haut*. Le fils du premier homme eût le nom d'*engendré*. Celui des petits enfans de *Premier né* qui, en frottant par hasard deux morceaux de bois, les vit s'échauffer, s'enflammer et jeter quelques étincelles, fut nommé *lumière*, *feu* ou *flamme*; on appela *champ*, puis *laboureur* celui qui, le premier, creusa, avec un pieux, un sillon sur la terre et lui confia la semence des fruits dont il s'était nourri. On le désigne aussi à la reconnaissance de ses descendans sous l'épithète de l'*homme de terre*; on dit encore l'*homme des champs*.

Deux des plus anciens personnages cités par l'histoire portaient les plus respectables, les plus belles de toutes les qualifications qu'on puisse donner aux enfans des hommes ; on appelle l'un *juste*, l'autre *libre*. C'est Sanchoniaton qui nous a conservé cette particularité précieuse.

D'abord, la parole mal articulée servit d'accessoire au langage des yeux et du geste. Le geste et les yeux par la suite ne devinrent à leur tour que les accessoires de la parole.

On parvint à s'entendre; les premiers objets de réminiscence qu'on dessina à l'aide d'un charbon sur des pierres blanches et polies, furent l'origine de la tradition, sœur aînée de l'histoire. Les pères de famille, les chefs de ménage assis au milieu de leurs enfans, s'empressèrent de leur raconter tout ce qu'ils savaient. Les enfans le répétaient à leurs enfans. Ainsi, de génération en génération, on se passa pour ainsi dire, de la main à la main, les récits de la naissance du monde et de ses habitans, des progrès de la société naissante, des phénomènes de la nature moins curieux, peut-être, que les essais de l'homme. Si cette tradition eût pu se conserver, c'est elle qui nous aurait fourni les principales couleurs pour peindre le tableau du genre humain. Mais il y a si loin à présent ! Le monde est déjà bien vieux ; et l'histoire est encore bien jeune. Tous les matériaux du vestibule en sont perdus et nos écrivains l'ont réédifié, non pas de mémoire, mais d'imagination. Ah! que l'espèce humaine ne consistant encore qu'en quelques familles, devait être intéressante et faire contraste avec le genre humain divisé par peuples! Mais si ces familles ne vivaient pas mieux d'accord entre elles que les nations, il en faudrait conclure que la guerre est l'état naturel de l'homme avant l'usage de sa raison, et de l'homme après avoir perdu l'usage de sa raison. Qui le lui rendra? Ce sera le législateur savant dans l'histoire des hommes, qui saura profiter de la faute des uns, du génie des autres, et de l'intérêt qu'ils ont tous à vivre bien ensemble. Poursuivons.

Outre les grandes révolutions qui changent la face de l'univers, le globe où nous sommes a les siennes. La terre et l'eau se déplacent réciproquement, et ces changemens ont fait sans doute disparaître des nations entières avec tous leurs monumens. Il n'est pas possible que nous ne remontions qu'aux Égyptiens, ou à ce peuple dont ils conviennent n'être que les puînés. Des milliers de générations se sont succédées sans doute; mais le fleuve d'oubli en a emporté jusqu'aux noms. Tout passe; rien ne demeure; et le pied d'un second voyageur efface l'empreinte qu'a laissé sur le sable celui qui la précédé. Suivrons-nous péniblement le sillon que chaque peuple connu a tracé dans le champ de l'histoire? Qu'est-ce qu'un peuple? Une grande masse, inerte par elle-même, mais susceptible d'être remuée par un seul, ou tout au moins par un très-petit nombre. La société civile ressemble à cette ville fameuse dont les murailles furent élevées aux accords de la lyre

K 4

d'Amphion ; les pierres venaient d'elles-mêmes se ranger à la place qui leur était assignée : l'architecte était un poëte ; il ne lui en coûta que quelques sons harmonieux. Les hommes qui composent la multitude sont des pierres brutes, mais dociles aux premières impulsions qu'on leur donne ; ils ne remueraient point, si un homme de génie, bien ou mal intentionné, ne les mettait en œuvre pour son propre compte, ou pour leur avantage.

Pour esquisser le tableau du genre humain, il suffit donc de peindre sur les premiers plans les principaux personnages de chaque siècle qui ont occupé le devant de la scène. Les annales de l'espèce humaine se réduisent aux portraits de quelques hommes ; tout le reste ne vaut pas les frais des pinceaux. Il suffit de l'indiquer dans la vapeur.

La marche solennelle des siècles s'ouvre par un grand peuple dont on sait à peine le nom, dont on ignore la patrie, mais qu'on désigne comme l'aînée des nations connues. On en place la souche première sur le Caucase ; et la seule trace qui en subsiste aujourd'hui, est le nom que porte la mer Atlantique. Le temps a détruit tous les monumens qui auraient pu nous en apprendre davantage ; mais Saturne, qui dévore les pierres, ne peut rien contre l'imagination. Celle-ci s'est emparé du domaine des conjectures ; il n'en est guère de plus illimité ; et aussi puissante que la nature, elle a donné l'existence à tout un grand peuple, toutefois en ne s'écartant pas trop des lois de la vraisemblance.

On s'accorde à croire que cette grande nation, dont on parle encore, commença par un simple ménage ; ainsi les sept embouchures du Nil fournissent à peine à leur source assez d'eau pour baigner un enfant. C'est à-peu-près la marche de tout ce qui existe. La plus petite cause amène les plus grands événemens ; et c'est peut-être ce que veulent dire ceux qui prétendent qu'il fut un temps où ce grand Tout n'était rien.

Le gouvernement primitif n'est pas difficile à connaître. Tant que les enfans ne sortent point de leur famille, ils ont pour chefs, pour magistrats, pour prêtres, ceux de qui ils tiennent la vie et l'éducation. Heureux gouvernement qui n'a pas besoin de lois ! Les magistrats ont précédé de beaucoup les législateurs. Est-il un code plus sacré que la voix d'un père ? Est-il de meilleurs réglemens que ses bons exemples ? On ne s'en tint pas long-temps à ce régime naturel, auquel pourtant l'homme sera obligé de revenir, quand il aura parcouru tout le cercle des calamités politiques ; mais il n'y retournera pas si vîte qu'il s'en est écarté.

PROMÉTHÉE.

Les liens du sang s'affaiblissent en s'étendant ; ils se relâchent, ou, selon les circonstances, deviennent des nœuds trop étroits qui blessent. Le chef d'une nombreuse famille n'eut pas de peine à se faire appeler roi ; de ce moment ses enfans ne furent plus que ses sujets.

A cette époque, brille dans l'histoire le premier nom connu, et digne de l'être ; car Prométhée n'appartient pas tout entier à la fable ou aux conjectures. C'était un génie universel, comme il fallait l'être, alors que tout était à faire : du moins n'étoit-il pas un mortel ordinaire ; aussi on le dit né d'un Titan, de l'un de ces premiers hommes qui se montrèrent le plus long-temps jaloux de leur indépendance naturelle, et en soutinrent les droits contre les premiers despotes. Ces premiers conjurés sont peints de plus haute stature que le reste de leurs semblables, parce qu'on crut qu'il fallait être plus qu'homme pour oser attaquer en face un roi, qui déjà se faisait passer pour un demi-dieu. Il fallait que les réclamations de Japet, père de Prométhée, et chef des premiers conspirateurs contre la tyrannie dont il soit fait mention, fussent bien légitimes, puisqu'on lui donne pour femme Thémis-porte-balance. Cette conjuration eut plein succès. Jupiter (c'est le nom du premier despote connu, d'autres disent Ouranos), fut contraint de fuir. Fils d'un vengeur de la liberté, et d'une amie de la justice, Prométhée profita des circonstances pour devenir le législateur de la petite peuplade dont Japet était le libérateur. Les hommes de ce temps-là étaient encore bien brutes. On nous les représente ainsi que des statues restées à leur ébauche ; Prométhée s'en empare, pour les animer au flambeau de son génie. Il rassemble le peuple autour du trône, devenu vacant par la défection du roi ; et une torche à la main, il parle ainsi à ses compatriotes :

« Mes amis, eh quoi ! vous avez abandonné le culte du soleil, pour prostituer vos hommages à l'un de vos semblables ? vous avez permis à l'un de vos égaux de s'asseoir au-dessus de vos têtes, sur ce siége élevé, aux pieds duquel je vous ai vu ramper. Rougissez de votre erreur; incendions ce trône, et n'ayons d'autre roi que ce bel astre qui éclaire vos travaux, qui féconde vos champs, qui règle vos jours et vos nuits. L'étincelle de vie qui anime vos corps, est une émanation du soleil : craignez de souiller ses rayons purs par l'image de la servitude; il ne veut luire que pour des hommes libres. Sous ses regards bienfaisants, occupons-nous de découvertes utiles, et concourons avec lui à rendre notre séjour plus commode. Peu de familles ont des maisons; la plupart d'entre vous se creusent, à l'exemple du ver rampant, des trous obscurs dans la terre, où vous distinguez à peine les saisons et leurs influences diverses. Vous ne connaissez encore que le lever et le coucher du soleil; la nuit, quand cet astre a tourné la montagne, d'autres astres, auxquels nous n'avons pas encore fait attention, se lèvent aussi et se couchent, et nous offrent leurs secours pour être nos guides. A peine pouvons-nous communiquer ensemble, faute de nous entendre. Il serait temps de convenir de certains signes, et de leur attribuer un sens, ainsi qu'aux diverses modulations de la voix, afin de nous rallier au besoin, et mettre de l'harmonie et de la suite dans nos opérations. Nous avons autour de nous des animaux paisibles et dociles, qui prennent leur part aux fruits de la terre; qu'ils partagent aussi nos travaux! Dressez le taureau au joug : assujettissez le cheval au frein; qu'il vous porte, ou traîne vos fardeaux!

Vous êtes emprisonnés par les eaux de la mer; il serait possible d'obliger aussi les flots à vous transporter d'un rivage à l'autre; les poissons et les oiseaux vous en donnent l'exemple; faites-vous des nageoires et des ailes; armés d'un bâton plat, vous dirigerez à volonté sur l'eau, l'arbre creusé dans lequel vous serez descendus. Notre corps est une frêle machine qui demande aussi ou des préservatifs, ou des réparations. Le hasard m'a fait trouver des herbages qui arrêtent le sang et ferment les plaies. Beaucoup d'autres plantes, sans doute, ont des vertus, et ne demandent qu'à être éprouvées. La terre, si fertile à sa surface, pour peu qu'on la sollicite, renferme encore dans son sein des trésors dont je soupçonne l'utilité : il nous manque des matières plus dures que le bois, et je crois en avoir trouvé que le feu met en fusion. Mes amis ! de la persévérance ! travaillons tous à l'amélioration de l'héritage commun, et vivons en frères et sans maître ».

Tandis que Prométhée disposait ainsi le premier peuple au bonheur, le despote, mis en fuite, revint en force; la multitude, ingrate et timide, comme elle a toujours été depuis, reprit sa chaîne, et souffrit qu'on traînât Prométhée, chargé de fers, au plus haut du Caucase, pour y périr en proie à la douleur, et rongé de chagrin. Telle fut la destinée, peu encourageante, du plus ancien des législateurs.

Le tyran, de retour, n'eut pas de peine à persuader à ses sujets, que toutes les innovations de Prométhée leur seraient funestes, que toutes les calamités sortiraient du cerveau de ce réformateur, et se répandraient sur la terre. L'impie, publia-t-on, a osé vouloir rivaliser les Dieux, et leur dérober le feu céleste. On a vu le téméraire allumer un flambeau aux rayons du soleil, en secouer les étincelles sur du limon pétri de sa main, et communiquer à cette argile la chaleur du sentiment et le souffle de la vie.

Proscrit, calomnié, le grand homme mourut peut-être avec l'affreuse idée de ne laisser après lui qu'un souvenir équivoque. La postérité le vengea, en donnant son nom à une des constellations de l'hémisphère boréal; espèce d'apothéose tardif auquel les méchans ne s'opposèrent point. Après avoir persécuté les bons, de leurs vivans, ils s'empressent de les diviniser quand ils ne sont plus.

Les poëtes, en s'emparant de ce personnage, en le rendant merveilleux, ont dispensé de le prendre pour modèle; et c'est ce qui est arrivé à beaucoup d'autres encore. Les mortels célèbres de ces premiers temps ont presque tous deux natures; ils sont à la fois dieux et hommes. Ce qu'il y a de réel s'évanouit sous le prestige de la fable (1); et c'est ainsi que la poësie a fait beaucoup de tort à l'histoire. Eh! pourquoi monter les grands hommes sur des échasses, ou sur des autels? Est-ce pour qu'on les perde plutôt de vue?

L'indigne traitement fait à Prométhée, révolta plusieurs familles; elles quittèrent le pays; et se retirèrent sur les flancs du Caucase, pour y fonder des colonies. Il y en eut même qui, mettant à profit les leçons du Dieu *bienfaisant* (car c'est ce que signifie le nom de *Prométhée*) perfectionnèrent les premiers canots, y attachèrent une voile et se mirent en

---

(1) Ce que nous appelons aujourd'hui la fable, jadis servait d'histoire. *Pantheon*, ou *les figures de la fable*. p. 3. *disc. prélimin. in-*4°.

mer pour atteindre à quelqu'île voisine, loin de leur patrie, où l'on avait dressé des autels à Jupiter, encore vivant. Dés ce temps-là, le coupable fut déifié avant sa mort; on ne brûla d'encens à la mémoire du sage, que long-temps après qu'il eut vécu.

Une des émigrations dont nous avons parlé plus haut, cultiva avec plus de succès que les autres, les arts utiles dont Prométhée avoit inspiré le goût. On fait honneur à Dagon, l'un des principaux de cette colonie, de l'invention de la charrue; mais le premier qui, armé d'un épieu, ouvrit la terre, et y traça un sillon, fut peut-être le véritable auteur de la découverte du labour. Sa tombe devint un autel, où il fut adoré sous le beau nom du *Dieu laboureur*. Ces détails ne sont point étrangers au genre humain; ce sont ses titres de noblesse. L'histoire ne serait point si volumineuse, si elle ne renfermait que de pareils faits; peut-être faudra-t-il un jour la réduire là. Bientôt nous aurons trop à rougir de nous-mêmes, pour ne pas nous hâter de jeter un voile sur la plupart des actions qui entrent dans la composition de nos annales. De l'Asie passons à l'Europe.

Saturne (1).

Saturne fut le premier mortel qui régna sur ses semblables et en même-temps le premier

---

(1) *Primus mortales inter Saturnus et olim regnavit.*
   Sibillæ erith. *carmen.*

Saturne, bienfaicteur des mortels malheureux,
Fut le premier des rois et le premier des Dieux.

Dieu qu'ils se donnèrent. Ils furent heureux par lui, il fut déifié par eux. Mais il n'est point le premier des législateurs. Les hommes simples auxquels il eut affaire, pouvaient encore se passer d'un code. Les balances de Thémis restent oisives où l'innocence a force de loi, il perfectionna l'agriculture et inventa la faux, dont il fit héritière la fertile Trinacrie. Il laissa quelque chose de plus précieux encore, et dont on n'a pas assez profité : le souvenir de son administration toute paternelle. Il ne marcha toujours que le premier parmi des égaux. L'antique Ausonie lui doit son âge d'or ; il rappela aux hommes l'innocence primitive, par son seul exemple. Il n'écrivit point de lois avec son nom sur des colonnes d'airain ou de marbre. Il ne trempa jamais ses mains dans le sang d'un ennemi. Ses armes étaient des instrumens aratoires ; ses leçons, des travaux paisibles ; il simplifia beaucoup le gouvernement que des ambitieux avaient déjà trouvé le secret de compliquer ; tant qu'il vécut, la douce équité remplaça la justice sévère. Il recommandait par-dessus tout l'égalité fraternelle, et le bon accord.

Sylvain.

Saturne entr'autres enfans eut Sylvain. Celui-ci, digne en tout de son père, montra les mêmes goûts pour les mœurs rurales et les vertus domestiques. L'héroïsme des armes le toucha peu. Il fut jaloux d'une gloire plus innocente. Législateur d'une colonie de Peslages, chez les Latins (1), il leur enseigna l'art

---

(1) Il y régna utilement pour les hommes. *Encyclop.*

d'améliorer les forêts. Il promulgua plusieurs réglemens sages pour fixer les limites respectives de chaque propriété (1), et pour maintenir la concorde entre deux propriétaires voisins. La vie pastorale lui parut mériter tous ses soins. Il mit tout en usage pour faire aimer aux hommes ce genre d'occupation. Il établit des fêtes pour être célébrées par les bergers, et décerna des prix à ceux qui sauraient le mieux élever un troupeau. Il défendit aussi d'immoler la vache bienfaisante qui nous prodigue un lait nourricier, et le mouton débonnaire qui se laisse dépouiller de sa toison pour nous fournir un vêtement. Il permit qu'on leur substituât le porc avide.

Pour toutes ces lois bienfaisantes, Sylvain fut aimé pendant sa vie et idolâtré à son trépas. Les peuples reconnaissans lui décernèrent un culte et des temples rustiques. Les premières fleurs du printemps, les premiers fruits de l'été lui sont consacrés : et sur ses autels de verdure on fait libation des premières gouttes du lait qu'on vient de traire (2).

HERMÈS.

Hermès ne le cède qu'à Prométhée. *Hermès* ou *Thaut*, ou *Mercure* originaire d'Egypte ou de

---

(1) . . . . . *Et te, pater Sylvane, tutor finium.*
Horat. *epod.*

(2) . . . . *Sylvanus lacte piabant.*
Horat. *ep.* I. *lib.* 1.

Reviendra-t-il cet heureux âge,
Où les hommes, simples pasteurs,
Au dieu Sylvain rendaient hommage
avec du lait et quelques fleurs ?

Phénicie

Phénicie (1), fut le premier homme qui voyagea pour s'instruire, et le premier législateur qui laissa des lois positives, c'est-à-dire, écrites sur des monumens durables. Il était doué, comme le fils de Japet, d'un génie universel. Prométhée et Thaut ont rempli l'univers de leurs découvertes. Le prédécesseur d'Hermès paraît pourtant avoir eu le don de l'invention à un bien plus haut degré ; celui-ci ne fit qu'ajouter à ce qui était trouvé avant lui. Les échos des rives du Nil retentissent tous les jours encore de son nom. Le peuple qui s'abreuve des eaux de ce fleuve nourricier, doit au Trismégiste, sa langue, sa civilisation et son gouvernement. Les prêtres tiennent de lui leurs caractères sacrés et les connaissances profondes dont il font mystère aux étrangers : Et pourquoi sous un triple voile dérober la vérité aux regards des mortels, comme s'ils étaient des profanes ? La vérité peut-elle être jamais trop tôt connue ?

On hasarde de graves reproches, contre Hermès. « Il fit d'un roi un despote ». Il ne faut pas beaucoup de talent, pour cela.

« Il imposait au peuple par une éloquence perfide ». Mais si c'est le peuple qui ne sachant point garder de mesures dans le bien comme dans le mal, et allant de lui-même

---

(1) *Mercuri facunde...*
Qui feros cultus hominum recentum
Voce formasti cantus...
                                    Horatius.

Savant Mercure, on te dut des autels,
Pour avoir su, par ta douce éloquence,
Polir les mœurs des sauvages mortels,
Et les tirer de leur brute ignorance.

au-devant du joug, prouva qu'il lui en fallait un!... Abordons Jupiter.

Jupiter.

Beaucoup moins savant que Prométhée et Thaut, mais beaucoup plus adroit, il passa d'abord quelque temps sur le mont Ida. Les Crétois crurent que c'était pour méditer sur les lois qu'il leur donna; Jupiter apprivoisoit un aigle : un soir, on le vit descendre de la montagne, porté sur un nuage, assis dans un trône d'or, ayant pour marchepied le roi des oiseaux. Un diadême couronnait son front; la main droite appuyée sur un long sceptre, la gauche était armée d'une machine ingénieuse imitant les éclats de la foudre (1).

Le peuple avait été prévenu sur ce spectacle extraordinaire. Jupiter, au milieu de tout cet appareil, vint s'abattre au pied d'un chêne, le plus beau du pays. On accourt de toute part; on est dans l'attente. « Insulaires, dit une voix, écoutez en silence, et recevez avec un saint respect les lois sages long-temps méditées sur le sommet du mont Ida. Malheur à ceux qui les transgresseront » ! Deux colonnes s'élevèrent aussitôt, et on y lut quelques réglemens dont les Crétois auraient bien sçu se passer. Jusqu'alors, ils avaient eux-mêmes terminé leurs différens; le plus ancien servait d'arbitre; sa longue barbe blanche donnait du poids à ses décisions dictées par le bon sens. Cette jurisprudence naturelle parut trop simple au législateur Jupiter. Il établit

---

(1) *Jupiter fulgurator.*

des tribunaux avec tous leurs accessoires, mais en laissant au peuple le choix de ses juges. Cette innovation parut heureuse ; on eut lieu bientôt de s'en repentir : pour consolider son despotisme, Jupiter prit la précaution de le revêtir des formes de la démocratie ; le peuple forgeait sa chaîne sans le savoir. « Mes enfans ! dit-il à la multitude, vous êtes tous égaux. Vivez en frères ; mais pour vous entendre mieux, confiez vos intérêts et vos droits à un petit nombre pris parmi vous. Soyez comme une grande famille vivant en commun et par les conseils d'un ou de plusieurs sages ». On ne le laissa pas achever. Il fut proclamé le grand législateur de toute la Crète ; l'enthousiasme fut porté au point qu'on le qualifia de *Dieu vivant* (1).

Pour imposer silence aux réclamations de quelques groupes d'insulaires plus clairvoyans que les autres, il les foudroya en provoquant sur eux la haine du peuple. Tout lui succéda. Heureux par ses armes, puissant par ses lois, il recueillit en paix les fruits du despotisme, au sein de la débauche.

Bacchus.

Grossirons-nous la liste des anciens législateurs du nom de Bacchus ? Et pourquoi nous y refuser ? Les plaisirs de la table ont été les premiers nœuds de la vie sociale.

Rien n'humanise plus vîte les mortels, rien ne les rapproche, ne les lie plus étroitement qu'une coupe de vin qui passe successivement

---

(1) *Jupiter Zeus.*

sur les lèvres de plusieurs convives. La tradition prétend que Bacchus opéra avec une grappe de raisins les mêmes prodiges qu'Orphée avec sa lyre.

Bacchus le premier, porta ses réflexions sur les effets du vin, pris à différentes doses, et cet homme de génie entrevit qu'il n'en faudrait pas davantage pour amener les mortels aux douceurs de la sociabilité. Ainsi, ce fut à table, parmi des coupes, que ce législateur d'une trempe particulière, dicta ses lois, et traça les premiers plans d'une ville : c'est au milieu d'une orgie qu'il adressa ces paroles aux joyeux convives qui l'entouraient : « Mes amis, au lieu de retourner dans les bois, et de nous disperser tristement, plantons la vigne, cultivons la, et à certains jours, rassemblons nous dans cette enceinte, autour de cette pierre, pour savourer ensemble cette divine liqueur, qui change les étrangers farouches en bons frères. Ne nous quittons plus, vivons en commun, et rendons grâces à ce doux fruit. N'éprouvez-vous pas qu'après en avoir goûté, vous en aimez davantage vos femmes et vos enfans ? Honneur aux raisins, le premier ciment de la société humaine ! Gloire au vin, ce nectar des hommes, qui les dédommage de n'être point des Dieux »!

Les poëtes s'abandonnèrent à tous les écarts d'un cerveau plein des fumées délirantes de Bacchus (1). Dans leurs transports, ils le font voyager jusque dans l'Inde, un tyrse à la main,

---

(1) Les poëtes étaient ivres, quand ils ont écrit l'histoire du dieu du vin.
Panthéon, ou *figures de la fable*. p. 53. in-4°.

au lieu de sceptre ; ils lui donnent pour ministres, des femmes échauffées par les vapeurs de la vendange, Bacchus devint le conquérant du monde. L'univers entier n'appartient-il pas aux buveurs ? rien ne leur résiste. A travers ces récits merveilleux, l'histoire trouve à glaner. L'inventeur de la vigne dût être bien reçu par tout. On l'appela de tous côtés pour avoir ses avis. Il donna des lois à l'agriculture. On s'associa pour défricher les côteaux, pour y planter la vigne, pour la vendanger, pour en exprimer le vin; et se trouvant bien d'être ensemble, on y resta pendant l'hiver ; et l'on bâtit, l'un près de l'autre des celliers, puis des maisons. On dit que Bacchus, le dieu des buveurs, ne put se défendre d'être despote. Dans ses courses lointaines, il indiquait sur sa route les terrains propres à convertir en vignoble. Les peuples chez lesquels il passa ne furent pas tous de son sentiment. Pour les ranger de son parti, il commençait par leur faire goûter de la divine liqueur, dont il traînait à sa suite des outres pleines. La plupart des peuplades se rendaient aussitôt à ce conquérant paisible, et grossissaient son cortége triomphal. Plusieurs autres, un peu plus flegmatiques, à la vue des excès de l'ivresse, et du vieux Silène, qu'il fallait toujours porter, se refusaient au joug entrelacé de pampre. Pour les punir, Bacchus ordonnait à son armée de les frapper avec le tyrse, espèce de lance aiguë (1), masquée par

---

(1) On donnait dans les orgies, le sobriquet de *Bromius*, *querelleur*, à Bacchus représenté dans ce cas-là sous le costume militaire.

des feuilles de lierre : le sang des hommes se mêla au vin. Des massacres attristèrent les scènes les plus gaies. Il en coûtait la vie à ceux qui s'obstinaient à ne pas rendre au vin le culte qu'ils avaient rendu jusqu'à présent à l'eau.

Mais revenons à dire que le premier des législateurs fut celui de la table. Pour y maintenir la police, Bacchus institua les magistrats du festin, qui par la suite le devinrent de toute une cité.

Hercule.

Passons à Hercule (1) ; le personnage le plus extraordinaire que nous offre l'histoire primitive du genre humain, et que la mythologie aurait dû respecter. C'est peut-être jusqu'à présent le plus grand des hommes. Il est bien au-dessus de Prométhée et de Thaut. Il fut bien plus qu'un législateur. Voyant que les peuples, depuis qu'on les avait policés, n'en étaient pas devenus plus heureux, et que les lois étaient une digue impuissante pour arrêter le débordement des mœurs, corrompues à mesure que la civilisation se perfectionnait ; Hercule s'adressa à lui-même ce peu de paroles : « L'homme bon n'a que faire de lois, le méchant les brave ; c'est donc par la force qu'il faut contenir la violence : levons-nous, et mar-

---

(1) ... Venons à la vérité qui fut telle, comme récite Halicarnasseus. Hercule fut un gentil capitaine de son temps, qui avoit un exercite fort et puissant, regardant et cherchant ceux qui traictoyent leurs subjects tyranniquement, rendant droit aux nations... etc.

Duchoul, *relig. des Rom.* p. 200. *in-4°.*

chons. Hommes injustes, qui ne tenez compte des balances de Thémis, peut-être respecterez-vous davantage la massue d'Hercule. Je fais le vœu de punir le mensonge et le crime, de défendre l'innocence et la vertu, par tout où je les rencontrerai. Que chacun de mes semblables en fasse autant, et ce globe sera bientôt purgé du mal; marchons »!

Il dit, et s'arme d'une simple massue, qu'il choisit lui-même dans la plus prochaine forêt.

« Thèbes, lui apprend-on, vient de subir le joug d'Ergyne. Ce petit despote des Myniens, s'est emparé de cette belle ville par trahison; il en a aussitôt désarmé tous les citoyens, et en outre, il leur impose d'humiliantes lois, et de lourdes contributions ».

Hercule vole à Thèbes; il arrive à l'une de ses cent portes, précisément comme les agens du despote, le bâton levé, exigeaient des habitans le tribut honteux, qui devait les réduire à la misère. Hercule traîne sur la place publique les ministres du tyran Ergyne, et leur écrase les mains aux yeux de la multitude ébahie. Leur maître, au bruit de cet attentat, accourt pour en punir l'auteur. Il se fait précéder d'un héraut, qui ordonne de sa part aux Thébains qu'ils aient à lui livrer Hercule, sous peine de périr tous avec lui. Les citoyens délibèrent; ils hésitent- « Mes amis, leur dit le héros de la nature, en me livrant au despote, ne croyez pas vous racheter; vous partagerez mon supplice, pour ne vous être pas opposés au grand acte de justice qui s'est passé en votre présence. Faites mieux : à la voûte et aux murailles de vos temples, sont suspendues des armes consacrées; armons en nos mains,

L 4

et allons à la rencontre d'Ergyne ; je vous réponds du tyran ; c'est sous mes coups qu'il doit tomber ». On le crut, et Thèbes fut délivrée.

On lui dit que sur les rives du Thermodoon, près la ville de Thémyscire, des femmes, renonçant à leur sexe, veulent prendre celui des hommes ; elles s'étaient élu une reine. Hercule se présente à elle. « Messalippe (on l'appelait ainsi), au nom de la nature et de la raison, toi et les tiennes, mettez bas les armes. Je viens vous les reprendre, et vous reconduire dans vos foyers, où des occupations plus convenables que le métier de la guerre, vous attendent ». « Non, répondirent-elles, nous voulons combattre ». « Hercule, répondit le héros, ne se bat point avec des femmes ; mais il sait les ramener à leurs devoirs, quand elles s'en écartent » ; et il commença d'une main, par désarmer la reine des Amazones, tandis que de l'autre main il écartait, par le mouvement de sa massue, levée en l'air, les importunités des compagnes de Messalippe. Quand elles virent les mains de celle-ci liées derrière le dos, elles se débarrassèrent toutes de leurs arcs et de leurs carquois, pour fuir plus vîte. On n'en entendit plus parler.

Un roi d'Elide, Augias, épuisait le trésor de l'état, pour fournir à l'entretien d'un grand nombre de courtisans, de femmes publiques et de prêtres ; car il était tout-à-la-fois fort pieux et fort libertin. Ce prince leur avait consacré dans son palais trois pavillons, qu'il appelait ses écuries. Le nom d'Hercule volait déjà de bouche en bouche. Les citoyens sans énergie par eux-mêmes, députèrent secrétement vers lui, pour l'inviter à venir nettoyer les étables d'Augias ; il se rendit à leur désir. Le fleuve Pénée baignait les murs de la ville ; Hercule arrive, convoque les citoyens, marche à leur tête, leur fait introduire les eaux du Pénée dans les fossés du palais, puis se rend avec eux chez le roi, qui se mettait sur la défensive, et lui dit : « Ce n'est pas à toi que nous en voulons. Reste tranquille. Nous venons seulement mettre dehors le fumier de tes écuries ; laisse nous faire ». Et sans attendre la réponse, Hercule et le peuple précipitent dans les fossés comblés d'eau les courtisans, les femmes perdues et les prêtres.

Hercule apprend que le sage Prométhée, dont il pleurait la perte, respirait encore, enchaîné sur le Caucase. « Bienfaicteur des hommes! est-ce donc là ton salaire » ? Il dit, passe en Scythie, et le fils de Japet est rendu à la liberté ; mais Prométhée devenu misanthrope, ne voulut point descendre du Caucase ; il y acheva de vivre, dans la contemplation de la nature, comme un fruit sauvage, qui mûrit dans une solitude, et se détache de l'arbre sans être cueilli.

Hercule, après avoir pris quelques loisirs dans les bras de son triste ami, quitta les Scythes pour passer dans la Thrace, où sa présence était nécessaire. De grands forfaits s'y commettaient journellement, et personne n'osait en arrêter le cours; l'auteur était encore un roi. Diomède nourrissait de belles cavales avec de la chair humaine. Hercule leur donna pour se repaître, les membres palpitans du monstre qui les avait habitués à ces horribles mets.

Sur les côtes de l'Afrique, végétait une peuplade d'hommes abâtardis, connus sous le nom de Pygmées. Leur roi avait fait le vœu de bâtir à Neptune un temple, dont les colonnes ne devaient être composées que de crânes humains. Pour s'acquitter de cet horrible vœu, Antée massacrait de sa main les malheureux voyageurs égarés sur ces affreux rivages. A cette nouvelle, Hercule prononce le serment de se refuser au sommeil jusqu'à ce qu'il ait pu faire justice du scélérat couronné. Il part, il arrive, et l'humanité respire. Encore un monstre de moins sur la terre. Mais à peine l'avait-il délivrée d'une bête féroce, que le nom d'une autre bête féroce venait déchirer son ame et rallumer son courage infatigable, il se transporte en Egypte, où l'appelait le cri universel contre Busiris. Ce roi allait à la chasse des étrangers, comme à celle des animaux, et pour apprentissage, il avait débuté dans la carrière des crimes par le meurtre de son propre père. Hercule, dès son arrivée, en délivra les bords du Nil ; mais il ne put se retenir d'apostropher ainsi les habitans : « Lâches, n'étiez-vous pas assez pour enchaîner ce monstre dès les premiers symptômes de sa frénésie? Ses attentats sont les vôtres, puisque vous en avez été les témoins paisibles ».

En Lydie, un grand propriétaire, nommé Sylée, manquant de bras pour cultiver ses vastes possessions, dressait sur le grand chemin des pièges aux voyageurs, et les mettant au nombre de ses esclaves, il les obligeait à labourer son vignoble. Hercule le tua d'un coup de bêche.

Semblable aux sages qui ouvrent une école,

et forment des élèves, Hercule, que je qualifierais de *législateur armé*, s'était attaché une petite troupe d'élèves, une phalange de jeunes hommes du même caractère que lui, ne pouvant entendre le récit d'une mauvaise action, sans se sentir enflammés d'une sainte fureur : c'est à la tête de ce bataillon sacré qu'il parcourait le monde, cherchant les méchans, pour les combattre, les bons, pour les défendre. Hélas ! à sa mort, ses élèves dispersés, ne marchèrent pas tous sur ses traces ; et pour comble d'infortune, la calomnie chargea le bûcher sur lequel le grand Alcide expira, de tous les crimes dont il avait poursuivi le châtiment avec tant de courage pendant sa vie.

Nous comptons déjà plusieurs législateurs illustres ; mais il n'y a encore eu qu'un seul Hercule.

Parlerons-nous de Bélus, pour avoir fondé Babylone. La fondation d'une ville n'est ni un effort de génie, ni un acte de justice, ni un trait de vertu. Ce n'est souvent qu'un grand piége, tendu à des hommes simples, pour les retenir sous la clef d'un despote, prétextant leur sûreté personnelle.

SÉMIRAMIS.

Ouvrons les yeux à un grand phénomène : voyons, quelques années après Bélus, quatre-vingt millions d'hommes obéir aux loix d'une femme ; et cette femme est Sémiramis. Elle n'avait pas trouvé plus de docilité dans les moutons qu'elle garda sur les bords du lac Marphisie, près d'Ascalon : car cette reine législatrice et conquérante, qui d'abord fut courtisanne à Ninive, puis l'épouse d'un favori du roi, puis la femme du roi lui-même ; cette Sémiramis, qui hâta la mort de ses deux maris, qui fit la guerre avec l'acharnement d'une bête féroce, et se livra aux plaisirs avec la brutalité d'une louve, commença par être une fille des champs, douce comme la colombe, dont on lui donna le nom. Elle ne sut, pendant le trop long cours de son règne, que détruire des hommes et construire des bâtimens magnifiques et inutiles. Cette femme trouve déjà des panégyristes ; on n'ose pas parler de ses mœurs, mais on vante son génie, qui, pendant plus de quarante années dicta des lois à cette vaste étendue de pays, compris entre l'Océan et l'Indus, le Tanaïs et le Nil. Cela prouve seulement que les peuples sont des troupeaux.

Arbace.

Le Mède vainqueur de Sardanapale, Arbace usa d'une mesure que ne désavouerait pas le plus sage des législateurs. Maître de Ninive et de la vie des habitans, il dispersa ceux-ci dans les campagnes voisines, qu'on avait négligées en faveur de la capitale, et rasa cette grande ville ; pour la première fois peut-être, un conquérant fut le protecteur de l'humanité, et de l'agriculture.

Arbace fit plus encore. Il abaissa les priviléges des Satrapes devant les droits du peuple et convoqua la nation : peut-être, en faisant ce grand pas, savait-il d'avance que le peuple trop peu éclairé pour se resaisir de la souveraineté qu'on paraissait lui rendre ou lui abandonner, n'en deviendrait pas pour cela moins soumis aux lois de son nouveau maître. D'ailleurs, la liberté fuit les grands concours d'hommes, et c'est ce qui arriva. L'histoire se tait sur la suite de cet événement, et ne place point Arbace au rang des vrais législateurs. Il ne fit que substituer au despotisme, un gouvernement aristocratique pire encore.

DÉJOCÈS.

Déjocès chez les Mèdes tenta une révolution toute opposée à l'administration d'Arbace, et réussit mieux. Il était le magistrat de son hameau. Voulant faire parler de lui et courir les risques qui suivent trop de renommée, il assemble le plus de ses compatriotes qu'il peut et leur dit : « Nous sommes libres en apparence, mes amis ! Le sommes-nous réellement ? Nous n'obéissons point à des maîtres ; mais nous avons parmi nous des démagogues pires que des maîtres qui, tout en nous parlant des douceurs de l'indépendance, nous font souffrir tous les maux de la servitude et de la misère. Croyez-moi ! Elisons-nous un chef. Les rênes de l'état ne veulent pas qu'on les change si souvent de mains ; ne les avons-nous pas vues tantôt teintes de sang, tantôt couvertes de boue ? Nous aurons moins de peine à trouver un seul homme de génie que plusieurs. N'ayons point de rois héréditaires. Mais pourquoi n'aurions-nous pas un souverain électif ? Essayons-en du moins ».

Le peuple qui donne raison à celui de ses orateurs qui lui parle le dernier, applaudit au discours captieux de Déjocès. Il est d'abord proclamé roi dans son village, ensuite dans la cité voisine, enfin, à Ecbatane même qu'il fonda. Craignant les retours de la fortune et de l'opinion, il se fait une ceinture de gardes; et régne avec tant d'adresse ou de bonheur, si l'on veut, qu'il passe tout naturellement sa couronne et ses lois en héritage à son fils.

Inachus et Phoronée.

Tandis que le long du Nil, Mæris disputait la terre à l'eau, et assurait les fondemens de Memphis et de Thèbes, la Grèce posait les premiers points de son existence politique. Inachus venu de l'Asie, d'autres disent d'Egypte, commençait la civilisation du Péloponèse, en rassemblant sous des tentes, près d'un ruisseau qui prit son nom, plusieurs familles sans demeures fixes; et voilà l'origine d'Argos, qui n'eut la forme d'une ville que sous Phoronée. Celui-ci donna un culte et des lois à la peuplade réunie par Inachus. Ce qui doit étonner l'observateur des progrès de l'esprit humain, c'est que contre la nature ordinaire des choses, les gouvernemens, à leur naissance, au lieu de ne mettre en jeu qu'un simple rouage, firent presque tous un double emploi de moyens. On ne leur donne l'impulsion qu'à l'aide d'un culte et d'un code; l'un ou l'autre aurait pu et devait suffire aux premiers besoins. Il est vrai qu'il aurait fallu ou un bon code, ou un culte sage; et dans l'impuissance de le trouver, on suppléa au défaut des vrais principes, par la multitude des faux. L'enfance de la société civile fut livrée à des nourriciers mercenaires ou ignorans.

Cecrops.

Mais arrêtons nous à Cecrops. C'est le premier législateur des Grecs. Du moins il le fut de l'Attique. Il était Phénicien et avait vu beaucoup de pays. Il arrive à la tête d'un petit groupe d'étrangers comme lui sans asile : « Peuples, dit-il aux habitans demi-barbares, donnez-nous l'hospitalité en échange de nouveaux Dieux que nous vous apportons, et qui vous manquent. Sur vos autels champêtres, faites place à Junon, qui préside aux bons mariages. Eh! quoi! l'espèce humaine doit-elle ressembler à la brute ? L'homme et la femme doivent-ils s'unir au hasard et sans choix ? Nous venons vous proposer de diviser votre territoire et votre population en douze tribus ; chaque tribu en plusieurs familles et chaque famille en plusieurs ménages. Laissez les animaux des forêts errer à l'aventure. Rapprochez-vous ; serrez-vous ; vous n'en serez que plus forts pour repousser les dangers communs ; que vos habitations se touchent! et cultivez vos champs en paix. Vos prêtres vous disent d'immoler des taureaux sur leurs autels ; et moi, je viens vous dire, au nom de Minerve, la Divinité des sages conseils : gardez vos taureaux pour labourer vos terres qui en ont besoin. Une offrande de gazon ou de fleurs, image d'un cœur pur, plaira davantage à Jupiter ; et la rosée du ciel engraissera vos sillons. Enfin, le droit du plus fort est le seul que vous connaissiez. Nous venons vous apprendre la loi du juste et de l'injuste. Parmi vos anciens, choisissez les plus sages ; établissez-les juges des grands coupables jusqu'alors impunis ».

Cecrops fut écouté, et l'Attique, en peu de temps, devint le modèle du reste de la Grèce; et ce qui prouve que les hommes n'adoptent le merveilleux qu'au défaut de la raison, c'est que l'aréopage fut établi sans effort et que ses jugemens passent pour aussi sacrés que les oracles du premier des dieux.

Il faut que le genre humain soit incorrigible, puisqu'il n'a pas encore sçu profiter des deux plus belles institutions sociales qu'on ait pu imaginer ; le tribunal de l'aréopage et le conseil des amphyctions : tous les intérêts publics et particuliers sont circonscrits ; tout est prévu, réglé : que faut-il de plus pour être vertueux et tranquille ?

Cadmus.

Cadmus, originaire de la Thèbes d'Egypte, exilé par son père Agenor (1), consulte un oracle sur la conduite qu'il lui convient de tenir, ainsi qu'à ses compagnons de bannissement. C'était la ressource des infortunés, des voyageurs et même des héros. En ce temps on croyait, comme on le croit encore aujourd'hui, que le succès d'une entreprise est dans la bouche d'un prêtre.

L'oracle consulté par le fils aîné d'un roi, lui répondit : « Prince, deviens le fondateur d'une grande cité. Donne une rivale à Thèbes aux cents portes, ton ancienne patrie. Suis les pas tardifs du premier taureau que tu rencontreras sur ta route dans l'Aonie déserte ; et embrasse la terre où s'arrêtera le quadrupède

---

(1) Agénor, né en Egypte, et roi de Tyr.

non encore soumis au joug. Tu donneras ton nom à cette contrée inhabitée, mais susceptible de culture ».

On en agissait dès lors ainsi pour rendre sacrée la prise de possession d'un terrain vague. La religion a toujours servi la politique. Un oracle fait respecter le droit de premier occupant, et donne une sanction inviolable à la propriété établie sur son indication et de son aveu. Ce cérémonial prévient des dissensions funestes aux établissemens naissans. Cadmus n'en fut cependant pas exempt. Après avoir arrosé les fondations de sa nouvelle patrie avec le sang du taureau indicateur, dont on aurait dû peut-être respecter l'existence utile et paisible, le héros Tyrien eut à combattre un dragon, ou si l'on veut un autre aventurier qui lui disputa le terrain et voulait lui interdire le bois et l'eau; Cadmus vengea d'abord ses compagnons massacrés, puis se fit de nouveaux soldats avec les dents du dragon de Mars (1). Ainsi disent les poëtes.

Des soldats suffisent pour fonder une colonie ; mais pour la conserver et lui donner de l'éclat, il faut recourir aux sciences et aux arts. Il faut un idiome fixe et des lois, pour retenir unis des hommes demi-barbares qu'on a rapprochés par la force. Une grande inondation que les Grecs appellent le déluge de Deucalion, en faisant périr la plupart des habitans de la Béotie, avait enseveli sous les eaux les monumens de leur industrie. Il n'était resté qu'une tradition incertaine des principes du langage pélasgien. Cadmus introduisit

---

(1) Ovid. *metam.* lib. III.

l'alphabet en usage dans sa première patrie. C'est à lui que la Grèce est redevable des beaux caractères phéniciens qui forment les élémens de son écriture. Il apporta aux Béotiens seize trépieds sur lesquels étaient gravées les lettres reçues chez les Pélasges.

La langue est un des instrumens qui servent le plus à polir une nation. Un législateur doit commencer par être grammairien. C'est à l'aide de l'écriture, signe de la pensée, que les hommes parviennent à s'entendre. Quand on use du même langage, on se croit de la même famille.

La mythologie raconte qu'une fois établi dans la deuxième Thèbes (1), Cadmus épousa l'harmonie, fille de Jupiter. Chacun des Dieux offrit son présent de nôces aux nouveaux époux. Vénus présida à la toilette d'Hermione ou d'Harmonie. Pallas lui broda ses vêtemens. Cérès fit croître autour d'eux une abondante moisson de froment. Apollon et Mercure touchèrent de la lyre à la fin du banquet.

C'est que Cadmus, après avoir établi la concorde parmi ses nouveaux sujets, donna tous ses soins à l'agriculture, sans laquelle il n'y a point de prospérité dans un état ; il rassembla autour de lui des sages et des artistes, des poëtes et des orateurs ; il crut même devoir accueillir le luxe, fils de l'industrie. Mais il passa, peut-être, les bornes de la prudence, en voulant donner à son entreprise un éclat précoce.

Les prêtres de Delphes et les hiérophantes de la Samothrace se tiennent comme par

---

(1) A présent *Thiva*, ou *Stives*, bourg de la Livadie, sur la rivière d'Isméno.

la main. L'ordre de bâtir une ville, donné à Cadmus par l'oracle d'Apollon, était une suite de ce qu'on lui avait enseigné, lors de son initiation aux mystères des cabires.

Les mystères sont des écoles politiques où se forment les hommes d'état. C'est dans ces retraites inaccessibles au vulgaire qu'on est admis aux profonds secrets de la législation civile et religieuse. C'est là qu'on apprend à tromper le peuple pour l'éclairer, ou du moins pour le polir et trop souvent pour consommer son esclavage.

Triptolème.

A cette même époque, on parle de Triptolème, propriétaire du troupeau de bœufs le mieux entretenu de toute l'Attique. Selon une ancienne tradition, il était le fils de Célée, roi d'Eleusis. En ce temps on portait la houlette, pour apprendre à manier un jour le sceptre. En ce temps aussi, les rois n'étaient que de bons pasteurs.

Le jeune Triptolème prit des leçons dans l'art d'améliorer les terres, et d'en rendre les habitans plus fortunés. La bonne déesse, disent les poëtes, lui prodigua tous les soins d'une mère tendre et n'eut point de secrets pour lui. Cérès (1) lui enseigna tous les procédés de l'économie domestique et rurale ; elle lui apprit comment il faut aider à la nature, et la provoquer quand elle est tardive; comment il faut préparer la terre, avant de lui confier la semence. Elle lui apprit à discerner la différence des sols, ceux qui demandent un profond labour,

---

(1) Ovide.

et ceux qui exigent des repos plus ou moins longs. Elle lui enseigna la manière de semer et de récolter, de battre en grange et de moudre, de pétrir et de mettre au feu, ou sous la cendre brûlante, le premier de tous les grains, le froment nourricier réduit en poudre. L'épi vert était assimilé à l'herbe la plus vile ; étouffé par quantité de végétaux parasites, on lui permettait à peine de mûrir. On n'avait pas encore l'idée de ces beaux champs de blé qui jaunissent par degrés aux rayons du soleil. Les habitans de l'Attique se contentaient de la chataigne tombée de l'arbre à l'approche de l'hiver; ils y joignaient quelques fruits sauvages, et le produit de leur chasse ou de leur pêche.

Triptolème fit des essais qui lui réussirent; bientôt il ôsa davantage, et traça l'esquisse d'une charrue (1) ; exécutée sous ses yeux, il la conduisit lui-même, attelée de deux bœufs choisis dans tout son troupeau. Les plus riches moissons germèrent dans les premiers sillons qu'il traça.

Le bruit des découvertes de Triptolème franchit dans peu les limites de sa patrie. Sa présence fut désirée dans les différentes provinces de la Grèce. Monté sur un char rustique, il parcourt les côtes de la mer Ionienne, communiquant volontiers ses inventions aux différentes peuplades avides de s'instruire. Il rencontra des envieux sur sa route, et courut plus d'un danger.

Les travaux sédentaires et paisibles du labourage, n'étaient point goûtés de tout le monde.

---

(1) . . . . *Monstrator aratri.*
Virgil. *georg.* I. vers 19.

une vie errante convenait davantage aux ambitieux entreprenans. Ils virent avec peine que des champs ensemencés mettaient des bornes à leurs courses vagabondes. De ce moment cessait l'empire du plus fort. Le faible, avec l'amour du travail, ne se vit plus à la merci du besoin. Une grande révolution eut lieu. Pour la consolider, il fallait des lois. Les mystères d'Eleusis furent institués. On en plaça la solennité dans ce temps de l'année qui s'écoule entre la moisson et les premiers labours.

On exagère tout; ou on en abuse. Pour donner une plus haute idée encore de leur bonne Déesse, les prêtres instituèrent des ablutions, des jeûnes, des sacrifices sanglans, puis des épreuves terribles. La foudre et les spectres sont mis en jeu, pour rendre la cérémonie plus imposante et plus sacrée. Et à quoi aboutit tout cet appareil? A faire du bruit, et à perdre du tems. Une fête rustique est bien mieux analogue au sujet, et surtout plus gaie; elle contribuerait davantage au maintien des mœurs.

C'était bien-là l'intention de Triptolème, à en juger par les trois lois qu'il publia, et dont il ne fit point un mystère. On les lit encore, écrites sur une table de bois, à l'entrée du temple d'Eleusis.

I.

Tu n'auras d'autres Dieux que ton père et ta mère (1).

II.

Ne présente à Cérès que des fleurs pour offrande.

---

(1) C'est aussi le véritable sens du quatrième des *vers dorés* de Pythagore.

III.

N'immole point le bœuf utile au labourage.

La première des lois données aux Siciliens, est conçue à-peu-près en ces termes :

Ne porte point ta faux dans la moisson d'autrui.

Plutus, le Dieu des richesses, fut le fruit précieux des leçons secrètes que Cérès daigna donner au jeune Triptolème : allégorie ingénieuse et pleine de sens, pour nous faire entendre que l'agriculture fait germer des trésors. Ils sont déja écoulés ces beaux jours, où celui qui savait le mieux cultiver la terre avait la préférence sur les autres concurrens, pour être élevé au rang suprême ! J'aime cette loi de Romulus, qui défend à tout citoyen l'exercice des arts manuels, et ne lui permet que l'agriculture.

Sage législateur pendant sa vie, Triptolème à sa mort fut mis au rang des juges des Enfers ; et le char de ses voyages est placé au nombre des constellations. N'aurait-on pas dû plutôt réserver cet honneur à la charrue ? Ce premier des instrumens du labourage jouit au moins, sur quelques points de la terre, de quelques distinctions. En Sicile, la loi ne donne aux créanciers aucune puissance sur la charrue de leurs débiteurs.

Triptolème voulut que Cérès, dite *la bonne Déesse*, fût l'une des divinités tutélaires des bons ménages. En effet, il n'est guère de ménages paisibles où le blé manque. La disette engendre autant de querelles domestiques que les excès de l'opulence.

D'ailleurs il n'y eut de véritables mariages, des ménages permanens, que quand les hommes devinrent agriculteurs (1). La première bourgade et la première législation datent du moment qu'il y eut une culture commencée; les travaux des champs exigent et supposent une famille rassemblée sous le même toit, et dans les limites d'un territoire proportionné à ses besoins. Mais voici un autre législateur qui fit une révolution plus rapide et plus brillante encore.

Orphée.

Dans les premiers temps, la Thrace (2) était mal peuplée d'hommes aussi sauvages, aussi rudes que le sol qui pouvait à peine les nourrir. Farouches comme les ours, féroces comme les tigres, âpres comme les vents du nord, bruts comme les rocs du Rodope aride, les Thraces, au fond de leurs forêts épaisses, se repaissaient de chair crue; quelquefois le sang humain ruisselait sous leurs dents voraces.

Un siècle avant le siége de Troyes, l'un d'entr'eux, contemporain d'Hercule, s'expatrie et voyage. Orphée (3), à son départ, était à peine

---

(1) *Et leges sanctas, et cara jugavit*
Corpora conjugiis, et magnas condidit urbes.
Calvus, antiquus poët.

C'est Cérès qui bâtit la première cité,
Dicta les saintes lois de la société,
Et sous le joug sacré d'un heureux mariage,
De deux corps, de deux cœurs ne fit qu'un seul ménage.

(2) A présent la *Romanie*, province de la Turquie d'Europe.

(3) Otb. Heurnii *philosophiae primordia*. p. 234 et seq.

un homme; à son retour, il est plus qu'un Dieu. Il arrive, et se place sur le mont Hémus. Le feu de ses regards, la douceur de sa physionomie, la noblesse de son maintien, ne font point d'abord beaucoup d'impression. Vêtu de lin, on le croit un phantôme; on recule à son aspect; mais il prend la lyre, et en marie les accords aux accens de sa voix. Aussitôt de toutes parts les Thraces, jusqu'alors farouches comme les ours, féroces comme les tigres, insensibles comme la roche immobile du mont Rodope, accourent de leur retraites hideuses, et se pressent aux pieds du poëte législateur. L'étonnement, l'admiration, le plaisir, l'intérêt s'emparent d'eux successivement. Bientôt ils rougissent de ce qu'ils sont, et demandent à devenir meilleurs. Orphée, surpris lui-même du pouvoir de l'harmonie, redouble d'efforts. A la suite de la persuasion, il hasarde quelques préceptes; il parle de devoirs à des hommes ivres déjà du plaisir de l'entendre. On l'écoute avec une attention soutenue et mêlée de respect. Une lyre à la main, il parcourt la Thrace. On le suit, on l'accompagne en tous lieux. A sa voix (1), les arbres roulent du haut des montagnes, pour soutenir un abri commode. La

---

(1) *Hunc referunt duros lapides et flumina cantu*
Detinuisse suae captos dulcedine vocis... etc.
  Apollonius, *Argonaut.* I.

Le chantre de la Thrace, harmonieux et tendre,
  Du haut des monts faisait descendre
    Les pierres et les bois;
    Les rocs s'amollissaient,
    Les fleuves s'arrêtaient,
    Et les vents se taisaient
    Aux accens de sa voix.

pierre se détache, on la taille, on la façonne ; un autel s'élève. Le peuple s'y rend déjà à certaines heures du jour, principalement au lever du soleil et à l'entrée de la nuit. Pontife, législateur et roi, moraliste et poëte tout ensemble, Orphée fait sortir de la bouche des Muses, les oracles de la raison. On croit voir le fils d'Apollon et de Calliope. C'est un demi-dieu entre les mains duquel Mercure a remis sa lyre. Cérès et Bacchus l'ont initié à leurs saints mystères. Les marais et les bruyères deviennent des champs de blé. Les côteaux pierreux se couvrent de pampres. Aux sacrifices d'animaux utiles, succèdent des offrandes de pain, des libations de vin, accompagnées d'hymnes religieux et politiques. Les plantes qu'on foulait aux pieds, seront désormais sacrées par toutes les vertus salutaires qu'Orphée leur découvre et indique à ses compatriotes. Les travaux sont subordonnés à des lois écrites sur la voûte du ciel. Orphée apprend à ceux qui l'écoutent, qu'au-delà des astres il est des Dieux : ce sont des étais qu'il croit nécessaires au soutien de la morale, ou des barrières propres à la faire respecter. Un culte législatif est établi ; il faut à un peuple chez qui la raison n'est qu'à son aurore, il faut des lois en forme d'oracles, et des prêtres en guise de magistrats. La réparation des crimes doit prendre le nom d'expiation. Orphée évoque les morts, pour intimider les vivans. Pour inspirer le goût des sciences naturelles, il commence par instituer des augures et des aruspices. Pour préserver de toute atteinte la propriété des fruits de la terre, il procède à des lustrations autour d'un champ.....

Tel fut le plan de conduite qu'Orphée conçut dans ses voyages, et mit à exécution dans la Thrace, qui lui doit sa civilisation. L'histoire lui donne Linus pour maître.

Il eut pour principal disciple cet Amphion qui éleva les murailles de Thèbes au son de la lyre des poëtes ; cela veut dire qu'il mit en vers les premières lois que les fondateurs de cette ville avaient données aux habitans, et les grava ainsi plus profondément dans leur mémoire. A leur exemple, Arion traduisit dans le langage des Muses tout un code maritime, et fut presque divinisé par ces mêmes matelots demi-barbares qui voulaient d'abord en faire un sacrifice à Neptune, au milieu d'une tempête.

JANUS.

Venu de la Grèce, Janus employait des moyens plus naturels, sur la rive droite du Tibre. Là, habitait un peuple plus doux que le Thrace indompté. Le premier législateur de l'Etrurie commença par construire un temple rustique, pour rassembler autour d'un autel commun des hommes qui ne s'étaient pas encore trouvés plusieurs ensemble. Bientôt Janus leur proposa quelque chose de mieux encore qu'une religion ; il leur apprit, ou plutôt il les fit consentir à vivre fraternellement ensemble, à cultiver en paix chacun son petit champ, et à régler les travaux de la terre sur le cours du soleil. Il leur persuada les mœurs patriarchales, les seules convenables à l'espèce humaine. Plus sage que beaucoup de nos sages, il ne précipita point les habitans de l'antique Italie d'une extrémité à l'autre. Les trouvant presqu'encore sauvages, il n'eut point la prétention d'en faire tout de suite des citadins. Il leur conseilla seulement de se fixer à ce juste milieu, également éloigné des peuples bruts, et des vices brillans des nations policées : il ne voulut former que des hommes; c'est-à-dire de bons pères de famille, de bons fils, de bons époux, de bons voisins, amis du travail, sans ambition, sans l'esprit des conquêtes, sans luxe; préférant le nécessaire au superflu, le bon sens et l'industrie de la nature aux sciences abtsraites et aux arts corrupteurs; ayant des mœurs en guise de lois, et de l'innocence en guise de vertu. Le bon Janus ne mourut point, sans cueillir le fruit de ses leçons. C'est son règne, hélas! trop court, que les Romains appellent leur siécle d'or.

Janus fut aussi l'inventeur des couronnes, le premier, il imagina de poser sur le front une branche de laurier, ou de chêne, ou de rose, en signe d'alégresse, ou à titre de récompense. Pourquoi ne s'en est-on pas tenu à cette distinction honorable et momentanée, que la nature ne désavouait pas? Tout fut perdu, la première fois qu'on y substitua un diadême permanent. L'âge d'or finit, quand on donna la préférence à l'or, sur des feuilles et des fleurs.

Minos et Rhadamante.

Pour rendre sages et heureux les peuples du Latium, le bon Janus n'eut recours ni au merveilleux des paroles, comme Orphée, ni au merveilleux des actions, comme Minos; peut-être parce qu'il eut le bonheur de rencontrer des hommes d'un naturel simple et doux.

Les insulaires de Crète s'étaient déjà laissé prendre au charlatanisme politique de Jupiter; Minos (1), un de ses successeurs (2), jugea convenable d'en agir comme son devancier, avec des hommes dont le caractère n'était point changé. Pour affermir son trône, il crut devoir au titre de roi, joindre celui de législateur, et s'entourer de prestiges trop souvent nécessaires au progrès de la raison. Le mensonge servi plus d'une fois de passe-port à la vérité.

La sagesse des lois que Minos et Rhadamante donnèrent à la Crète justifie ces deux grands hommes; ils ne trompèrent un moment le peuple, que pour l'éclairer. Un jour donc, après une absence de neuf ans (3), Minos s'étant concerté avec son frère, celui-ci fait assembler les insulaires dans Apollonie, ville nouvelle, à peine achevée. « Citoyens, leur dit-il, avec ce ton d'assurance, qui sied aux hommes supérieurs à leur siècle; vous avez déjà des lois, même de bonnes lois; mais elles ne vous conviennent plus. Ecoutez ce que le grand Jupiter (4), lui-même, a daigné communiquer à mon frère. « Minos, lui a-t-il dit, voilà que les Crétois sont devenus riches dans leur île, et puissans sur toutes les mers. Ce n'est plus cette peuplade faible et peu nombreuse, qui est accourue à ma voix autour du mont Ida. Il lui faut maintenant un code proportionné à sa grandeur et à l'éclat qu'il doit avoir sur ce globe. C'est toi que j'ai choisi

---

(1) Minos Ier du nom.
(2) Homer. *Iliad.*
(3) Plat. *leg.* I. Strab. *geogr.* XVI. Val. Max. I. 2.
(4) Homer. *Odyss.*

pour lui parler en mon nom, et pour inscrire sur des tables d'airain les nouveaux réglemens que je vais te dicter. Donne-lui de ma part des lois telles que l'on verra bientôt les autres nations s'empresser de les copier : Minos, dis aux Crétois que Jupiter leur ordonne d'être justes, et toujours de bonne foi. L'équité est la base du commerce. Un peuple marchand, qui s'est enrichi par son activité, s'appauvrira, s'il cesse d'observer religieusement ses conventions. Mais il est quelque chose au-dessus d'un négoce florissant, c'est la bonne union parmi les citoyens. Une nation bien d'accord est toujours assez riche, et sera invincible. Minos, dis aux Crétois de ne sacrifier qu'à l'intérêt commun ; il y va de leur sûreté politique : on ne sait par où entamer un peuple qui ne fait qu'un. Minos, ne crains pas de donner des lois sévères, il n'y a que des lois sévères qui soient durables. Que toute la terre ait l'œil sur la Crète ; qu'elle devienne une île sacrée, où l'on ne puisse toucher qu'avec un saint respect ! Minos, descends de la montagne, présente toi en mon nom aux habitans d'Apollonie ; je te charge des détails ; qu'ils t'obéissent comme à moi, et je leur promets toute prospérité ».

Ce discours à peine achevé, Minos parut dans toute la gravité d'un législateur. Il lut ses nouvelles lois et les fit adopter de confiance ; mais c'est en Crète qu'il faut les étudier.

THÉSÉE.

Parlons d'un autre héros politique : Thésée, l'élève d'Hercule, voulut être plus que son maître, et réunir en sa personne la gloire des armes et celle des lois; mais il était loin d'avoir le même désintéressement. Il tua quelques brigands, dans la seule vue de faire parler de lui, et perfectionna le gouvernement de l'Attique, pour en devenir le seul chef. Du moins, son ambition et sa vanité tournèrent au profit de ses compatriotes. On dit qu'il institua la pure démocratie. Tant de gloire ne lui appartient pas; et d'ailleurs, les choses n'étaient point disposées à pouvoir fonder ce régime social, le plus beau de tous, et peut-être le plus impraticable. Thésée abaissa les grands, circonscrivit l'autorité des citoyens puissans par leur opulence; fit rentrer le peuple dans quelques-uns de ses droits, mit de l'ordre dans la population confuse de la cité d'Athènes, et osa parler d'égalité en établissant une hiérarchie de citoyens, à la tête desquels il plaça les plus riches; les rangs inférieurs furent occupés par les plus laborieux et les plus utiles. Ce n'est pas là sans doute établir un gouvernement démocratique. Lui-même, sous le titre de protecteur de la loi, et de chef permanent de l'armée, se réservait, sinon le droit, du moins le pouvoir effectif d'être despote, selon les circonstances. Ce n'est point là abdiquer la souveraineté royale; et Homère veut flatter les Athéniens, ou est mal informé, quant au livre du dénombrement des vaisseaux de la Grèce (1), il ne donne qu'à eux la belle qualification de *peuple*, comme si eux seuls étaient vraiment démocrates. Ils le furent davantage avant Thésée :

---

(1) Iliade.

chaque bourgade usait de ses droits souverains ; il est vrai qu'elle en usait mal, par ignorance. Le fils d'Egée contribua sans doute à leur civilisation, mais aux dépens de leurs franchises.

Voici, mes chers disciples, une observation amère, à laquelle vous aurez peut-être de la peine à vous rendre, mais que chaque page de l'histoire semble confirmer.

L'éclat des nations a toujours été en raison inverse de leur indépendance. Assurément l'Athènes de Thésée et de Solon, offre un aspect bien plus brillant que l'Attique de Cécrops ; mais il est certain qu'un habitant de l'Attique jouissait bien plus des droits que la nature accorde à l'homme, que le citoyen d'Athènes.

L'agriculture, d'où tout découle, et à laquelle il faut toujours revenir, a des obligations à Thésée. Le culte des Dieux était un fléau pour les campagnes, qu'il dépeuplait des animaux propres au labourage. Très-souvent les autels étaient chargés de dix bœufs immolés à la fois dans une seule solennité, et quelquefois on en sacrifiait jusqu'à cent tout de suite. Le second fondateur d'Athènes imagina une monnaie, ayant pour marque la figure d'un taureau, et pouvant en tenir lieu dans les temples. Cent pièces de cette monnaie servirent à payer la valeur d'un hécatombe aux prêtres, qui n'eurent rien à dire, et furent obligés de s'en contenter.

Malgré ce bienfait, et plusieurs autres, Thésée éprouva la destinée des ambitieux, dont il grossit le nombre. Pendant son absence, Athènes fut livrée aux dissentions civiles. Cette démocratie naissante devint presqu'aussitôt anarchique. Tout le monde avait à se plaindre du législateur. La multitude laborieuse et misérable regretta ce tems, pendant lequel, divisée en bourgades, elle n'obéissait qu'à des chefs de famille. La législation aristocratique de Thésée ne parut rien moins que paternelle. Outre les mécontens, il avait des jaloux. A son retour, il voulut faire rentrer dans l'ordre les hommes et les choses. On méconnut sa voix et son caractère. On ne tint compte de ses avis; on brava ses menaces. Il se vit obligé de quitter secrétement une ville ingrate, contre laquelle il prononça des imprécations, et alla mourir misérablement dans l'île de Scyros.

Hésiode et Homère.

L'expédition de la Colchide et le siége de Troye ne doivent point nous arrêter ; nous ne faisons point ici l'histoire de ceux qui ont troublé le genre humain et ravagé la terre. Que nous importent Jason et Achille !

Mais Hésiode et Homère ont été deux véritables législateurs. Ils ne donnent pas des leçons de sagesse, l'épée à la main ; ils ne dictent point aux peuples des lois de sang ; ce ne sont point des hommes d'état, mais ce sont eux qui les forment, et leurs poëmes immortels pourraient apprendre à s'en passer. Tout ce qu'il est essentiel que l'homme sache se trouve dans leurs ouvrages. Heureux le peuple dont la civilisation se serait arrêtée à ce point où la raison cède le pas à la politique, et qui n'aurait besoin que d'un code d'agriculture et de morale!

LYCURGUE.

Lycurgue.

Les Lacédémoniens n'étaient pas ce peuple. Un grand homme, né dans les murs de Sparte, appartenait au sang royal, sans en avoir contracté les vices, sans en avoir partagé les crimes. Lycurgue montrait une modération rare, à laquelle on ne fit pas d'abord assez attention pour le retenir dans sa patrie, et mettre en œuvre tout de suite ses talens et ses vertus. Il attendit prudemment qu'on vînt à lui, et voyagea. Le sage perd toujours à s'offrir; il ne doit se montrer qu'au moment du besoin qu'on a de lui. Enfin, ses concitoyens l'appellent et réclament ses lumières. Lycurgue, avant de céder à l'invitation, se résout à une démarche que la raison elle-même n'a pas le courage de blâmer, parce qu'elle était nécessaire. Il va consulter la Pythie, et ne veut se présenter au peuple qu'avec un oracle à la main, servant d'introduction à ses lois. Il fait aussi précéder la promulgation de son code par les hymnes graves d'un poëte amené tout exprès de Crète, pour persuader à la multitude la nécessité d'une révolution. Enfin, quand il crut les esprits assez mûrs, dès le matin, une assemblée générale est convoquée sur la place publique; il s'y rend, accompagné d'un groupe de trente citoyens secrétement armés, et qui lui étaient personnellement attachés; l'un d'eux, le vieillard Arithmiadas prend la parole et dit: « Lacédémoniens, nous ne nous présentons pas devant vous, sans y être autorisés par un pouvoir que vous respectez tous. Avant de vous proposer un nouveau corps de lois, car tout est à refaire à Sparte, Lycurgue a voulu les soumettre à la Pythie de Delphes, dans le temple d'Apollon. Ecoutez, citoyens, la réponse de l'oracle ; la modestie de Lycurgue l'empêche de vous la transmettre de sa bouche ; voici les propres paroles de la Pythie : « — Lycurgue, fils d'Eunomus, est aimé des Dieux ; et les lois qu'il médite pour son pays sont les plus convenables qu'on puisse proposer à des hommes ; Apollon le juge ainsi ».

Spartiates ! prêtez l'oreille à la suite de l'oracle ; c'est la Pythie qui parle, en s'adressant à notre Lycurgue : « Après que tu auras édifié un temple à Minerve, divise le peuple en tribus. Tu établiras ensuite un conseil de trente sénateurs, en y comprenant les deux rois ; ce sénat doit servir à contrebalancer les deux extrémités sur une base ferme et respectable. Tu assembleras le peuple selon la nécessité des temps, en plein air, sur la place, entre le fleuve et le pont. Dans ces assemblées, personne, autre qu'un sénateur, n'aura la licence de proposer son avis. Mais au peuple seul appartient le droit de confirmer, si bon lui semble, les décrets proposés par le sénat ou par les deux rois ».

Cette innocente imposture réussit parfaitement à Lycurgue, en imprimant une teinte religieuse à ses lois : malheureusement ses successeurs abusèrent de ce même moyen pour s'autoriser à faire des changemens à son code. Ainsi, le mensonge qui quelquefois est plus profitable que la vérité dans la bouche d'un sage, est un attentat de plus aux droits de l'humanité et de la raison sur les lèvres des insensés ou des despotes.

Lycurgue put jouir de son ouvrage ; mais il en fut mal récompensé. Dans une émeute populaire, il perdit un œil : il eût couru le risque de la vie, s'il ne se fût pas expatrié de lui-même. Par son bannissement volontaire, il épargna le crime d'ingratitude à la ville de Sparte qui, sans doute, eût fait comme les autres. Lycurgue alla mourir en Crète. Son code est un monument qui durera plusieurs siècles ; il fait la gloire de son auteur ; il atteste la force de son génie ; mais ne ressemble-t-il pas un peu aux pyramides d'Egypte ? Les mortels qui vivent à l'ombre des lois de Lycurgue, en affectant les vertus forcées de l'héroïsme, sont l'étonnement des Grecs et des barbares. Méritent-ils d'en être les modèles ? Pour en servir, ils sont bien loin de la nature ?

Les Etrusques et les Toscans en étaient plus près, quand renfermés entre le Tibre et la Ligurie, ils vivaient paisibles et libres sous les faisceaux de leurs magistrats, élus dans les *Lucumonies* (1). Bien avant Homère, ils avaient des poëtes dont ils conservent les chants graves sur des lames de bronze. Ils avaient aussi des sages en petit nombre, et une foule d'aruspices. Ils s'adonnaient aux arts et sont bien plus connus dans l'histoire, par leur vases d'argile que par des batailles et des conquêtes. Le mauvais génie de Romulus vint mettre un terme à leur existence politique et aux mœurs douces qui leur avaient servi de sauve-garde jusqu'à cette époque malheureuse. Le fratricide fondateur de Rome

___

(1) *Assemblées démocratiques.*

ne donna point de lois à cette cité composée d'abord de brigands comme lui. La force était son code. Hâtons-nous d'en venir à Numa.

NUMA.

Sur les bords du fleuve Himella, dans le pays des Sabins, un homme de bien vivait à Curis (1). L'agriculture et la méditation partageaient son temps. Il ne fuyait pas ses semblables, mais il aimait à converser avec lui-même. Le silence des bois avait pour lui des charmes; le faste banni de sa maison y faisait place à une sage économie. Ami de la justice, ses compatriotes le prenaient souvent pour arbitre. Un sens droit caractérisait tous ses discours. Il ne voulut point quitter ses Pénates rustiques pour aller joindre au pied du trône le père de sa femme, roi de Rome naissante. Devenu veuf après treize années d'un ménage paisible, il se livra tout entier à ses goûts innocens et à la contemplation de la nature; quand on voulait le ramener à la société, Numa répondait : « La nymphe Egérie m'attend. Mes amis, ne m'accusez point de misanthropie; mais si jamais je vous ai donné quelques avis sages, c'est la nymphe Egérie qui me les dictait. C'est elle que je consulte dans la solitude, avant de répondre aux questions que vous me faites. Je lui dois cette modération que vous remarquez dans mes désirs, et cette prudence qui distingue mes décisions ».

Parvenu à sa quarantième année, il voit un jour arriver deux sénateurs qui déposent à ses

---

(1) Ou *Cures*; à présent *Corrèse*, dans la campagne de Rome.

pieds un manteau de pourpre et une couronne, lui disant : « Numa, fils de Pompilius, les Romains te demandent pour roi. Viens avec nous ; ils t'attendent. — Je ne suis pas l'homme qu'il leur faut ; ils aiment trop la guerre. — Viens! tu leur feras goûter la paix ».

Numa cède à leurs instances. L'espoir de faire plus de bien le détermine au sacrifice de sa tranquillité personnelle. Il arrive sur le mont Tarpeïen, s'y revêt des habit royaux, redescend et disparaît vers le soir dans le bois voisin. De retour au matin du jour suivant, on s'empresse de lui demander pourquoi il se dérobe ainsi aux hommages et aux besoins du peuple. « — Romains! leur dit alors le sage Numa, je n'ai consenti à régner sur vous, que du consentement d'Egérie. C'est une nymphe de la forêt Aricie qui m'a pris sous sa protection du moment que je suis né. Elle me promet son assistance sur le trône et daignera m'admettre à ses entretiens pendant toutes les nuits. Je viens de lui demander des lois pour vous. Peuple, reçois par mon organe les oracles de la nymphe Egérie. Elle a commencé par me défendre de souffrir, auprès de ma personne, la troupe de trois cents Célères, créée par Romulus. Dois-je me garder d'un peuple que je veux rendre heureux ? Egérie m'a ordonné, avant tout, de fermer les portes du temple de Janus. Et j'espère qu'elles ne seront point ouvertes une seule fois, un seul jour sous mon règne. Romains! la nymphe au nom de laquelle je vous parle, voit avec peine sur l'autel de vos Dieux des simulacres grossiers de pierre ou de bois. Rassemblez-vous dans vos temples pour rendre des actions de grâces au bon génie de la nature ; mais ne le défigurez-pas sous mille emblêmes puériles ou révoltans. Contentez-vous désormais d'une flamme vive allumée aux purs rayons du soleil. Que trente vierges intactes veillent à l'entretien de ce feu sacré, symbole des mœurs gardiennes des empires. La nymphe Egérie qui vous adopte pour ses enfans et qui veut que je sois votre père, me charge encore de vous ordonner d'élever un temple à la bonne foi et au dieu des limites, afin de conserver la paix domestique, et la concorde entre les citoyens ».

» Egérie que j'ai consultée, désirerait beaucoup aussi vous distribuer par familles agricoles et selon vos occupations respectives. La confusion mène aux abus ; l'ordre seul prévient les excès. De petites associations se corrompent moins vîte que des assemblages nombreux de citoyens rivaux d'intérêts et de sentimens ».

Ainsi Numa Pompilius traça son plan de conduite. La nymphe Egérie éclose de son cerveau, comme la Minerve de Jupiter, servit d'égide aux idées législatrices qu'il roulait dans sa tête. Heureuses les nations qui n'ont jamais eu d'autres imposteurs, que des Numa ! Il vaudrait mieux pourtant que l'économie politique pût se passer de ce charlatanisme officieux. Tous les réformateurs n'ont pas été si bien intentionnés que Numa.

Quelques-uns d'entre les sénateurs n'étaient pas dupes de cette fiction. Une tradition secrète prétend que le bon Numa, au sein d'une retraite agréable qu'il s'était ménagée dans un vallon de la forêt Aricie, faisait succéder les plaisirs de la nuit aux travaux du jour. Une Sabine de son choix, élevée sous ses yeux, était la muse qui l'inspirait, la nymphe véritable qu'il allait consulter mystérieusement (1). Il ne ressemblait point à ces mauvais princes dont les plaisirs coûtent si cher à la nation qui les paye en grondant. Numa au contraire avait trouvé le secret de faire tourner au profit de tous, ses jouissances individuelles.

Les réformes font toujours quelques mécontens ; Numa (2) eut des ennemis. Il est donc nécessaire aux législateurs d'avoir sous la main quelques ressorts tout prets à faire jouer aux yeux du peuple crédule. On place la nymphe Égérie au nombre des Muses, parce que plusieurs des lois de Numa sont écrites en vers, pour être retenues plus facilement.

DRACON.

Numa, qui, à Curis, faisait manger ses serviteurs avec lui à la même table, institua à Rome, en faveur des esclaves, la fête des Saturnales ; commémoration touchante de l'égalité naturelle ! Un pas de plus, et Numa eût mis le comble à sa gloire et à la reconnaissance universelle. Qui l'empêchait d'abolir la servitude ? Et pourquoi Dracon, qui proposait la peine de mort pour tous les délits, légers

---

(1) *Egeria . . . .*
Illa Numae conjux consiliumque fuit.
Ovid. *fast.* III. 273.

Du bon Numa la Déesse Égérie
Fut à la fois le conseil et l'amie.

(2) Il mourut octogénaire.

ou graves, n'a-t-il pas mis au rang des crimes la lâcheté de celui qui consent à devenir esclave de son semblable, l'orgueil de celui qui se rend le maître de son égal ? Ce législateur d'Athènes, qui faisait le procès aux statues, ne connaissait point les hommes; il les jugea d'après lui. Rigide observateur de la justice, il ne passait rien à la faiblesse humaine, et voulut parler raison au peuple, accoutumé à un autre langage. Ce qui arriva à Dracon, semble prouver la nécessité de la méthode de ses prédécesseurs.

A la mort de Codrus, dernier roi d'Athènes, cette ville avait déclaré n'en vouloir plus reconnaître d'autres que le premier des Dieux. Les magistrats étaient certains d'être obéis, en promulgant leurs ordonnances de la part du ciel. Trop sage pour son temps, Dracon crut pouvoir amener ses concitoyens à un degré de perfection de plus. La seule horreur du crime, la seule crainte du châtiment lui parurent des moyens suffisans pour retenir chacun dans son devoir «Pourquoi faire intervenir le ciel dans les intérêts de la terre ? se dit-il. Pourquoi asseoir les fondemens du temple de la justice sur la base idéale d'un être invisible ou absent, et qu'on fait parler et agir comme on veut ? Les obligations sociales, loin d'être arbitraires, sont toutes de rigueur. Elles sont déduites de la nature des choses et de nos besoins réciproques. Un code ne doit point ressembler à une théogonie».

Imperturbable sur les principes, Dracon se trompa sur leur application. Il avait vu les meilleures lois tombées en désuétude, parce qu'on leur avait imprimé un caractère équivoque; parce que l'empreinte religieuse qui avait contribué si merveilleusement à les faire adopter, venant vîte à s'effacer du cerveau mobile de la multitude, la multitude ne se croyoit pas tenue à les observer à la lettre. Il crut pouvoir avec succès dire tout simplement au citoyen : travaille, ou la mort ! Ne dérobe rien, ou la mort ! espérant qu'on sentirait de qu'elle importance il est, dans une république, de ne pas laisser impunie la première ou la plus petite violation des saints droits de la propriété. On convint de la vérité de ces principes ; mais leur âpreté rebuta. Les juges eux-mêmes n'eurent pas le courage d'y tenir la main. Le peuple d'Athènes manqua de nerf pour porter un joug aussi salutaire, mais pesant. On n'osa pas abroger les lois de Dracon ; on les laissa se couvrir de poussière et de rouille ; on n'y toucha point : et leur auteur, dont la présence était un reproche tacite, s'exila de lui-même, pour éviter un sort plus fâcheux peut-être.

SOLON.

Solon, avec bien moins de caractère, mais beaucoup plus adroit, réussit davantage. Il se fit long-temps désirer, et n'accepta le pénible et délicat emploi de législateur, qu'après avoir interrogé l'opinion dans les diverses classes de citoyens, aux prises l'une contre l'autre. Il parla d'égalité, et ce mot fut un point de ralliement pour le pauvre et le faible. Après avoir gagné la confiance du plus grand nombre, il proposa ses lois une à une, regardant autour de lui l'effet que produirait une première loi, avant d'en hasarder une seconde. Il ne dédaigna point le ressort bannal, mais qui avait encore de la force ; il fit venir de Delphes, un oracle moins ambigu que son code, et conçu en ces termes : « Solon, fils d'Exechestidès, place-toi à la poupe du vaisseau, et prends en main le gouvernail ; Athènes est pour toi » !

Solon aimait à vivre. Les malheurs personnels des premiers législateurs furent des leçons pour lui. Il se persuadait qu'ils ne furent persécutés que pour s'être expliqué trop clairement. En conséquence, il affecta beaucoup d'obscurité dans la rédaction de ses lois et eut soin de leur faire signifier plusieurs dispositions contradictoires. Il arrivait de-là que l'arbitraire se mêlait beaucoup à leur application ; mais Solon n'ayant heurté personne en face, ménageait son crédit au milieu de toutes les factions opposées. Il s'ensuivit aussi qu'au bout de quelques années, les différens ordres de l'état ne se trouvaient pas plus d'accord qu'auparavant. Les lois de Solon n'eurent qu'une existence éphémère. On les vante beaucoup, mais on ne les observe plus qu'en masse. Le législateur survécut à son code, et souilla ses cheveux blancs, en devenant l'ami du tyran même, qui se servait de son manteau, pour despotiser avec plus de sécurité.

ZOROASTRE.

Enfin, au moment où nous nous entretenons des législateurs célèbres qui ont vécu, il en est un qui, sans être revêtu d'un caractère public, opère en Asie une révolution complète dans les idées religieuses et politiques. Zoroastre est son nom. Mède d'origine, et d'une naissance obscure, il sait beaucoup et a beaucoup écrit. Après une longue retraite dans les montagnes, il dicte maintenant des lois à la cour Persane, toute remplie de ses prodiges; mais c'est plutôt un chef de secte, un fondateur de culte, qu'un homme d'état.

Les personnages célébres qui viennent de passer sous nos yeux, ont donné au monde de grands spectacles. Leurs lumières, moins fécondes que les rayons du soleil, ont laissé l'espèce humaine un peu plus éclairée, mais peut-être moins heureuse qu'elle n'était avant leur apparution. N'aurait-on pas sujet de désespérer de la perfectibilité des hommes, quand on ne les voit pas devenus meilleurs, après avoir été investis des talens sublimes et des hautes vertus de Prométhée, Thaut, Hercule, Triptolème, Orphée, Janus, Minos, Homère, Lycurgue, Numa, Dracon? Et n'y a-t-il pas de l'orgueil et de la témérité à concevoir le dessein d'entreprendre ce que n'ont pu exécuter ces grands génies?

Peut-être sommes-nous à la veille d'une révolution morale, préparée depuis tous ces siècles que nous venons de parcourir. Le genre humain touche peut-être à cette époque où il doit passer de la jeunesse à l'âge viril. Le temps des fables et de l'ignorance leur mère est passé. Memphis et Babylone ne sont plus les deux seuls foyers de la lumière. Athènes prend l'essor. Sparte est fière de ses lois. La Crète et Rhodes s'éclairent en s'enrichissant. Carthage le dispute à Tyr, et déjà Rome souffre impatiemment un maître. Des sages et des historiens, des poëtes et des artistes, du fond de leurs retraites paisibles, conjurent en faveur de la vérité, et veillent à la lueur de leur lampe studieuse, pour arracher leurs semblables à la léthargie où ils sont encore plongés.

Mais voilà donc à quoi se réduit l'histoire du genre humain !.... De tous ces millions d'hommes qui ont passé sur la terre, à peine cinquante méritent d'échapper à l'oubli ; tout le reste a été opprimé ou oppresseur ; trompeur ou trompé. Ce globe ne serait-il donc qu'une vaste bergerie, où des troupeaux sans nombre obéissent à la voix de quelques conducteurs ignorans ou cruels ? Depuis qu'il existe des mortels, qu'ont-ils fait, qu'ont-ils laissé après eux ? Des amas de maisons mal-saines, des temples et des pyramides inutiles, des statues grossières, quelques arts à leur ébauche ; par tout des traces de sang, et le souvenir de leurs combats meurtriers et de leurs brigandages. Une vérité découverte par eux, leur a coûté des milliers d'erreurs. Depuis qu'ils habitent cet univers, ils ne connaissent pas encore le sol où ils marchent, l'air qu'ils respirent, les alimens qu'ils prennent, et le soleil qui les éclaire ; ils ne se connaissent pas eux-mêmes. Les plus sages, les plus profonds d'entre eux, comme des enfans d'une lente conception, ne savent pas encore lire dans le livre de la nature. Fiers de leur raison, ils sont restés au-dessous de l'instinct. L'établissement de la société civile date de plusieurs mille années déjà, et ils sont encore aux premiers élémens de la sience politique. Isolés, ce sont des brutes ; réunis, ce sont des tigres : ils ne savent que s'égorger ou ramper.

Les hommes ne seraient-ils nés que pour vivre et se reproduire ? Ce qu'ils entreprennent de surplus semble au-delà de leurs forces, de leurs moyens, et contre l'aveu de la nature ; mais les plus estimables d'entre eux ne sont pas les plus connus. L'histoire n'a tenu registre que des perturbateurs et de leurs semblables, des scélérats ou des insensés. Les mortels qui n'ont fait que leur devoir, qui ne sont point sortis du cercle tracé autour d'eux, ont échappé au pinceau des annalistes. Ne calomnions point le genre humain. Combien sont morts ignorés, à qui il n'a manqué que la plus légère occasion pour être des Prométhée ou des Hercule ! Mon premier instituteur, le sage Hermodamas, ne vivra point dans la postérité. Ses vertus ne sont connues que de moi ; en est-il moins digne d'un long souvenir, parce qu'il n'a pas daigné charger la renommée de son nom ? Croyons qu'il n'est pas le seul que la modestie dérobe à la gloire, et sachons apprécier le travail des historiens. Les annales d'une nation, ou l'histoire universelle du genre humain, ressemblent à ces tables géographiques sur lesquelles on ne lit que les noms des plus grandes villes qui pèsent sur la terre, des principaux fleuves qui inondent les campagnes ; le ruisseau qui les fertilise, n'y trouve point place. Sur la terre, le mal se fait bien mieux remarquer que le bien.

Il faut aussi attribuer à une autre cause plus innocente les lacunes qui se trouvent dans l'histoire générale des temps primitifs. Alors chaque famille ne voyoit qu'elle dans l'univers, et ses travaux périssaient avec elle. Y a-t-on beaucoup perdu ? Nous avons quelques dates, quelques noms barbares de moins. Les hommes en masse ne figureront jamais avec avantage. Il n'y a que la nature qui gagne autant à être vue dans son ensemble que dans ses détails. Le genre humain, qui n'est qu'un fragment de l'universalité des choses, ne doit pas prétendre à occuper, à tenir la vaste scène du monde à lui seul. Le législateur et l'historien ne doivent pas embrasser une trop grande population. Lycurgue n'aurait pas si bien réussi à réformer la haute et basse Égypte, que le territoire borné de Lacédémone.

Mes chers disciples ! si jamais l'un de nous écrit l'histoire, que ce ne soit pas d'une grande nation ; il lui serait impossible de tout dire, et de parler avec connaissance des causes et des effets. Si l'un de nous propose des lois, que ce ne soit qu'à un peuple peu nombreux dont il saura bien les localités morales et physiques. Le tableau du genre humain, aussi exact qu'on peut l'imaginer, ne satisfait point, et ne répond pas à la grandeur du sujet. On est fâché de voir de grandes masses d'hommes rémuées par des enfans ; on s'attend à voir, parmi les nations, cette même harmonie, cette marche solennelle, et les phénomènes réguliers qu'offre la science astronomique dans la description des mouvemens des corps célestes. Il n'en est rien. L'histoire universelle des hommes, est véritablement l'image du cahos ; ce qui devait être élevé, occupe les derniers rangs : la vertu est sujette aux chances du hasard, et la nuit du mensonge se mêle au grand jour de la vérité : tout est désordre et ténèbres.

Un rayon d'espoir dut luire un moment. Ce que n'ont pu faire, pour le bonheur des hommes en société, le tribunal de l'aréopage et le conseil des amphictyons, le banquet des sept sages semblait le promettre. Un petit nombre de mortels, revêtus de tout l'ascendant que donnent les lumières, pouvait suffire pour fonder le régne de la raison et de la vérité. Ces sages se transportant tous ensemble chez les rois, pour leur inculquer la véritable science de gouverner, les eussent obligés, ou bien à déposer le sceptre du pouvoir, ou bien à le porter avec prudence et modération. Thalès, Mison, Cléobule, Chilon, Pittacus, Bias, et quelques autres, rassemblés à Corinthe, assis à la table du tyran Périandre, lui donnèrent familièrement des leçons de justice; alors on dut s'écrier : le genre humain est sauvé, et dans peu la terre sera le temple de la vertu et du bonheur; chaque peuple dira tour à tour à ces sages : « Venez aussi chez nous, nos despotes ont besoin de vos bons avis. » S'ils n'y défèrent point, d'autres, plus dociles à la voix de la sagesse, prendront leur place. Ainsi, sans guerres civiles, un petit groupe d'hommes éclairés et purs, feront révolution par tout où ils passeront. Le despote les redoutera encore plus qu'une armée. La Grèce, offrant la première ce phénomène, sera imitée des nations mêmes qui d'abord avaient été ses institutrices. Chaque empire aura aussi ses sept sages, désignés par l'opinion publique, pour exercer librement la magistrature de la raison. Sans être aux gages ni du peuple, ni des rois, ces hommes indépendans seront les médiateurs révérés et des rois, et du peuple.

Les illustres convives de Corinthe auraient pu prendre ce rôle sublime; mais ils n'ont pas connu leurs forces; ils n'ont pas sçu profiter de l'heureuse circonstance où le hasard les avait placés; ils se sont bornés à une conversation frivole en présence de Périandre (1) ; puis on s'est séparé, pour rentrer chacun dans ses foyers, au lieu de ne plus se quitter, et de parcourir successivement toutes les provinces de la Grèce et de l'Ionie.

Mes chers disciples, j'ai peine à me détacher de cette idée. Imaginez dix bons citoyens reconnus pour tels, et que le peuple prend sous sa sauve-garde. On vient leur apprendre qu'un gouvernement despote se dispose à frapper un coup d'autorité arbitraire. Nos dix sages qui habitent sous le même toit, et ne marchent jamais qu'ensemble, se transportent tous au palais des gouvernans, et leur disent : « Nous venons vous demander le repas de l'hospitalité ». Ils sont accueillis avec l'air de l'empressement ; au milieu du banquet, les gouvernans sont invités à s'expliquer sur les principes de leur administration ; Bacchus délie la langue des plus timides. C'est alors que nos dix sages ne craignent pas de faire entendre aux gouvernans, mal à leur aise, les vérités les plus fortes, les reproches les plus durs ; mais en même temps les conseils les plus salutaires pour leurs personnes, autant que pour la chose publique, leur sont donnés. Le soir, nos sages se lèvent de table, en prévenant leurs hôtes couverts de pourpre, qu'ils vont le lendemain écrire sur des tablettes exposées à la vue du peuple, la conversation qu'ils viennent de tenir au palais du gouvernement. En effet, ils rédigent en commun tout ce qu'ils ont dit au banquet des premiers magistrats, tout ce qu'ils

---

(1) Il est des listes des sept sages de la Grèce, où se trouve le nom de Périandre.

y ont

y ont entendu. Ils en font part à la cité. Les citoyens sont avertis de tout ce qui se trame contre eux. De ce moment, la mission de nos sages est remplie; c'est au peuple à agir comme il le juge à propos. Il est prévenu; leur devoir finit là. Qu'elle eût été puissante cette lutte d'un groupe de sages contre une poignée de tyrans! Oui! j'aime à le penser; le banquet des sept sages eût pu changer la face de l'univers.

Mais cette précieuse occasion une fois manquée, il est douteux qu'elle renaisse jamais si belle. Le démon des cours l'emporte sur le bon génie de la raison et de la justice.

Ce stérile hommage une fois rendu à la sagesse, la tyrannie croit avoir acquis le privilége de se permettre tout. Les gouvernans continuent leurs attentats avec la même impunité; ils en sont quittes pour se dire impudemment les protecteurs des hommes de génie; et ceux-ci, rentrés dans leurs maisons, y ouvrent des écoles, pour y former d'autres sages obscurs et sans pouvoir : et voilà tout le fruit qu'on a recolté de cette semence divine qui devait produire la félicité et la perfection du genre humain. Si du moins les peuples mieux avisés disaient aux sages : « Nous voulons que vous soyez nos guides; marchez à notre tête : votre œil pénétrant nous découvrira les dangers qui nous environnent. Vous nous dénoncerez les excès des cours, les abus de l'autorité. Nous voulons que vous disiez la vérité sans voile et sans crainte. Nous serons derrière vous, pour vous soutenir; instruisez-nous : apprenez-nous à pouvoir un jour nous passer de tyrans, à nous gouverner nous-mêmes, à administrer nous-mêmes nos propres affaires ». Mais les peuples, loin de sentir toute l'importance des lumières acquises par la méditation, ont persécuté presque tous leurs législateurs, parce qu'il s'est trouvé des ambitieux dans le nombre. Pareille fortune attend les sages, pour peu qu'ils se produisent au grand jour.

§. CXLVII.

Pythagore reprend son voyage dans l'Elide et l'Achaïe.

J'allai par Letrins à *Elis* (1), où les athlètes se préparent aux jeux olympiques, dans le *Xiste*; c'est un lieu d'exercice, ainsi appelé, parce qu'Hercule encore jeune, pour se rompre au travail et en contracter l'heureuse habitude, venait tous les jours arracher les ronces et les épines de ce territoire alors sauvage : leçon utile, dont la Grèce perpétue avec raison le souvenir. Plusieurs adolescens, armés du *routron* (2), fortifiaient les parties supérieures de leur corps, en remuant la terre, et se jetaient du sable.

Dans ce *lieu sacré* on me montra le cénotaphe d'Achille. Les citoyennes d'Elis y viennent le soir pleurer la mort du héros. J'ai remarqué que les femmes ont toujours eu de la prédi-

---

(1) Aujourd. *Gastouni*; selon d'autres, *Langavico*, en Morée, dans la province de Belvedère, qui a succédé à l'Elide.

(2) *Rutrum* en latin, espèce de bêche, ou de rateau. *Mém. de l'acad. des insc.* I. p. 241.

lection pour les gens de guerre. De tout temps, elles leur ont accordé la préférence sur les autres états de la vie civile. L'air entreprenant qui caractérise un guerrier, ce panache qui ombrage sa tête, les armes qui jettent tant d'éclat entre ses mains, tout en lui flatte la vanité des jeunes Omphales, et leur promet des plaisirs plus prompts, des jouissances plus nombreuses et plus ardentes. Quel triomphe pour les femmes qui d'ordinaire ne sont pas braves, de désarmer la bravoure même, de badiner avec le fer d'un héros redoutable, de voir tremblant à leurs pieds celui que tout un peuple de soldats redoute, de faire répandre des larmes de plaisir à celui qui vient de verser du sang. Il est une victoire plus noble, et qui devrait avoir plus de charmes aux yeux du sexe. Un guerrier farouche perd sa férocité auprès de celle qu'il aime. Un vainqueur qu'enivre la gloire, apprend auprès d'elle à pardonner aux vaincus; et son courage tempéré par la douceur, devenu moins fougueux, n'en devient aussi que plus éclairé. Les Athéniens disent que Mars souillé de meurtres, et se voyant en horreur, s'associa Vénus, pour faire supporter sa présence trop redoutée.

Mon guide ne me laissa pas ignorer que ce monument d'Achille, objet du culte des citoyennes d'Elis, est à l'extrémité de la rue du Silence. La place publique est ornée de temples dédiés au soleil et à la lune; les Grâces y ont un sanctuaire où elles sont sculptées en bois: on a doré leurs vêtemens. La tête, les mains et les pieds sont en marbre blanc; l'une porte un bouquet de myrthe, l'autre de roses, et la troisième un dé : le jeune Amour se trouve à leur droite, groupé avec elles sur la même base. Tout auprès, on a construit un temple à l'ivresse ; on y voit Silène pouvant à peine tendre sa coupe vide pour la remplir. Le rapprochement de tous ces objets est-il fortuit ? c'est ce qu'on ne put me dire.

Tout près encore de cette même place, sous une rotonde formée de plusieurs pilastres de bois de chêne, je vis avec quelque surprise, sur le même autel, une Vénus céleste en buis, et la Vénus vulgaire, en cornouiller. La ville d'Elis pense à leur substituer bientôt deux autres statues, l'une d'or et d'ivoire ; l'autre sera de bronze : on leur conservera la même attitude et les mêmes attributs.

Vénus céleste a le pied posé sur une tortue (1) ; symbole de la retraite et du silence qu'une épouse doit observer.

La Vénus vulgaire est assise sur un bouc.

Jupiter est honoré dans Elis. Le grand voile qui ferme le sanctuaire de son temple descend de la voûte, en sens contraire à celui d'Ephèse.

On me dit que dans une autre section de la ville, la fortune a un temple ; sa statue colossale, de bois doré, excepté le visage, les mains et les pieds qui sont de marbre, occupe tout le vestibule. En y réfléchissant davantage, l'artiste lui eût donné des pieds d'argile. Je me souciai peu d'aller sacrifier à la fortune.

Je préférai d'assister à une fête bachique que les Eléens appellent *Thya*. Le culte, quoique mystérieux, est fort gai. Le pontife

---

(1) Plutarque, *Isis et Osiris*.

de la Divinité ordonna d'apporter sur son autel trois amphores vides qu'il offrit à vérifier aux spectateurs. Nous sortîmes tous, et le même prêtre apposa son sceau sur la porte du temple; il m'invita même à y joindre le mien. Ce jour-là, j'avais au doigt une pierre gravée représentant le dieu Canope. On nous pria de revenir le lendemain. Je m'y rendis l'un des premiers. Les sceaux étaient intacts. Nous entrâmes; les trois amphores se trouvèrent remplies de la liqueur de Bacchus. Le peuple autour de moi cria : Evoë ! Evoë ! *le prodige a eu lieu.* Je sortis aussitôt, pour porter ailleurs mon encens. Les Eléens passent pour menteurs (1); peut-être parce qu'ils aiment à boire. Le vin provoque la langue; la vérité se noye dans un flux de paroles. Ils sont, de plus, bons cuisiniers.

Ils n'ont pas raison d'être si fiers de la truffe dont leur territoire abonde : elle leur coûte assez cher. Ils ne sont redevables qu'aux orages de cette production végétale (2).

Mais ils devraient redouter davantage les tempêtes politiques. Cette petite république (3), qui forme à peine huit tribus et ne peut armer que neuf cents citoyens, n'est jamais parfaitement tranquille. Son sénat de quatre-vingt-dix têtes en est, sans doute, la cause première. Des magistrats qui ne quittent leur dignité qu'avec la vie et qui se choisissent eux-mêmes, sont de faibles garans de l'empire des lois. Les

---

(1) Athenæus. X. 4. *deipnos.*
(2) *Idem.* II.
(3) Xenophon. VII.

Eléens qui ne passent point pour braves (1), se donnent pour premier législateur Oxilas, ou **Oxeas**, fils d'Hercule. Beaucoup d'hommes d'état ont eu la prétention d'appartenir à ce législateur armé.

Si les Eléens posaient un gnomon de cent parties (2), il en résulterait soixante-quinze parties d'ombre. Leur plus long jour est de quatorze heures et un peu plus de la moitié d'une heure.

La charpente et le toit des maisons d'Élis, ainsi qu'à Lacédémone, sont de bois de liége, a défaut de l'yeuse qui ne croît pas communément dans ces deux contrées (3). On y cultive l'iris (4), dont la racine odorante sert de base à une huile parfumée (5).

La culture de la vigne fait tort en Élide à celle du lin qui, pourtant, est d'une grande finesse (6).

La ville d'Élis est sur le Penée. Je descendis ce fleuve paisible pour me rendre à *Cyllène* (7). C'est le principal port de l'Élide, et le point le plus rapproché de l'île Céphalonie.

Trois Divinités fort bien assorties ont des autels chez les Cylléniens ; Vénus, Esculape et Mercure. L'image de ce dernier ne serait point déplacée à Lampsaque (8).

---

(1) *Histoire de Philippe*, par Olivier. p. 232 et 233. tom. I. *in-12*.
(2) Plin. *hist. nat.* VI. 34.
(3) *Idem.* XVI. 8.
(4) *Idem.* XXI. 7.
(5) Homère parle d'une huile de rose, en usage à Troye.
(6) Pausan. V. 5. *voyage en Grèce*.
(7) Aujourd. *Chiarenza.*
(8) Cicer. *nat. deorum.* Pausan. *eliac.* II.

En m'éloignant du rivage de plusieurs stades, je me trouvai engagé dans de profondes vallées dont le sol me parut le plus fertile de tout le territoire de l'Élide. Là, je ne rencontrai presque point de monumens. Je communiquai ma remarque à un habitant du lieu qui me dit: « Nous préférons un bel arbre chargé de fruits à une belle statue de bois qui ne rapporte rien.

PYTHAGORE. La gloire....

L'HABITANT DE L'ELIDE. Nous la mettons à bien cultiver nos champs.

PYTHAGORE. Les jeux olympiques de Pise....?

L'HABITANT DE L'ELIDE. Des voyageurs comme toi, nous en ont dit un mot en passant; aucun de nous, de mémoire d'homme, ne s'y est présenté pour y disputer le prix de la course. Nous avons ici d'autres exercices non moins pénibles, mais plus profitables.... Cela t'étonne. Quelque chose de plus étonnant encore pour toi, c'est que nous n'avons jamais mis le pied dans aucune ville (1). Nous ne savons pas comment sont construites toutes ces belles cités qu'on nous vante, sans nous donner l'envie de sortir de nos rians vallons pour les voir. Nous n'avons pas de temps à perdre.

PYTHAGORE. Mortels heureux, puissiez-vous vivre ainsi long-temps encore!

L'HABITANT DE L'ELIDE. Nous l'espérons bien.

J'eus peine à m'arracher de ce lieu. Brillans spectacles de l'Elide! Jeux célébres de la Grèce! Courses magnifiques! Chars de triomphe! palmes du vainqueur! Qu'êtes-vous, aux yeux

---

(1) Strab, cité par Paw. Voy. *rech. sur les Grecs.* t. I.

de la raison naturelle, auprès d'un champ fertile cultivé par des mains pures ! O Grecs ! tant que vous irez dans la *Chersonèse Taurique* et en Sicile acheter le blé qui vous nourrit (1), vous ne serez pas pour moi le premier peuple de l'Europe : mais vous le déguisez en vain ; ô Grecs rusés ! le stade de Pise n'est qu'une place de commerce (2). Et la gloire olympique naquit un jour du cerveau de Mercure ou de Plutus. Ce petit territoire observe encore une vieille loi (3), suivie jadis dans toute l'Elide. Cette loi protectrice et prévoyante, défend d'aliéner le champ paternel.

Après avoir traversé le Larisse, je me trouvai sur les terres de l'Achaïe, renommée pour les belles femmes (4), et dans quelques heures de chemin à Palée ou Dyme (5), ville maritime illustrée dès la septième olympiade par un de ses habitans, nommé OEbotas qui remporta le prix du stade à Pise.

J'y vis plusieurs temples fort anciens. Un, entr'autres, est consacré à un certain dieu Attis, originaire de Phrygie et né impuissant par suite de l'irrégularité de sa naissance et pour en punir sa mère. C'était une nymphe du fleuve Sangar. Elle s'amusa un jour à cueillir des amandes, et les mit dans son sein ; le fruit de l'amandier disparut, pour faire place à un autre fruit ; la nymphe se trouva enceinte

---

(1) Aujourd. *la Crimée.*
(2) Voy. Paterculus. lib. I.
(3) Strabo. X. geogr. Pausanias. V. *voyage en Grèce.* Aristot. *polit.* VI. 4.
(4) Eustath. liv. II. am urs *d'Ismène et d'Isménias.*
(5) *Urbs Achaiae, ultima ad occasum.*

d'Attis. On rappelle cette aventure aux jeunes filles de Dyme, pour les détourner d'aller seules au bois d'amandiers voisin; et pourtant, elles y vont.

Pires, Anthée, Messatis et principalement Patra (1), ont des origines et des monumens plus honorables que le Mercure de Cyllène et l'Attis de Dyme. L'agriculture seule fonda les villes de toute cette région de l'Achaïe, visitée par Triptolème. Ce fut un de ses élèves qui bâtit Aroë (2), aujourd'hui Patra.

Autrefois ce territoire était hérissé de forêts; Diane y avait un culte exclusif que l'on conserve encore par attachement pour les antiques usages. On élève autour de l'autel de la Divinité chasseresse un rempart double de bois vert d'abord, puis de bois sec. La prêtresse, qui doit être une vierge, arrive montée sur un char attelé de deux cerfs (3). Elle met le feu au bucher dans lequel on a jeté, vivantes, des bêtes fauves. Une balustrade fort haute les empêche de s'échapper, quand la flamme les a rendu furieux. Du moins, il n'y a de sacrifié que des animaux nuisibles. Il en devrait être ainsi par tout ailleurs. Pourquoi ne pas immoler de jeunes ours et des louveteaux, de préférence au bœuf laborieux, à la chèvre nourricière? Jadis on y sacrifiait, chaque année, un jeune homme et une jeune fille, pour appaiser le ressentiment de la chaste Divinité. Sa prêtresse, parfaitement belle avait pour ami

---

(1) Degré de latitude, d'Aroë-Patra, 38 deg. 40 min.
(2) Eumelus.
(3) Tristan de Saint-Amant, *hist. des emper.* tom. I. *in-folio*. p. 515.

le plus beau de ses compagnons de chasse. Les deux familles se refusant à l'union de Cometho et de Melanippe, ils dressèrent leur lit nuptial dans le temple même. Il s'en suivit, assure-t-on, une stérilité générale et des épidémies sur les hommes et sur les autres animaux ; la Pythie consultée exigea des sacrifices humains. Ils eurent lieu pendant trop long-temps. Un compagnon d'Hercule les fit cesser. Il eut pour récompense la principauté de la ville d'Olène. On ne mérita jamais mieux le rang suprême. Qui sauve les hommes mérite de les gouverner. Il faut dire son nom et celui de son père. C'était Eurypyle, fils de Dexamène.

Sur la place publique de Patra, est un temple d'Apollon. Ce Dieu y figure nu, à l'exception des chaussures, qui lui recouvrent les pieds, en mémoire sans doute des ronces et des épines dont tout ce pays était couvert, avant que la vie agricole eût succédée au génie pastoral. Alors Apollon y était berger.

Les Calydoniens apportèrent dans cette ville le culte de Bacchus, qui devint la cause d'une aventure touchante et malheureuse. Une espèce de vertige s'était emparé de l'esprit des habitans, vraisemblablement à la suite d'une orgie que les prêtres avaient partagée (1). L'un d'eux, père de Corésus, amant rebuté de la jeune Callirhoë, pour se venger du dédain de

---

(1) Les prêtres ne montaient sur le trépied que quand ils se sentaient agités d'une fureur divine, qu'ils se procuraient en s'adjugeant les nombreuses libations de vin, offertes entre leurs mains sur les autels.

Page 58. *in-4°.* du *pantheon*, ou *figures de la fable*.

cette fille, l'a fait désigner par l'oracle, comme offrande expiatoire. Déjà le couteau sacré se lève sur elle. Corésus le ravit à la main du victimaire sans pitié, et se frappe ; il tombe devant l'autel, et aux pieds de celle qu'il aimait. Callirhoë s'empare à son tour du fer sanglant, fuit ; et touchée de tant d'amour, va s'immoler sur les bords verdoyans d'une fontaine voisine du port Calydon.

Dans la ville basse, baignée pour ainsi dire par la mer, près d'un temple dédié à la déesse qui rend ou conserve la santé (1) à l'ame et au corps, car l'une ne peut en jouir sans l'autre; près de ce temple, Vénus avait une statue qui vient de tomber dans les flots ; présage de jalousie sans doute. La déité qui fait aimer, ne partage pas volontiers le culte qu'on lui rend, avec le Dieu qui fait boire. Les habitans paraissent décidés à ne point aller chercher la statue au fond de la mer ; ils laissent ce soin à la postérité. On dit les femmes de Patra très-portées à l'amour : cela peut-il être autrement ? elles sont en nombre double de celui des hommes, et ceux-ci préfèrent constamment le pampre au myrthe.

Par suite de leur complexion, les Achéennes ne sont pas très-laborieuses. Serait-ce pour les rappeler aux travaux domestiques, que dans Erithrée, ville de cette province de la Grèce, est une statue de Minerve, en bois, presque colossale, et représentée assise, tenant une quenouille de ses deux mains.

On me parla d'une fontaine de vérité ; (2) j'étais

---

(1) La divinité *Salus*.
(2) Pausan. *Achaïc.*

déjà en route pour m'y rendre, quand j'appris qu'elle faisait des prodiges ; je n'allai pas plus loin et rebroussai chemin à travers des champs de *Byssus* (1). Lachaïe est la seule contrée de la Grèce où se trouve cette espèce de lin si précieuse aux hommes et aux femmes ; celles-ci n'hésitent pas d'en acheter un scrupule (2), au prix de quatre deniers (3).

Les citoyennes de Patras (4) passent presque toute leur vie à filer du byssus (5).

Pour aller à Pharée, je traversai une vieille forêt de platanes, si gros, qu'on peut habiter plusieurs personnes à la fois dans le creux de leur souche.

Dans la place du marché, je vis une statue de Vesta, environnée de lampes de bronze, attachées l'une à l'autre, et soudées avec du plomb.

La déesse n'exauce les prières que de celui qui, avant tout, se charge de leur entretien. Il ne faut pas oublier non plus de lui mettre dans la main plusieurs pièces de cuivre : Vesta est sourde pour ceux qui n'ont point d'huile ni de monnaie.

Près d'un vivier dont les poissons passent pour sacrés, afin que le profane n'y touche point, je remarquai avec surprise trente pierres carrées, et rangées avec beaucoup d'ordre autour d'un hermès, et sur chacune je lus le nom d'une divinité. On me dit que les premiers

---

(1) Pausan. *eliac.* I. Plin. *hist. nat.* XIX. 1.
(2) Il en faut deux cent quatre-vingt-huit pour une livre.
(3) Trente-deux sols. 1 fr. 60 centim.
(4) Pausan. *Achaïc.*
(5) Du coton.

habitans de la Grèce n'avaient point d'autres statues, ni de temples ; un bois de laurier en tenait lieu, comme ici. On venait poser sa petite offrande sur le cube de pierre dont on adoptait le Dieu ; on s'y recueillait un moment, puis on allait à son travail d'un pas plus alégre.

Mœurs précieuses, qu'êtes-vous devenues ?

Ces cubes de pierre, en nombre égal aux jours du mois, pourraient bien avoir servi, jadis, de calendrier. L'astronomie politique et religieuse, la première, peut-être, de toutes les institutions sociales, a du commencer par les monumens les plus simples. On consultait, chaque matin, l'un de ces cubes, où le savant d'alors avait tracé la figure de l'astre de chaque jour ; le prêtre vint ensuite métamorphoser ces pierres en dieux.

A Tritée, ville distante de soixante et quelques stades de celle de Pharée, je ne vis autre chose de bien remarquable que *le temple des plus grands Dieux* ; c'est ainsi qu'on me le désigna dans le pays. Les statues de ces plus grands Dieux ne sont que de terre. Ils les regretteront, quand on en substituera d'ivoire ou de marbre, de bronze ou d'or. Les habitans de Tritée reconnaissent pour fondateur une femme, la fille de Triton, ancien homme de mer.

A travers une contrée montueuse, j'arrivai péniblement à Ægium, ville maritime, sur laquelle on avait piqué ma curiosité. Près d'un sanctuaire de Lucine, où cette déité est représentée couverte d'un voile fin de la tête aux pieds, je lisais, dans le temple d'Esculape, des jambes gravés sur la base d'une statue d'Hygie ; un habitant du lieu vint à moi, et me demanda le nom de ma patrie ; mon vêtement l'avait frappé. Sidon, me répliqua-t-il, est le pays de la superstition.

Je crus devoir prendre la défense de ma patrie : cependant, lui dis-je, les Phéniciens l'emportent de beaucoup sur les Grecs (1), dans la connaissance des choses divines et humaines, et ce temple même m'en fournira la preuve. Comme vous, nous croyons Esculape fils d'Apollon ; mais les peuples de la Phénicie se gardent bien d'imiter ceux de la Grèce, qui lui donnent pour mère une mortelle ; car nous savons qu'Esculape n'est autre chose que la bonne température de l'air, principe de la santé. A l'égard d'Apollon, qui est le soleil même, rien de plus raisonnable que de le regarder comme le père d'Esculape. La course annuelle qu'il remplit, règle les saisons, et donne à l'air ce juste tempéramment qui en fait la salubrité.

Nous sommes d'accord, me répondit le citoyen d'Ægium : les Grecs pensent comme les Phéniciens. Voyageur, si tu passes à Titané en Sicyonie, on te montrera une statue représentant à elle seule Esculape et la santé tout ensemble. Il m'ajouta, en me quittant : Que le soleil soit le père de la vie, c'est une chose reconnue de tout le monde en Grèce, même des enfans (2).

Je le rappelai pour lui demander la cause

---

(1) Pausan. *voyage en Grèce*.
(2) L'épisode précédent est pris presque mot pour mot dans Pausanias. Son texte, en cet endroit, est précieux. Il renferme tout le système de l'auteur (Dupuis) de l'*Origine des cultes*.

de l'espèce d'abandon où je voyais quatre Dieux, Jupiter et Minerve, Eole et Neptune.

Tu veux parler de leurs statues ; elles ne sont point à nous : elles appartiennent aux habitans d'Argos ; nous n'en sommes que les dépositaires ; je prévois qu'elles nous resteront : pendant long-temps, nous nous acquittâmes des sacrifices qui leur sont dûs. Seulement, nous nous avisâmes de ne pas nous en acquitter en pure perte pour nous ; en conséquence nous avions destiné à des repas publics les restes de l'autel des Dieux.

Pythagore. Rien de mieux avisé.

L'habitant d'Ægium. A présent les Argiens nous redemandent leurs statues ; nous sommes prêts à les leur rendre : mais nous voulons être défrayés des dépenses extraordinaires qu'elles ont provoquées ; ce à quoi ils ne veulent pas entendre, parce que nous en avons vécu. Comme nous existions bien, avant ces sacrifices, nous gardons le dépôt en nantissement de nos avances; mais nous avons cessé le culte.

Ainsi, me dis-je, très-bas en sortant ; les hommes mêmes les plus superstitieux, subordonnent les intérêts du ciel à ceux de la terre, et c'est bien dans la nature des choses.

Un usage qui n'est pas commun à beaucoup d'autres villes, c'est que le prêtre de Jupiter est le plus bel enfant d'Ægium ; devenu homme, on lui choisit un successeur. On parle d'abolir cette coutume religieuse : on aurait tort.

Tout-à-fait sur le rivage de la mer de Corinthe, à quarante stades d'Ægium, je visitai un très-beau bourg, que l'on nomme Helice. Les habitans réparaient leurs maisons, violemment tourmentées par un tremblement de terre, dont un temple de Neptune n'a pas eu le pouvoir de les préserver. Ils périront un jour sous les décombres.

En quittant le rivage, on trouve la montagne, le fleuve et la ville de Cerynée ; on ne voulut pas me laisser entrer dans le temple des Euménides, bâti par Oreste. Je m'en consolai, quand on m'eut dit qu'il n'y avait que les trois statues en bois de ces divinités redoutables. Des femmes en sont les prêtresses. Le remords devrait en être le seul ministre.

Je visitai Æge, ville maritime, qu'arrose le Crathis, et dont l'immortelle *Iliade* (1) vante la richesse due à sa piété envers Neptune. Le temple du Dieu subsiste encore; mais les habitans ont perdu leur éclat. La misère hideuse est dans leurs murs, qu'ils seront obligés d'abandonner bientôt. On ne vient plus chez eux, depuis qu'un temple de la *Déesse au large sein* est en vogue, à trente stades de distance. J'y allai. Je vis la statue qui n'est que de bois. Elle représente *la Terre* dans toute sa fécondité. Ses mammelles sont pleines. La prêtresse est condamnée au célibat. Quelle inconséquence ! Je fis part de ma réflexion au Néocore; il me répliqua avec gravité, par cette formule trop usitée en Grèce : laissons les choses (2) comme elles sont, et comme elles ont toujours été.

A douze stades du port d'Ægire, je montai à la ville de ce nom, que le divin Homère appelle *Hypérésie*. On y voit un temple de Diane, dont la voûte est chargées d'ornemens.

---

(1) Homer. *Iliad.* VIII. 1.
(2) Pausan. *arc.* XXXVIII.

Il renferme une statue de l'infortunée Iphigénie. Apollon aussi a ses autels et un culte chez les Ægirotes. Son image collossale est toute de bois, sans aucune parure. La déesse de l'abondance, que les habitans honorent sous le titre de la Fortune, a son temple particulier où on peut la voir, portant sur son bras la corne d'Amalthée, et tenant par la main, l'amour ailé. Étranger, me dit un citoyen qui me surprit tout pensif, les yeux attachés sur ce groupe : ne vas pas croire que nous ayons voulu donner à entendre, comme on nous en accuse (1), qu'en amour, la fortune fait plus que la beauté : non ! ce n'est pas notre intention ; nous pensons, au contraire, qu'avec l'amour on ne manque jamais de rien. On est riche assez quand on aime.

Mes chers disciples, gardez vous de confondre la cité d'Ægire et une île de ce nom, dépendant de la même région (2). Dans cet île d'Ægire, est un oracle dont le prêtre ne peut proférer une parole, qu'après avoir bu du sang (3). Ce rit dégoûtant attire la foule.

Je repris ma route à travers Phelloé. Cette ville est peu de chose et a fait peu parler d'elle ; mais que sa situation est délicieuse ! De beaux vignobles, des bois toujours verts, des sources fraîches et de jolis ruisseaux, en font toute la richesse. Bacchus en est la première divinité. On en a sculpté la statue dans

---

(1) Cette explication est plus naturelle, ce semble, que celle donnée par Pausanias.
(2) L'Achaïe.
(3) *In hâc insulâ non nisi sanguine epoto sacerdos non vaticinabatur.* Car. Steph. *dictionn.* in-4°.

un gros cep de vigne. Tous les ans aux vendanges, les jeunes filles de Phelloé, lui peignent les joues avec de la lie de vin nouveau.

Le dieu des raisins est honoré d'un culte plus brillant, à Pellene, ville assez considérable, séparée de Phelloë par des montagnes, et de la mer, par soixante stades de chemin (1). Sa fête qui tombe en automne, se célébre le soir après les travaux.

On allume des lampes devant chaque maison, et des flots de vin coulent dans les places publiques, où l'eau manque souvent par la disette de sources. Les pluies seules en fournissent. On vint au-devant de moi, une coupe pleine à la main : c'est l'usage de Pellene. Tout étranger doit prendre part à la joie commune. Il me fallut tout au moins mouiller mes lèvres de la liqueur bachique, pour ne pas encourir la défaveur des habitans (2).

Au bas de la ville est une arène, où je vis s'exercer toute la jeunesse. J'admirai l'émulation des combattans, et le soin qu'ils prennent de se faire voir et applaudir. Étranger, me dit-on, n'en sois pas surpris ; notre république interdit l'entrée aux places honorables à ceux qui ne peuvent prouver leur assiduité aux exercices du gymnase. Nous pensons ici, que le développement des forces du corps, contribue beaucoup à celui des facultés de l'ame.

Les Pellenéens ne me parurent point hommes à souffrir au-dessus d'eux un maître.

---

(1) Strabo. *geogr.* VIII.
(2) Pausan. *Achaï.*

Apollon l'hospitalier (1), a un temple parmi eux. Tout voyageur lui doit un hommage; j'allai lui rendre le mien. Ce culte n'est pas la seule institution imaginée par les Grecs en faveur de ceux qui voyagent. Sur les grands chemins, dans la saison des fruits, on en dépose les prémices au pied de la statue de Mercure (2), et à l'usage de tout homme qui fait route.

Pellene (3), composée de maisons éparses sur les flancs d'une montagne, reconnaît pour fondateur, un géant dont elle porte le nom. On y fabrique en laine (4) de chauds vêtemens qui ont de la réputation (5).

On me conseilla de continuer mon chemin au temple de Cérès, bâti sur le territoire qu'on nomme le Mysée, à soixante stades de Pellene, au milieu d'un bois planté d'arbres de toute espèce et rafraîchi par plusieurs ruisseaux. J'entrai dans le temple de la déesse, parce que sa fête était passée. Elle dure sept jours. Au troisième, les femmes s'emparent du sanctuaire et en chassent tous les hommes et tous les chiens. Le dernier jour, les deux sexes se rejoignent et se livrent à la joie la plus bruyante. On y plaisante beaucoup sur la singularité de ce culte. Les peuples doivent se trouver heureux, quand leurs cérémonies religieuses ne prêtent qu'au ridicule.

---

(1) Theoxenius.
(2) *Chiliad. Erasmi.*
(3) Ptolem. III. 16. Pausan. *voyage en Grèce.*
(4) *Lanae pellenicae.* proverb.
(5) Pollux. *pellenaea vestis.* prov.

§. CXLVIII.

Voyage en Arcadie.

Je quittai l'Achaïe aux neuf montagnes (1), pour passer dans la contrée jadis heureuse des Arcadiens placée au centre de la Grèce. Ils regardent comme leur fondateur Pélasgus, aventurier dont on ignore la patrie; il vint un jour rassembler sur une montagne tous les *Apidores* (2), (les premiers habitans de l'Arcadie portaient ce nom); et leur dit : « Tristes familles ! Peuplades ignorées, que faites-vous, ainsi, dans le creux de vos roches ? Apprenez de moi à vous construire des cabanes. Pourquoi ne pas vous revêtir de la peau du sanglier qui tombe sous vos traits, à l'exemple des habitans de la Phocide ? Des herbages, des feuilles d'arbre et des racines ont fait jusqu'aujourd'hui votre nourriture. Essayez de convertir à votre usage le fruit du hêtre ; celui du chêne vous rendra (3) aussi robustes que lui (4). Emprisonnés dans vos montagnes, vous vivez sans émulation et vous mourez sans gloire, loin des côtes maritimes. Offrez vos bras et

---

(1) Plin. *hist. nat.* IV. 5.
(2) Callim. *hymn.* I.
(3) *Glandem chaoniam.* Virgil.
Quercus aesculus, ou *esculenta*, le seul dont les hommes puissent se nourrir, le chêne de la Chaonie.
Voy. Plin. *hist nat.* XVI. 5.

(4) On appela long-temps les Arcadiens des mangeurs de glands.

vos armes à la nation qui se sentira trop faible pour repousser une injustice ou pour défendre son indépendance (1).

Les peuples innocens de l'heureuse Arcadie, loin de rejeter ce premier germe d'ambition qu'on leur apportait, voulurent de ce moment figurer aussi dans la Grèce, voulurent avoir des cités ceintes de murailles, et un roi pour lui obéir; Pélasgus le fut, comme il s'y attendait, sous le titre de *Lucumon* (2). Il institua aussitôt un culte à Jupiter et les jeux lycéens. Il faut au peuple des Dieux et des exercices violens. Les lycéens d'Arcadie précédèrent les Panathenées de l'Attique fondée par Thesée. Mais le fils de Pelasgus, Lycaon, aussi cruel que l'animal dont il portait le titre (3), moins sage ou moins habile que Cecrops d'Athènes son contemporain, sacrifia des enfans sur l'autel de Jupiter Lycæus; et flagellait les jeunes filles rebelles à ses vœux (4), sous prétexte de les consacrer à la sévère Diane. Pas une mère de famille n'osa se recrier contre une aussi abominable religion; et les pères s'en tinrent à publier que le roi d'Arcadie avait été métamorphosé en loup par l'ordre des Divinités. Ses successeurs en agirent mieux. L'un d'eux

---

(1) Les Arcadiens, comme les Suisses aujourd'hui, se louaient aux princes qui voulaient les soudoyer, dit l'abbé Gedoyn, traducteur de Pausanias.

(2) Ce mot et la dignité suprême qu'il représente, passèrent aux Latins, aux Pélasges tyrrheniens, aux Aborigènes de l'Hespérie, et autres colonies des Arcadiens, sur le rivage de l'antique Ausonie.
Varron et Scaliger.

(3) *Lycaon*, loup.
(4) Tomas. *de donar.* cap. 40.

Arcas éclipsa tous les autres et mérita de donner son nom à la contrée. Disciple de Triptolème, il apprit aux habitans à semer le blé, et aux femmes à pétrir le grain écrasé sous la pierre. Elève d'Aristée, il leur enseigna l'usage du miel et l'art de convertir le lait en un aliment plus substantiel (1). Il se choisit pour femme une jeune fille, grande chasseresse et toujours errante dans les bois. C'est pour cela que les poëtes qualifient de *dryade* l'épouse d'Arcas. Il parvint à lui inspirer le goût d'une vie plus sédentaire. Elle s'appelait Erato. Elle-même, à son tour, enseigna aux Arcadiennes à filer la laine des troupeaux; et même à la tisser pour se procurer des vêtemens moins grossiers que la dépouille des bêtes fauves.

De brutes qu'ils étaient, les Arcadiens devinrent des hommes; ils n'en restèrent pas là. Ils voulurent être guerriers. On les vit soldats au siége de Troye. Que ne se bornaient-ils au commerce qu'ils firent d'abord par l'entremise des Eginètes débarqués à Cyllène et s'offrant à conduire leurs marchandises sur des mulets jusqu'en Arcadie! Pourquoi prendre parti dans les querelles sanglantes des Messéniens et des Spartiates?

Les montagnards de l'Arcadie sont encore très-pauvres. Une tunique de cuir de bœuf est tout leur vêtement. Ils suspendent à leurs oreilles des osselets de bois (2).

Ce sont des Grecs, comme les habitans de

---

(1) Le fromage; le beurre ne fut connu que long-temps après.

(2) Anacréon, cité par Athénée. XII.

l'Attique. Et cependant ceux-ci se font déjà porter sur une litière et couvrent leur col de chaînettes d'or ; leurs femmes ne sortent point, sans se garantir la tête des rayons du midi sous un parasol d'ivoire. Les Arcadiens appellent la rose dont leur pays abonde *énomphale* (1), comme pour désigner la plus suave de toutes les fleurs. Mais, avant tout, ils se vantent de leur haute origine : nous sommes, me dirent-ils, antérieurs à la lune (2), puisque la lune est notre première reine ; or, une nation existe, avant le souverain qu'elle place à sa tête.

Ils m'ajoutèrent quelque chose de plus important et de plus sensé. Je leur demandai : Parmi vos cités, laquelle obtient le rang de capitale (3) ? — Nous n'en avons point.

PYTHAGORE. Où tenez-vous donc vos assemblées politiques?

L'ARCADIENNE. Par tout où nous croyons bon être, mais toujours en rase campagne.

Je dirigeai mes premières courses vers *Mantinée* (4) ; et le premier monument remarquable qui s'offrit à moi fut le temple de Vénus la Noire, près d'une fontaine. Ce n'est pas au sein des villes les plus florissantes qu'on observe le mieux les convenances, compagnes des bonnes mœurs. Un bon Arcadien m'expliqua naïvement l'intention de ce culte. Les animaux, me dit-il, s'accouplent indifféremment, le jour ou la nuit. L'homme et la

---

(1) Athenée. XV. *deipnos.*
(2) D'où le proverbe : *antiquiores lunâ.*
(3) Polybius. IV. *hist.*
(4) Aujourd. *Manti.*

femme préfèrent les ténèbres. Ils y sont plus à eux. Rien ne les distrait.

Il me tardait de toucher le tombeau d'Arcas dont les ossemens transportés de Ménale à Mantinée, sont déposés dans cette dernière ville sur les autels du soleil. Je devais commencer mes recherches par le véritable législateur des Arcadiens. Sa cendre est conservée avec un soin religieux dans une rotonde où l'on entretient le feu sacré qu'ils appellent le feu commun (1). En effet, rien n'est plus sacré que ce qui est généralement utile. J'appris avec peine qu'il fallut un oracle de Delphes pour déterminer les habitans de l'Arcadie à s'acquitter envers leur bienfaicteur.

Le plan de la ville de Mantinée est semblable à la toile des insectes qui filent (2). Les plus belles routes du pays viennent y aboutir, comme à un centre, quoi qu'elle soit loin d'occuper le point milieu de l'Arcadie. On ne peut lui disputer l'excellence des raves que produit son territoire (3).

Mais nos lois sont encore meilleures, me fit observer un homme du pays avec une simplicité qui me charma. Tout se fait au nom du peuple, rien par lui. Nous n'élisons même pas nous-mêmes nos magistrats (4). Nous abandonnons l'importance de ce choix à un petit nombre d'entre nous connus par leur sagesse et leur sagacité. Mantinée n'est pas tout-à-fait démocratique, parce que tant de perfection

---

(1) Pausan. *Achaïc.*
(2) Strabo. *geogr.* VIII.
(3) Athen. *l. deipnos.*
(4) Thucyd. V. Aristotel. *polit.* Polyb. VI.

n'est pas donnée aux hommes. Nous n'exerçons pas nos droits dans la crainte d'en abuser. Mais quiconque en voudrait profiter pour nous les ravir, trouverait des citoyens capables de les faire valoir.

Sur la route qui mène de Mantinée chez les Tégéens, est une plaine servant de lice pour la course des chevaux, et consacrée par un temple à Neptune *Hippius*. On fait honneur de sa construction à Trophonius ; lui-même, dit-on, en posa la charpente de bois de chêne. Nul mortel n'y peut entrer ; une bandelette de laine, tendue devant la porte en est la seule barrière, jusqu'à présent plus respectée qu'une fermeture d'airain. Et c'est ainsi qu'on devrait toujours en agir avec les hommes.

Dans les états despotiques, la porte des palais, des promenoirs publics, même des lieux destinés aux fêtes, est hérissée de lances. Au sein de la paix, on rencontre à chaque pas l'appareil menaçant de la guerre.

Une vieille tradition, vestige des anciennes révolutions du globe, veut que la mer passe sous ce temple de Neptune. Et cette réminiscence lui a valu des autels, et le nom de Pelasgus à un bois fort épais de chênes de l'espèce qui donne le liége.

A cinq stades plus loin, je mouillai d'une larme la sépulture des trop crédules filles de Pélias (1). Leur exemple n'a point guéri les hommes de la confiance aveugle qu'ils ont tous dans toutes les espèces de charlatanisme. La route des Mantinéens à Orchomène est honorée du tombeau de Pénélope sur une petite

---

(1) Ovid. *metam*. lib. VII.

élévation de terre. La mémoire de cette épouse fidelle soufre des contradicteurs en Arcadie. On l'accuse d'avoir elle même provoqué le désordre qu'Ulysse trouva dans sa maison à son retour. On va jusqu'à publier qu'il la chassa de son palais : n'en disons rien aux citoyennes de Crôtone.

Une montagne separe le territoire de Mantinée de celui des Orchoméniens. Là, est un temple commun aux deux nations, et consacré à Diane *Hymnia*. La prêtresse fait le serment de vivre dans la continence la plus complète; et l'usage du bain lui est interdit. Cette dernière loi m'étonne, et n'est pas digne des Grecs. C'est un reste de la grossièreté de leurs ancêtres. Le creux d'un vieux cédre sert de tabernacle à la statue de la déesse qui est de bois aussi (1). A certains jours, il y a foule. Et les magistrats s'en applaudissent. Le peuple à genoux n'est pas à craindre.

Le bourg *Orchomène* (2), riche en troupeaux, occupe la cime de la montagne. Au bas, je vis plusieurs monceaux de pierres brutes. On me dit que c'étaient des sépultures de guerriers. Aucune inscription ne le confirme. Huit stades plus loin, une autre montagne sépare encore les Orchoméniens des Phénéates. Les peuples devraient ainsi prendre toujours pour limites celles qui leur sont posées des mains de la

---

(1) Le même usage se retrouvait en France, et sans doute ailleurs encore. Tout près Paris, dans le bois de la Muette, on voyait n'aguère une image de la vierge Marie, enchâssée dans le creux d'un vieux chêne. Le peuple, par tout, est le même.

(2) Homer. *Iliad*.

nature. Ils éviteraient bien des dissensions politiques. Amilos et Caphyes sont deux autres petites villes placées de même sur des hauteurs. Phénéon a semblable site et s'en est trouvée bien, lors d'une crue d'eau subite qui s'éleva à mi-chemin du pied de la montagne à la ville. Là, est un temple à Cérès où l'on célébre les grands mystères avec la même solennité qu'à Éleusis. Pour plus grande régularité, l'hiérophante consulte un écrit conservé entre deux pierres près du vestibule. Cette petite circonstance donne beaucoup de relief au rit qu'il professe. Ce culte n'en avait pas besoin ; il est l'expression de la reconnaissance. La bonne déesse, en retour de l'accueil distingué qu'elle reçut des Phénéates, leur donna toutes sortes de graines, à l'exception des fèves, légume épais et dont le fréquent usage abrutit le peuple.

Je conduisis mes pas jusque sur le mont Cyllène (1), le plus élevé de tous ceux de l'Arcadie. Sa cime a quinze stades (2). J'y vis un temple de Mercure. Sa statue, au-dessus des proportions ordinaires, est de bois de citronier. Les merles au plumage blanc ne sont pas très-rares en ce lieu. Une autre élévation voisine s'appelle *Chelydorée* : parce que Mercure y trouva une tortue, et de son écaille se fit une lyre.

Cette contrée me donna encore plusieurs autres origines. Le divin Homère parle beaucoup du styx. Ce n'est point une fiction. Près de la petite ville Nonacris, les rochers aroa-

---

(1) Dicæarque, cité dans les *élémens astronom.* de Geminus.

(2) Ou deux mille pas.

niens d'une prodigieuse élévation, laissent tomber, pour ainsi dire, goutte à goutte, mais sans interruption, une eau qui est mortelle pour les hommes et pour les autres animaux. Déposée dans des vases murrhins (1), elle les dissout. Ce phénomène de la nature prêtait beaucoup à la poësie. Je ne pris pas le temps de vérifier les étranges vertus qu'on attribue au styx redoutable. L'homme seul était l'objet de mes voyages.

En avançant un peu, à deux stades de la ville des Cynethéens, est une fontaine qu'ombrage un plane. En s'y plongeant trois fois, on guérit de la morsure d'animaux malades. J'ai eu lieu d'observer dans mes courses que le bien et le mal se touchent presque toujours.

Delà, je descendis sur les rives enchantées du Ladon; puis sur celles du fleuve Aroanius peuplé de poissons tachetés (2); à certains jours, après le coucher du soleil, ils rompent le silence, me dit-on, et jettent un cri semblable à celui de la grive. On m'invita à demeurer, pour ouïr cette merveille. Je doublai le pas, pour me rendre à Clitore, jolie ville bâtie au milieu d'une plaine, entre plusieurs collines; je ne manquai pas de visiter le temple de la belle fileuse. C'est ainsi qu'Olen, de Lycie, antérieur au divin Homère, désigne dans ses vieux hymnes, la parque Ilithye, la dernière des filles du destin.

Sur les rives du Ladon, je m'arrêtai un mo-

---

(1) Voy. Plin. *hist. nat.* et l'ac..d. *des inscriptions*, tom. XLIII. *in*-4°.
(2) *Poeciles.*

ment au tombeau de la nourrice du *médecin irréprochable*.

Vous savez qu'Homère désigne ainsi Esculape (1). Ce Dieu ou plutôt ce père de la médecine a un petit sanctuaire tout près de là. On y conserve et l'on m'y montra des ossemens humains (2) qui prouvent que nous avons bien dégénéré de nos ancêtres. Ils étaient d'une stature beaucoup au-dessus de la nôtre. Aussi fait-on remonter cette race d'hommes jusqu'au siècle de Rhée.

En revenant un peu sur mes pas, j'entrai un moment dans la ville de Stymphale, sise près d'un lac. Diane y a une statue de bois doré, sous une voûte peinte, représentant de jeunes filles ailées avec des cuisses et des jambes d'oiseaux. Ces images bisarres plaisent au peuple, et l'attachent à son culte.

Insensible aux beautés simples de la nature, pour l'émouvoir ou le contenir, il lui faut des monstres; et ses gouvernans le deviennent presque tous.

A quelque distance est la ville Aléa, que les habitans de l'Argolique disputent à ceux de l'Arcadie. Trois temples, qui ne sont jamais déserts, vivifient cette cité limitrophe. Minerve, Diane et Bacchus (3) se divisent l'empire sur l'esprit des habitans et des nations voisines.

On me demanda si j'avais assisté, dans Sparte, à la flagellation des jeunes enfans, aux autels de Diane Orthia. « Séjourne ici quelque temps,

---

(1) Pausan. *voyage en Grèce*.
(2) Ils furent transportés, depuis Pythagore, à Mégalopolis.
(3) Herodot. I.

pareil cérémonial a lieu ; mais nos femmes en font les honneurs : nous les fustigeons au pied de la statue du Dieu du vin.

PYTHAGORE. Quel est le barbare, fondateur de cet usage ?

Nous ne nous piquons pas, me fut-il répondu, d'être plus sages que l'oracle de Delphes. Les citoyennes d'Aléa étaient sujettes à s'enivrer pendant les fêtes, et à la gloire de Bacchus (1). Un motif aussi respectable faisait tomber les armes des mains de leurs maris.

Plusieurs d'entre eux se trouvant à Delphes, s'avisèrent de consulter la Pythie. Voici sa réponse : « Que chacun des deux sexes honore Bacchus à sa manière, pendant les *Tric-térides* (2), les femmes en s'enivrant, les hommes en fouettant les femmes ivres ! Bacchus le trouvera fort agréable ».

Au-dessus de la ville de Caphyes, on me montra près d'une fontaine, un superbe plane, qu'on atteste, dans le pays, avoir été planté des mains du roi Ménélas, allant au siége de Troye. Ce fait est plus facile à croire que l'osier du temple de Junon, à Samos.

Le térébinthe de l'un et de l'autre sexe (3), se plaît en Arcadie ; son fruit gommeux est parfumé.

Les pâturages Arcadiens sont si excellens, que le lait des vaches y guérit de presque tous

---

(1) Pausanias ne donne point cette explication ; mais elle est dans l'esprit des usages qu'il rapporte, et Pythagore ne s'attache qu'à l'esprit des cultes et des législations, objets de ses voyages. On prie le lecteur de se rappeler cette note pendant tout le cours de l'ouvrage.
(2) Fêtes de Bacchus, pendant trois nuits.
(3) Plin. *hist. nat.* XIII. 6.

les maux (1), s'il faut s'en rapporter aux naturels du pays, peu en état d'en juger ; car ils jouissent d'une santé inaltérable.

Pour arriver à Psophis, je traversai le Ladon et un bois rempli de gibier de la première grandeur. J'y rencontrai aussi de grosses tortues dont on pourrait faire des lyres aussi belles qu'avec l'écaille des tortues de l'Inde ; mais on ne permet pas de les détruire, parce qu'elles sont sous la sauve-garde du Dieu Pan (2). Le mont Erymanthe est encore plus propre à la chasse héroïque. Les habitans de *Cumes* (3) conservent dans leur temple d'Apollon les défenses du sanglier qui tomba sous la massue d'Hercule.

Ici on a conservé la mémoire de cet événement, dans un hymne chanté alternativement par un double chœur de vieillards et de jeunes hommes, en l'honneur des douze travaux héroïques du demi-dieu (4).

La ville de Psophis, fondée par la fille d'Erix, roi en Sicile, ou qui du moins en porte le nom, et que traverse le fleuve Aroanius, s'honore du tombeau d'Alcméon, devenu presqu'inaccessible, par une ceinture *d'arbres vierges*. On appelle ainsi, dans l'endroit, de hauts cyprès qui ombragent cette sépulture, et qu'un fer sacrilége n'a jamais émondés.

Les Psophidiens étaient en monarchie au temps du siége de Troye ; leur roi d'alors fut plus sage que les autres princes ses contem-

---

(1) *Idem.* XXV. 8.
(2) Homer. *Odyss.* liv. VI.
(3) *Cumes*, dans l'*Opique* ; aujourd. *la Campanie.*
(4) Virgil. *AEneid.* VIII.

porains; il ne voulut prendre parti, ni pour, ni contre, dans une querelle de ménage. Que Ménélas et Pâris vident entre eux leurs débats, dit-il avec prudence. Ce raisonnement tout simple préviendrait bien des guerres.

Sur le mont Erymanthe, qui est de la dépendance de ce petit état, je vis un monument religieux dédié à tous les fleuves célèbres; chacun d'eux a sa statue de bois blanchi. Celle du Nil seule est noire; sans doute à cause de la couleur des peuples qui s'abreuvent dans ce fleuve nourricier.

On conserve à Psophis, avec une vénération religieuse, la mémoire d'un homme du pays, nommé Aglaüs, qui, selon la tradition, fut constamment heureux, depuis le jour de sa naissance jusqu'à celui de son trépas. Les Psophidiens donnent une preuve de leur bon sens, en regardant ceci comme un phénomène, auquel Homère, ne croyoit pas, à en juger par les deux tonneaux de Jupiter (1).

Le bois Aphrosidium sert de limites communes à Psophis et à Thelpuse, comme l'indique une inscription gravée sur une colonne.

La place publique de cette dernière ville, en forme le milieu. On y voit le temple des douze grands Dieux, enfans du soleil.

Thelpuse doit son nom, et peut-être son existence à une nymphe, fille du fleuve Ladon. En Grèce, plus que par tout ailleurs, les villes ont des noms de femmes.

Il faut traverser l'Alphée, et franchir une montagne, pour arriver à la ville Aliphère. Avant de sacrifier à Minerve, leur divinité

---

(1) *Iliade*.

tutélaire,

tutélaire, les habitans adressent leurs vœux au héros *Myagrus* (1). On lui attribue le pouvoir d'écarter des autels les insectes ailés.

Ici on rend un culte au Dieu des mouches; plus loin, dans un vallon du territoire de Trapesunte (2), on sacrifie aux tempêtes, aux éclairs et à la foudre. A l'approche d'un grand orage, tout le peuple se réfugie dans un vaste souterrain. Le prêtre, debout à l'entrée, conjure l'ouragan avec son bâton augural (3). Le sage, avec l'arme de la raison, ne réussirait pas si bien à calmer!

Je traversai quantité de bourgs et de petites villes, sans y rien rencontrer capable de m'arrêter. Seulement je remarquai un usage bien louable, et qui n'est point assez suivi. Partout, sur les routes, en Arcadie, on entend les jeunes citoyens chanter les lois de leur pays (4), et les faits vertueux des Héros. C'est une honte parmi cette jeunesse, d'ignorer ces cantiques; et celui qui les sait est indifférent à toute autre science.

Mais ce qui tempéra la satisfaction que j'éprouvai dans ce pays, où il est encore quelques restes des anciennes mœurs, c'est la quantité d'esclaves; il y en a des *myriades* en Arcadie (5).

Sur le chemin qui mène à Menale, dans un défilé de montagnes, désigné par les habitans sous le nom *des portes d'Hélos*, je fus frappé

---

(1) Dieu des mouches.
(2) C'est le nom d'un fils du roi Lycaon.
(3) *Lituus*.
(4) Polybe.
(5) Expression indéfinie. Une myriade, terme numéral grec, représente 10,000.

du rapprochement de plusieurs objets, tels qu'un sanctuaire à Minerve l'inventrice, et un temple à Hercule le conservateur, ou le soleil. Toute cette contrée est remplie des vestiges du culte primitif des astres. Je lus, sur le frontispice d'un autre temple, cette inscription assez rare : *Au bon Dieu*, sans autres accessoires. Les portes en étaient fermées ; on me dit qu'elles ne s'ouvraient plus depuis long-temps, du moins les anciens de l'endroit n'y purent jamais entrer. Serait-ce un usage symbolique ? Et le pontife, demandai-je, où professe-t-il le culte ? On me répondit naïvement : *Le bon Dieu* n'a point de prêtres. Ce Dieu des Arcadiens mériterait d'être associé aux *divinités pures*, honorées d'un temple à Pallante, autre ville de cette province de la Grèce. On jure par elles dans les grandes occasions. Malgré toutes mes recherches, qui allèrent jusqu'à l'importunité, la nature de ces déités resta pour moi un secret (1).

Je passai la moitié d'un jour sur le mont Menale, à l'endroit même où les ossemens d'Arcas reposèrent, sous une sépulture de gazon. C'est un carrefour où viennent aboutir trois sentiers verdoyans, dont l'un conduit à la ville de Menale. Et pourquoi bâtir des maisons, et une enceinte de pierres dans une contrée toute pastorale ? Que ne s'en tenait-on au sanctuaire du Dieu des bergers ! là on croit encore entendre son chalumeau à sept flûtes. Là un vieux chevrier habitait une cabane ambulante, étranger sur cette hauteur : ce qui se passait à ses pieds dans les villes voisines. Un Arcadien

---

(1) Pausan. *voyage en Grèce.*

ne rougit point d'ignorer toutes choses, pourvu qu'il sache la musique (1); mais il avait conservé le fil d'une tradition, qui tous le jours s'efface.

« Ici, me dit-il, on ne reconnaissait d'autre divinité que la nature : car c'est elle seule qu'il faut entendre sous le nom du Dieu *Pan* (2); culte bien plus simple, m'ajouta-t-il, que d'avoir autant et plus de divinités qu'il n'y a de jours dans l'an. Le Dieu Pan les renferme toutes; Arcas n'en reconnaissait point d'autres; c'est lui qui l'appela *le bon Dieu*, de même qu'il appelait la nature *la bonne Maîtresse*, afin que les deux sexes eussent chacun son Dieu à part, lequel pourtant est encore le même, comme il convient. L'homme et la femme ne doivent point sacrifier sur deux autels différens ».

Ce temple est un lieu d'asile pour les animaux paisibles. Un loup à jeun depuis trois jours, me dit un pâtre avec toute la naïveté arcadienne, s'arrête pétrifié devant le seuil, et n'ose le franchir, pour y atteindre et dévorer la brebis tremblante qui a choisi ce lieu saint pour réfuge.

En descendant, je rencontrai de jeunes chasseurs armés de roseaux. Oui, disaient-ils avec beaucoup d'animosité, nous allons flageller le Dieu Pan : puisqu'il est sourd aux prières, il ne le sera peut-être pas au châtiment; forçons-le à nous envoyer du gibier.

De Menale, je m'empressai d'aller à Lycosure, petite ville bâtie sur un ruisseau (le Plataniste), au pied des monts Lycéens. Les habitans me

---

(1) Polybe, cité par Paw. *rech. sur les Grecs*. tom. II. p. 107.

(2) *Pan*, mot grec qui veut dire *tout*.

dirent, avec une bonne foi digne de tous les égards : Lycosure est la plus ancienne ville qu'il y ait dans le monde (1) ; c'est la première que le soleil ait vue, et celle qui a fait naître aux hommes l'idée de bâtir toutes les autres.

Du moins ne peut-on leur disputer la priorité du culte ; certainement le soleil est le premier et le plus ancien des Dieux. Les Lycosures lui ont élevé deux colonnes, surmontées chacune d'un aigle de bois doré, et fixant le lever de l'astre.

Le type de leur monnaie est une sauterelle. Leurs murailles sont construites en grosses pierres, élevées les unes sur les autres, à la manière étrusque. C'est le plus ancien genre d'architecture.

Je montai sur les monts Lycéens, couverts de bois. Ces hautes forêts sont consacrées à Diane. On y célèbre, à la fin de chaque automne, une fête, pendant laquelle les chasseurs décernent une couronne au chien de leur meute qui s'est le plus distingué par son courage (2). Dans cette même solennité, on fait commémoration de l'origine des rois, estimant que le premier monarque fut le chef d'une troupe de hardis chasseurs (3). Avis aux peuples !

Il n'y a pas beaucoup de distance de Lycosure à la ville des Phigaliens, sur un rocher très-âpre. A son sommet est une plate-forme occupée par un temple de Diane conservatrice.

---

(1) Voy. Leonardi Adami *arcadicorum*. lib. IV. *in*·4°. Romæ. 1716.

(2) *Eloge historique de la chasse*, par Beneton. p. 9. *in*-12. 1734.

(3) Plin. *hist. nat.*

DE PYTHAGORE. 245

La ville est au-dessous, et lui forme une ceinture de murailles, assises sur la roche même. Je n'y remarquai qu'une statue d'athlète, celle d'Arrachion, fameux Pancratiaste, couronné trois fois de suite aux jeux olympiques. Sa troisième victoire, qui date de la cinquante-quatrième olympiade, lui coûta la vie, qu'il perdit par une perfidie de son adversaire vaincu. Les juges le proclamèrent vainqueur, et décernèrent les honneurs du triomphe à son corps. Sa statue, qui vient d'être posée dans la place publique de Phygalie, offre l'attitude qui caractérise ces sortes de monumens en Egypte. Les pieds sont presque joints, et les mains pendantes sur les côtés, jusqu'aux cuisses. Une inscription est gravée au bas.

On me proposa une libation au Dieu du vin sans eau (1), fort révéré à Phigalie : je refusai, disant que je n'avais pas la tête assez forte pour porter le vin sans eau ; on voulut bien me dispenser du culte. Les Phigaliens sont moins souvent chez eux que dans les tavernes consacrées aux divinités de la table (2).

On dit que Bacchus délie la langue, et fait parler vrai : les habitans de Phigalie démentent cette commune opinion ; ils sont ivrognes et menteurs.

J'allai me recueillir dans leur temple d'Apollon, qu'ils ne fréquentent guère. Le simulacre de la divinité a douze pieds de hauteur (3), et le jour de sa fête on lui pose sur la tête une couronne composée de douze pierres pré-

---

(1) Varro. Montfaucon. *antiq. expl.* tom. I.
(2) Athenæus. X. 4. *deipnos.*
(3) Pausan. *Arcad.*

Q 3

cieuses, qui jettent autant de rayons. Ces attributs, sans doute, doivent se rapporter au soleil, et rappellent le plus ancien comme le plus raisonnable de tous les cultes.

Deux rivières arrosent le territoire. Le Lymax traverse la ville. Hors de son enceinte coule le Nedas, où les enfans vont faire le sacrifice de leurs cheveux, quand ils atteignent l'adolescence, usage dont les Phigaliens eux-mêmes ne savent rendre compte. Ce ruisseau, qui est en état de porter de petits navires à son embouchure, est comparable au Méandre, pour les détours sans nombre qu'on lui voit dessiner.

Au-dessous de Phigalie est un temple à son usage, et fort révéré, peut-être parce qu'on ne l'ouvre qu'une seule fois dans l'année (1). Comme je ne m'y trouvai point précisément ce jour-là, je n'y vis pas la statue d'Eurynome; la divinité s'appelle ainsi: elle est attachée sur son autel, et suspendue à la voûte par des chaînes d'or. C'est une figure, femme par en haut, par en bas poisson; forme bisarre qui lui vaut beaucoup d'offrandes.

Un homme ivre s'offrit de m'en dédommager, en me disant: viens dans ma maison; tu y trouveras ma femme, encore jeune et jolie; pour peu qu'elle te plaise, je te l'abandonne (2), et ne te demande d'autre loyer, que d'acquiter ma dépense de cette nuit, dans la taverne voisine.

---

(1) C'est ainsi que la belle église de la Sorbonne, à Paris, n'était ouverte que le jour de Sainte-Ursule seulement. Les mêmes usages se retrouvent à toutes les époques et à toutes les distances.

(2) Pausan. VIII. *voyage en Grèce.*

Je tournai le dos à cet homme, en haussant les épaules.

Les Tégéates, peuple d'Arcadie, renommé pour sa valeur, se distinguèrent au siége de Troye. Leur chef-lieu n'est pas loin du Mont-Borée. La place publique, plus longue que large, est carrée; elle a la forme ordinaire d'une brique. On y voit en face d'un temple de Venus, adossées à une colonne, les images des quatre législateurs (1) de cette république: Antiphanes, Crœsus, Pyrias et Tyronidas. Sur une autre colonne est la statue de Jasius, le vainqueur à la course de chevaux, couronné à Pise la même année que les jeux olympiques y furent rétablis. Ce héros est représenté appuyé contre un cheval; sa main droite porte une branche de palmier. Les Tégéates ne mettraient-ils aucune différence entre un conducteur de chevaux et un conducteur de peuples ? Hors de la ville, je remarquai un simulacre de Diane, en bois d'ébène.

Peu de fleuves ont une destinée plus glorieuse que celle de l'Alphée : après avoir servi de limites respectives aux deux plus valeureuses nations de la Grèce et du monde, les Tégéates et les Lacédémoniens, il arrose l'heureuse Arcadie et reçoit dans son sein, les jeunes Parrhusiennes, prêtes à se disputer le prix de la beauté (2). Ce sont les citoyennes d'une ville fondée par une fille du roi Lycaon.

Avant de terminer son cours dans la mer, l'Alphée contribue à la célébrité des jeux olym-

---

(1) Pausan. VIII. *voyage en Grèce.*
(2) Athenée, liv. XIII. *deipnos.*

piques et y tempère l'ardeur des rayons du soleil (1), si souvent funestes aux combattans et aux spectateurs.

On me proposa de me rendre à Phenée, où devait sous peu de jours se célébrer des fêtes semblables à celles d'Eleusis. Je me refusai à l'invitation, en apprenant que l'Hiérophante, sous les habits de Cérès et armé d'un bâton (2), en frappe tous les assistans qui se trouvent sur le chemin de la pompe sacrée.

Je m'instruisais près de Cléarque (3), pasteur d'Arcadie et citoyen de Methydrie, quand un étranger vint à lui, disant avec hauteur : Suis-je bien dans la ville de Methydrie ?

Le Pasteur : Oui.

l'Etranger : J'ai peine à le croire ; je ne vois ici qu'une bourgade ; n'importe ! le pasteur Cléarque y demeure ?

Le Pasteur : C'est moi.

l'Etranger : Toi ?

Le Pasteur : Oui.

l'Etranger : La Pythie de Delphes m'adresse à toi pour savoir comment on doit honorer les dieux ? Les moindres offrandes que je leur sacrifie, sont des hécatombes. Ils ne sont pas contents. Que leur faut-il de plus ? Pas un Asiatique de la riche Magnésie, ne saurait en agir plus magnifiquement.

Le Pasteur. Riche magnésien, tous les mois, à chaque nouvelle lune, Hecate et Mercure

---

(1) Alors on ne connaissait pas en Grèce ces draperies, ou *bannes*, que les empereurs romains firent tendre par la suite au-dessus du cirque.

(2) Pausan. *Arcad.* IX.

(3) Porphyre, *abstin. de la chair.* II. 16.

daignent agréer favorablement une couronne de fleurs ou d'herbages, quelques fruits, des gâteaux cuits sous la cendre et un peu d'encens. Jamais de bœufs, ni d'autre victime! Le meurtre n'a jamais souillé mes mains. Citoyen opulent de Magnésie, suis mon exemple. N'ensanglante point les autels. Fais du bien, en proportion de tes richesses; et comme moi, tu jouiras de la santé, et du contentement d'esprit qui lui est encore préférable.

L'Asiatique un peu confus se retira. Je le suivis; mais je le quittai bientôt: la leçon ne lui avait pas profité.

§. CXLIX.

Suite du voyage de Pythagore en Grèce. Antiquités de Troezène.

Résolu de passer en Argolide, je me rendis sur le Parnon, montagne qui sert de limite à trois peuples à la fois. Sur le point le plus élevé, je vis, en effet, le triple Hermès de pierre, où sont écrits, un sur chaque face, les noms de Lacédémoniens, Argiens et Tégéates. Ces trois nations n'ont pas toujours été aussi rapprochées. Une plaine voisine qu'on appelle Thyrée servit naguère de théâtre à une bataille entre trois cents Spartiates et autant d'Argiens. Ces derniers eurent la victoire, puisqu'ils restèrent deux contre un seul Lacédémonien. Je donnai une larme à la sépulture commune des autres. Hélas! Qu'est-il résulté de tant de courage et de force? Un léger souvenir, et une danse nouvelle particulière à la ville d'Argos: cette danse est vêtue. Je pris ma route par le défilé d'Ani-grée; il est étroit et difficile, mais j'avais à ma droite le spectacle riant d'un beau verger, où l'olivier domine. Je ne me croyais pas si près de Lerne, où s'engendra l'Hydre sous un platane qu'on me fit voir en passant.

Je doublai de vîtesse, pour arriver dans les murs de *Nauplia* (1), petite ville maritime, dont le port est moins célèbre que la fontaine Canathos (2). Junon, chaque année, en s'y baignant, redevient vierge. Cette déesse ne partage une aussi belle prérogative avec aucune mortelle, pas même avec les citoyennes de Nauplia. Ne serait-ce pas un symbole de la nature qui est tout à la fois vierge et mère?

Je poursuivis mes courses sur la côte, et sans m'arrêter à la petite ville d'Asiné, non plus qu'à celle d'Halice, pas même à Masès, quoique le divin Homère nomme cette dernière, dans le dénombrement des cités argiennes, je me rendis à Hermioné, qui renferme plusieurs temples, entr'autres, un au soleil, au milieu du bois sacré des grâces. En instituant un culte à Sérapis, les habitans ignorent qu'ils font un double emploi; un d'eux m'entendit: étranger, me répliqua-t-il, nous savons que Sérapis est aussi le soleil; peut-être même les autres Dieux ne sont-ils encore que le soleil.

PYTHAGORE. Pourquoi cette enceinte de hautes pierres, qui ferme tout accès à l'autel d'Isis?

UN HABITANT DU LIEU. Parce que nous y

---

(1) A présent *Napoli de Romanie*.
(2) Pausan. *voyage*.

célébrons les grands mystères de Cérès.

PYTHAGORE. A quoi bon ces mystères ? pour mûrir vos moissons le soleil se cache-t-il de vous ? dit-il aux peuples : que tout œil profane craigne de s'ouvrir à mes rayons ?

L'HABITANT. C'est un usage antique. Voyageur, que les Dioscures te gardent» !

Avec ce seul mot, le peuple se croit suffisamment justifié de tout.

Le temple de Cérès *Chthonia* était entr'ouvert. On y attendait la pompe sacrée. Je me plaçai sur son passage ; les magistrats d'Hermioné conduisaient le cortége. On m'apprit incidemment que leurs fonctions publiques sont annuelles. Les prêtres suivaient, accompagnées de quatre matrones. Puis venaient les citoyens des deux sexes et d'âge mûr. Les enfans terminaient cette marche, en formant de jolis groupes. Tous les assistans étaient vêtus de robes blanches, et couronnés de jacinthes. Quatre genisses s'avançaient ensuite d'un pas lent, la tête baissée, présageant le sort qui les menaçait. On les immole l'une après l'autre ; des femmes se chargent de ce meurtre sacré. Tel est encore l'usage. Ainsi le veut Cérès. Après le sacrifice, j'allai à la droite du temple, vérifier un écho multiple. C'est un portique construit de manière que le son de la voix y est répercuté jusqu'à quatre fois. J'y trouvai un jeune poëte Dithyrambique, qui semblait lutter avec l'écho. Lasus parut avoir quelque honte, à la vue subite d'un étranger calme et froid.

A quelques stades de distance, je me trouvai à Calenderis, bourgade maritime servant de port à Trœzène. On me montra, dans ce lieu, le berceau de Thésée (1), et un olivier sauvage tout contrefait : c'est, me dit-on, depuis que les rênes des coursiers du vertueux Hypolite s'embarrassèrent dans les branches de cet arbrisseau.

A la vue de ce port est l'île sacrée, nommée ainsi à cause d'une faiblesse que s'y permit la sage Minerve. La superstition légitime tout. Les filles de Trœzène, avant de se marier, vont y porter leur ceinture de vierge, sur les autels de la *prude* (2) Minerve. Heureusement qu'elles ne sentent pas toute l'inconséquence d'un culte pareil.

Je m'arrêtai plus long-temps à *Trœzène* (3). Un mystagogue (4) me proposait de m'ouvrir les portes du temple de Diane conservatrice. Je répondis à mon guide trop officieux : montre-moi plutôt quelque monument du bon roi Pithée.

On me fit passer derrière le temple : voilà son tombeau. Il est surchargé de trois siéges de marbre blanc où il rendait la justice à tout le monde, assisté des deux meilleurs citoyens de la ville.

Ces trois siéges sont des cubes sans aucun autre ornement que les honorables souvenirs qu'ils rappellent. En face est un sanctuaire des Muses, où le roi Pithée enseignait lui-même l'art de persuader. Nous y conservons, sur

---

(1) Pausan. *voyage*.
(2) Le surnom grec, *Apaturie*, ne signifie pas autre chose.
(3) A présent *Damala*, ou *Pleda*.
(4) *Conducteur public*, ce qu'on appelle en Italie *Ciceroni*.

leurs autels, un ouvrage que ce prince, dans ses loisirs, composa sur les règles de bien parler.

Pour obtenir la faveur de toucher le précieux dépôt, j'eus besoin de déclarer que j'étais initié de Thèbes ; le rouleau me fut confié pendant un très-petit espace de temps ; on me permit d'en extraire quelques lignes. Les premières sont ainsi conçues : « Le talent de bien dire, est de dire comme on pense... La sainte vérité, toujours est éloquente. De tous les trafics (1), l'amitié est le plus loyal ».

Hésiode, sans doute, avait lu les lois de Pithée sur l'éloquence, quand il s'écrie dans l'un de ses poëmes ; « Heureux le magistrat favorisé des Muses ! Un prince qui les aime, en gouverne mieux le peuple. Les paroles ont plus de force que les bras.

Tout près des Muses, je reconnus le simulacre du sommeil, et je parus en être fort étonné. Un Trœzenien me dit : « est-ce que le sommeil n'est pas le bien bon ami des Muses ? Les poëtes font ils autre chose que rêver » ?

Je fus conduit à la pierre sacrée sur laquelle on purifia Oreste.

Eh quoi ! dis-je, à Trœzène, le fils meurtrier de sa mère, obtint grâce et pardon ?

LE MYSTAGOGUE. Oui. Ecoute : Oreste, en horreur à lui-même, comme à tous les humains, touchait au désepoir. Il se place sur cette pierre, dechire ses vêtemens, découvre sa poitrine, et demande à grands cris la mort. Le peuple s'amasse autour de lui. Neuf citoyens, par un

---

(1) *Æqua viro merces fac praestituatur amico.*
Pithaei praeceptum celeberrimum. Plutarch.

mouvement spontané, sortent du milieu de la foule, s'avancent, et le plus âgé, au nom des huit autres, adresse ces paroles au malheureux Oreste : « Fils d'Agamemnon, tu as vengé ton père, dont le trépas restait impuni sans toi. Suppléer à la justice impuissante, n'est pas un crime indigne du pardon. Ton bras n'a été que l'instrument des Dieux. Relève-toi ; tu es purifié devant le peuple ! » Et les neuf citoyens allèrent se ranger autour de cet autel que tu vois en face de la pierre sacrée, et que le roi Pithée consacra lui-même à Thémis.

La foule s'empressa d'y porter Oreste, doutant encore de tout ce qu'il voyait et entendait. Il lui fut permis de sacrifier, et depuis ce moment le calme rentra dans son ame.

PYTHAGORE. Cette scène est belle ; mais il ne faudrait pas la répéter souvent. L'espoir de l'impunité enhardirait au crime ; et les coupables en seraient quittes pour en faire l'aveu, et pour dire qu'il fut involontaire.

LE MYSTAGOGUE. Si tu passes sur les confins du territoire de Marathon, tu pourras prendre part à un sacrifice qu'on y renouvelle tous les ans, en mémoire de ce même prince, plus malheureux que coupable. Le victimaire, armé d'un glaive, en pose la pointe sur la tête nue d'une jeune fille, et en tire un peu de sang. Diane, qui protégea si visiblement Oreste et sa sœur Iphigénie, veut bien se contenter de cette légère libation.

La ville de Trœzène, pleine de monumens, en est redevable à Pithée. Ce prince releva un vieux temple du soleil, sous le nom d'Apollon clairvoyant (1). Cet édifice sacré était le plus ancien de tous.

Pythagore. Celui du même Dieu, à Samos, semble avoir des droits à la concurrence.

Le mystagogue. Devant ce temple est un vieux portique où séjournait Oreste, séparé de tous les citoyens ; aucun ne voulait lui accorder l'hospitalité ! Un superbe laurier l'ombrage aujourd'hui. On le vit croître le jour même que le meurtrier de Clytemnestre obtint sa grâce des Dieux et du peuple de Trœzène. Ce laurier merveilleux a, dans son voisinage, un olivier qui n'est pas un moindre prodige. Hercule ayant parachevé ses grands travaux, vint à Trœzène, pour y déposer la massue qu'il s'était faite avec le tronc d'un olivier (2)…

Pythagore. Symbole de la sagesse qui présida à toutes ses actions, et de la paix, qui en était le but.

Le mystagogue. A peine le grand Alcide eut-il fait toucher la terre à cette massue redoutable, qu'elle prit racine, et redevint olivier. Peu d'hommes peuvent atteindre aux fruits de cet arbre sacré (3).

Pythagore. O Grèce ! il ne se passe de telles merveilles que sur ton territoire. Si tu n'es pas aussi savante, aussi sage que l'Egypte, tu sais mieux qu'elle embellir tes leçons.

Où conduit-on cette jeune vierge, accompagnée de sa famille, demandai-je à mon guide ?

Le Mystagogue. Demain, elle se marie ;

---

(1) *Theorius. Je vois.*
(2) Pausan. II.-
(3) Pausan. *Corinth.*

aujourd'hui elle va au temple du chaste Hyppolite, pour lui rendre hommage, en lui sacrifiant un anneau de sa belle chevelure. Les jeunes filles qui s'acquittent de ce devoir religieux, obtiennent ordinairement pour époux un jeune homme aussi vertueux qu'Hyppolite. Elle vient de déposer sa ceinture sur l'autel de Pallas (1).

A cette vue, je m'écriai de nouveau : il n'y a que dans la Grèce qu'on rencontre des scènes aussi ravissantes.

Le Mystagogue m'avertit de promener mes regards autour de moi avec attention : Aperçois-tu, au levant de ce petit bois, une maison antique ? C'est celle où naquit le sage Hyppolite. Une source pure jaillit presqu'aux portes : c'est la fontaine d'Hercule.

PYTHAGORE. Résister, dans l'âge des passions, à toutes les séductions d'une femme, suppose une force d'ame égale à celle d'Hercule.

LE MYSTAGOGUE. Tourne-toi vers le couchant; voici le tombeau du sage Hyppolite. Un temple de Vénus le sépare de la sépulture de Phèdre : Approche de celle-ci : remarques-tu comme les feuilles du myrthe qui l'ombrage sont toutes criblées ? L'infortunée qui venait ici pour repaître ses yeux de la vue d'Hyppolite s'exerçant sur l'arène, dans ses ennuis piquait avec l'aiguille d'or qui retenait ses cheveux, le feuillage de cet arbrisseau.

PYTHAGORE. Pourquoi conserver tous les témoins d'une passion qui fut un crime ?

LE MYSTAGOGUE. Une passion n'est jamais un crime ; c'est l'ouvrage du destin. Nous honorons Hyppolite ; nous pleurons Phèdre.

---

(1) Pausan. *voyage en Grèce.*

Je

Je hasardai ce doute : Si toute cette aventure n'était qu'une fiction astronomique ? Hyppolite semble être la même constellation qu'on nomme autrement le conducteur du chariot.

Le mystagogue. Etranger ! garde pour toi tes savantes conjectures. Cependant sache que nous plaçons le soleil (1) en tête de nos rois.

Sur une pierre carrée, posée à l'entrée d'une assez vaste enceinte déserte, je lus : *le champ de la lapidation*. Les citoyens de Trœsène, divisés en deux factions, se disposaient à en venir aux mains ; deux jeunes femmes se présentent au milieu de la foule armée, et veulent qu'on leur prête silence. « Nous venons, disaient-elles, accorder tous les partis ». Un caillou lancé atteint l'une d'elles ; beaucoup d'autres se succèdent. Elles tombent, accablées sous les coups : on regarda cet événement comme un avertissement des Dieux, donné aux femmes qui, oubliant les devoirs de leur sexe, franchissent le seuil de leur ménage, seules et sans leurs maris. Les deux victimes n'avaient que des intentions louables ; leur démarche, de mauvais exemple, était contagieuse pour les bonnes mœurs.

Je trouvai ici autant de sévérité que j'avais vu d'indulgence envers Phèdre. L'œil du monde éclaire également ; l'œil du peuple ne voit pas toujours de même.

En me reconduisant jusqu'aux portes de Trœzène, le mystagogue me dit ; « Avant de nous quitter, sache que nous célébrons tous les ans ici une fête qui dure plusieurs journées. Elle est consacrée à rappeler aux hommes,

---

(1) Pausan. liv. II. *voyage en Grèce.*

Tome IV.

qu'il n'y a pas toujours eu des esclaves parmi eux. Pendant cette solennité, les maîtres jouent aux osselets avec leurs esclaves, et mangent ensemble à la même table (1).

Pythagore. Est-ce encore au bon Pithée que vous êtes redevables de cette institution politique et religieuse ? elle est digne de cet homme de bien.

Le mystagogue. Nous l'ignorons : mais pour que tu emportes avec toi une idée avantageuse de la piété des Trœzéniens, sache que d'après une loi d'Amphiaraüs (2), ils font abstinence de vin pendant trois jours (3), avant d'approcher d'un autel pour y sacrifier.

L'eau à Trœsène est épaisse et lourde (4).

Près de la ville, dans le golphe, on rencontre le polype (5); mais il est défendu d'aller à la pêche de ce poisson, qu'on regarde comme sacré. Serait-ce parce qu'il peut servir de symbole à la nature? Des Trœzéniens me dirent qu'il se mange lui-même, et se nourrit de sa propre substance. Image de la nature, qui répare elle-même ses pertes, et fait naître la vie au sein du trépas.

Hors des murs de la ville, dans la plaine, s'élève un temple à Vénus, fondé par les citoyens d'Halycarnasse, qui sont des enfans de Trœzène ; c'est un monument de leur reconnaissance envers la mère-patrie qu'ils

---

(1) Stuckius, *antiq. conviv.* I. 22.
(2) Volateranus. XIII. 4.
(3) *Alexander ab Alex.* VI. 2.
(4) Athenée. II.
(5) *Idem.* VII. *deipnos.*

compromettent par la dissolution de leurs mœurs (1).

§. CL.

Suite de l'itinéraire de Pythagore en Grèce.

Je vérifiai en passant à *Methone* (2) l'imprécation d'Agamemnon (3) : les habitans de cette ville travaillent en effet encore à leurs murailles dont ils jetaient les fondemens, quand la Grèce partait pour le siége de Troye. Les Méthoniens, peu enthousiastes, eurent le bon esprit de refuser de prendre part à cette expédition. Nous ne pouvons, dirent-ils, suspendre la construction de nos murs.

Puissiez-vous ne les jamais finir ! leur répondit le grand roi.

Je passai sur le territoire sacré d'*Epidaure* (4). Esculape est le bon génie de cette ville, long-temps avant que le divin Homère ait fait l'apothéose de ce *médecin incomparable* (5), dans son immortelle Iliade. On lui a dédié un bois dont l'enceinte est composée de grosses bornes de pierre. Ainsi qu'à Délos, il y est défendu de naître ou de mourir. On en repousse les femmes enceintes et les malades désespérés. Le dieu de la Santé, assis sur un trône, tenant un long sceptre d'une main, appuyant l'autre sur la tête d'un serpent, est entouré d'un peuple de colonnes ; je m'exprime

---

(1) Voy. l'itinéraire de Pythagore dans l'Asie-Mineure. tom. I. §. XXV. p. 202.
(2) Aujourd. *Modon*, évêché de la Morée.
(3) *Hist. de Philippe*, par Olivier. p. 188. t. I. *in*-12.
(4) Aujourd. *Pigiade*, ville de Morée.
(5) Ce sont les expressions d'Homère. *Iliad.* liv. IV.

ainsi, parce qu'elles sont, pour ainsi dire, parlantes. Sur chacune d'elles sont écrits, en langue dorique, les noms des mortels guéris, leurs maladies et le traitement. La plupart de ces inscriptions sont laconiques et dans le style de celle-ci :

« J'étais aveugle ; le divin Esculape m'ordonna de laver mes yeux pendant trois jours avec le sang d'un coq blanc mêlé avec du miel (1). J'obéis, et recouvrai la vue ».

Cet usage d'Epidaure se propage dans plusieurs autres lieux ; il devrait être observé sur tous les points de la terre.

Sur une colonne plus élevée que les précédentes, je lus cette inscription : « Hippolyte consacre un cheval à Esculape ».

Je demandai à celui qui me faisait les honneurs de la ville : de quelle maladie le fils de Thésée fut-il guéri ?

L'Epidaurien. Du trépas ; Esculape le ressuscita. On le tint pour mort pendant plusieurs jours. Ce fait est attesté par un surnom qu'on donné au jeune héros. Nous disons encore à présent *Hippolyte virbius* (2). Cette cure lui fit plus d'honneur que celle d'Ascléa (3), tyran d'Epidaure.

Pythagore. Pourquoi un serpent aux côtés d'Esculape ?

L'Epidaurien. Le territoire d'Epidaure est le seul endroit des trois mondes où les serpens ne fassent pas de mal. Du moins les nôtres

---

(1) *Bibliothèque univ.* de Leclerc, *année* 1691.
(2) *Vir-bius*, ou *Bis-vir*, c'est-à-dire, deux fois homme.
(3) *Magn. etimolog.*

recouverts d'écailles d'or (1), sont innocens.

Le temple est hors de la ville (2); je lus sur la porte ces deux vers (3):

> Toi, n'entre pas; mortel! reste dehors,
> Si tu n'es pur d'esprit comme de corps.

Deux montagnes abritent cette ville; sur la cime de l'une d'elles, on me fit revenir pour observer un olivier tors : c'est un jeu d'Hercule, quand il visita cette côte. D'un tour de main, il imprima à cet arbre la figure qu'il garde encore aujourd'hui.

L'Épidaurien. Nous plaçons ce végétal parmi les choses saintes du pays.

Pythagore. J'aime ce soin religieux pour conserver les moindres traces d'un grand homme (4).

D'Épidaurie, je me rendis sur les états d'Argos; ils ont pour frontière le mont Arachnée où les habitans, pendant une trop longue sécheresse, vont demander de la pluie dans le temple de Jupiter et de Junon, maritalement adorés sur le même autel.

Je traversai *Tyrinthe*, la ville bien murée, dit Homère. En effet, peu de cités ont d'aussi bonnes murailles (5): bâties par les cyclopes,

---

(1) . . . . . . *Cristis aureus.*
Ovid. *metam.* XV.

(2) Pausan. *Corinth.*

(3) Porphyre, *abstin. de la chair.* II. 16.

(4) . . . *Nullum illustrem virum, nullum sapientem, nullum sacrificium, nullum denique locum praetermittens, ubi plus quicquam se se inventurum speraret. Sacerdotes visebat omnes*. . . *Pythagoras.*
Nic. Scutellius *collectanea.* p. 1. *in*-4°.

(5) Elles subsistent encore depuis plus de trois mille ans.

ce sont des pierres sèches posées l'une sur l'autre, sans autre ciment que leur propre poids. Deux mulets ne suffiraient pas pour traîner la plus petite. Tirynthe se vante d'avoir donné la première éducation à Hercule.

Les lions qui gardent la principale porte de cette ville, sont antérieurs à Dédale. Un monument plus recommandable est l'aquéduc d'Argos. J'en suivis le canal jusqu'à la ville; il est construit à fleur de terre avec un ciment qui a pour base de la poudre de marbre. Son cours est de trois heures de marche (1). On estime les habitans de Tyrinthe (2), ainsi que leurs voisins d'Argos, plus redoutables à un banquet, que dans une bataille. Ils n'en sont plus à se nourrir seulement de poires sauvages, comme faisaient leurs aïeux. Gais naturellement, il n'est oracle qui tienne (3): il faut qu'ils rient, en dépit de Minerve ou d'Apollon.

Argos m'ouvrit ses portes. Une troupe d'enfans y jouaient en criant *ballachradas* (4); et en même temps, ils se jetaient à la tête des pommes sauvages: commémoration des premières origines du peuple argien! Errans sur les montagnes voisines, ses ancêtres s'y nourrissaient de ce fruit, avant qu'Inachus vint les inviter à descendre pour cultiver la plaine. J'appris cette particularité du vieil historiographe de la ville, Acusilaüs (5). Mes premiers

---

(1) Fourmont, *acad. inscript. hist.* p. 198. tom. VIII. in-12.
(2) Athenæus. X. 4. *deipnos*.
(3) Athenæus. VI.
(4) Plutarque, *questions grecques*. LI.
(5) Joseph. lib. I.

hommages furent pour Apollon, première Divinité de la ville. Sa statue est de bois, et de fabrique égyptienne. On en est redevable à Danaüs qui régna cinquante ans.

Mercure y a la sienne, de même matière mais non d'un ciseau étranger; Epéüs, fils de Panopée, en est l'auteur.

Devant le temple d'Apollon, s'élèvent deux espèces de colonnes de bois qui ont pour chapiteaux le buste de Jupiter et celui de Junon, sorte de statues terminées en gaine. Devant cette dernière, je vis l'esquisse d'un groupe représentant Cléobis et Biton attelés au chariot de leur mère. Ce triomphe de la piété filiale doit être exécuté en bronze ou en marbre (1).

Les Argiens ont consacré un temple particulier à Junon. Les parois sont chargés de boucliers votifs; sur l'un d'eux, je lus le nom d'Euphorbe (2), noble Troyen, qui fut tué au siége de sa patrie, par le roi Ménélas l'époux d'Hélène. La déesse tient à la main une grenade (3).

Sur des tables d'airain (4), la grande prêtresse de ce temple rédige et grave tous les événemens qui se passent sous son pontificat. Cette suite de dates chronologiques par ordre de sacrificatures peut fournir des matériaux aux historiens, et sert déjà à compter les années. Outre les noms des prêtresses, j'y

---

(1) Il le fut par la suite, en marbre. Voy. la *vie de Solon*.
(2) Ovid. *metam*. XV. Horat. etc.
(3) Pausan. *Corinth*.
(4) Hellanicus de Lesbos. Dion. Halic. I. Marsham. *ch. cun*. IX. Euseb. *chron*. A. 582. Syncell.

lus aussi ceux des poëtes et des musiciens vainqueurs dans les jeux de l'argolide. La première des prêtresses de Junon d'Argos fut Callythye, fille de Piranthe.

Un semblable répertoire se trouve à Sicyone.

Si l'histoire des Grecs est mal connue, ce n'est pas leur faute. On me conduisit dans un champ du territoire d'Argos où le propriétaire, *Acusilaüs*, trouva plusieurs tables de bronze couvertes d'inscriptions (1). Lui-même, il m'aida à les lire. Ce savant vieillard m'en expliqua plusieurs, en me communiquant quelques rouleaux de ses *généalogies* qu'il avait rédigées d'après ces monumens portatifs de bronze. Sa chronique remonte par de-là le règne d'Inachus qu'il appelle le plus ancien des hommes. Je sus depuis qu'Acusilaüs est soupçonné de plagiat envers Hésiode. Quoi qu'il en soit, son œuvre me parut fort méthodique.

La fortune a son temple dans Argos : Palamède y fit hommage à la déesse des dés qu'il inventa pour alléger le poids de l'ennui qu'éprouvèrent les Grecs pendant les longueurs du siége de Troye (2).

Au-dessous du temple d'une Vénus vulgaire (3), dont l'attribut est déjà un outrage aux mœurs, j'en rencontrai deux autres contigus dédiés l'un à Esculape, l'autre à *Diane Pitho* (4). La première science d'un médecin est de persuader son malade.

---

(1) Suidas.
(2) D. Souter. *Palamèdes, de aleatoribus.*
(3) *Divaricatrix, à divaricandis cruribus.*
     Clem. Alex. *in pratreptico.*
(4) Diane, *Déesse de la persuasion.*

J'allai voir dans le temple de Castor et Pollux leurs statues équestres, les premières, me dit-on, qui existent; elles sont d'ébène, et l'ouvrage des deux élèves de Dédale, Dipœnus et Scyllis.

Tout près de-là, est un autel dédié à Lucine par Hélène; le nom de cette princessse ne fleurit pas beaucoup à Argos; et son exemple n'a pas encore été contagieux pour les femmes de cette ville. Elles n'ont point renoncé à cet usage antique qui ne permet pas à une veuve de donner un successeur à son mari. Une Argienne ne connaît qu'un homme en sa vie.

Sur le chemin qui conduit à la citadelle, on me fit remarquer le tombeau des fils d'Egyptus. Il renferme seulement leurs têtes que les Danaïdes, leurs épouses et meurtrières, apportèrent elles-mêmes à leurs pères. A l'extrémité de la forteresse, construite sur le mont Arachnéen qui domine la ville (1), les habitans ont placé, sans doute, avec intention, une figure de bois représentant Jupiter avec trois yeux, dans la forme d'un Delta. J'avais déjà vu dans l'Inde des statues de Divinités douées chacune de plusieurs têtes et de plusieurs bras. Ces Dieux-monstres plaisent beaucoup au peuple. Il aime tout ce qui est bisarre et singulier. La vérité est trop froide pour lui.

Il commence à perdre la tradition de ce symbole, espèce de leçon donnée aux anciens rois d'Argos. Alors, le prince n'avait pas même le droit de proposer des choses injustes. Alors, la nation argienne savait concilier son indépendance avec la monarchie. Son roi n'était

---

(1) Eschyle, *tragéd. d'Agamemnon.*

qu'un citoyen qui, seulement, jouissait du privilége de dire son avis avant les autres dans les assemblées politiques. Ce n'était enfin que le premier des capitaines en temps de guerre, le premier des magistrats en temps de paix. Il en allait ainsi, même à Corinthe, et presque dans toute la Grèce.

C'est par des signaux de feu placés de distance en distance depuis le mont Ida jusqu'au mont Arachnéen, d'après les ordres d'Agamnon (1), que Clytemnestre reçut la nouvelle de la prise de Troye. J'y montai, et mes peines eurent leur salaire. Un poëte argien, nommé Sacados s'y trouva et me chanta une élégie, en l'accompagnant de son luth plaintif.

Je marquai mon étonnement de rencontrer si peu de chiens dans Argos; j'en appris la raison : on les fait périr presque tous chaque année (2), pendant les fêtes caniculaires. Précaution sage ! Mesure politique revêtue du manteau de la religion ! Le type des monnoies d'Argos est un rat (3).

Je ne sortis point du territoire, sans goûter aux poires exquises qu'il produit (4).

Hors de la ville, sur la grande route d'Argos à Epidaure, on a élevé un trophée, en forme de pyramide chargée de boucliers argiens ; leur forme ronde les fait comparer à l'œil que les Cyclopes portent au milieu du front : c'est le seul qu'il ayent.

D'Argos à Cléone, la route est frayée à

---

(1) Eschyle, *trag. d'Agamemn.*, espèce de télégraphe.
(2) Athenée, *deipnos.* III. Rhodiginus.
(3) *Onom.* polluc.
(4) AElianus.

travers des montagnes où se trouve la caverne du lion de Némée. La ville de ce nom est à quinze stades; elle possède un temple de Jupiter, entouré d'un bois de cyprès : là, se célèbrent, tous les trois ans, au solstice de l'hiver, les jeux néméens, dont le vainqueur est couronné d'ache.

L'intérieur de Mycène ne m'offrit d'intéressant que le tombeau d'Agamemnon et celui d'Electre mariée à l'ami de son frère. La sépulture de Clytemnestre et d'Egiste a été rejetée hors des murs. La principale porte de la ville est ornée de deux lions de bronze, sortis de la forge des Cyclopes. Mycène doit son nom à une Nymphe.

Je traversai le bourg de *Celée* (1), honoré tous les quatre ans de la célébration des mystères de la bonne Déesse.

De ce lieu à Phliunte, je n'eus que quatre stades de chemin à parcourir.

§. CLI.

Pythagore et le roi Léon (2) *à Phliunte* (3).

Des montagnes et un ruisseau sont les limites naturelles qui séparent l'Argolique de la Phliasie (4). J'espérais les franchir, sans être obligé de me faire connaître. Le roi de Phliunte avait donné des ordres contraires ; aucun étran-

---

(1) Pausan. *voyage en Grèce.*
(2) *Phliuntem ferunt venisse, cumque cum Leonte, principe Phliasiarum, doctè et copiosè disseruisse quaedam.* Ciceron. *Tuscul.*
(3) A Sicyone, selon quelques-uns.
(4) Strabo. *geogr.* VIII.

ger ne pouvait voyager dans ses états qu'après avoir subi une sorte d'examen. Mon nom, autant que le titre d'initié, devint la nouvelle du jour « Un descendant d'*Hippasus* (1) est dans nos murs, se dirent bientôt à l'oreille l'un de l'autre les Phliasiens. Si nos ancêtres avaient suivi les généreux conseils du sien, nous serions aussi indépendans que les Spartiates : nous aurions mieux défendu notre territoire, et nous serions seuls maîtres chez nous ».

Tous m'offrirent à la fois l'hospitalité; chacun voulut avoir son jour pour me posséder : ils me firent à l'envi les honneurs de leur ville, et me forcèrent à goûter de leur vin qui a de la réputation (2). Le nom imposé à notre patrie, me dirent-ils, est l'expression de sa grande fertilité (3).

(1) PYTHAGORAE GENEALOGIA.

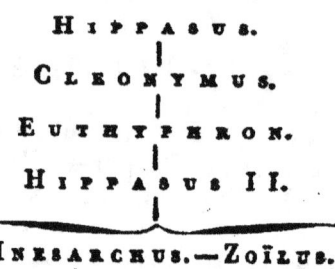

(2) Athen. *Deipnos.*
(3) *Nomen habet d* φλέῖν, *quod est, fructibus abundare.*

Ils me montrèrent sur une colline leur citadelle qui renferme des cyprès servant de bois sacré au temple d'Hébé, qu'ils appellent *Dia*. A presque tous les arbres, je vis des chaînes appendues. Ce temple jouit du droit d'asile. L'homme innocent en captivité, s'il peut franchir le seuil de sa prison, est certain de trouver ici un lieu de réfuge inviolable. Il change ses fers contre une guirlande de lierre. La jeunesse des deux sexes se couronne de cette plante qui semble ne reconnaître qu'une saison : elle est toujours verte comme le printemps.

Phliunte rend un culte à une chèvre d'airain (1), placée au milieu du marché public. Jadis, ce simulacre d'une constellation nuisible à la vigne, n'était exposé aux regards de l'habitant des campagnes que pour l'avertir de l'époque de son lever.

Le séjour d'Hercule chez les Phliasiens lui a valu un autel et une statue. Pourquoi ne l'avoir point placé sous le même toit, avec son Hébé ?

Phliunte célèbre dans ses murs des fêtes mystérieuses (2) modelées sur les Eleusiennes, ou plutôt sur celles de Saïs.

Les Phliasiennes n'ont point dégénéré ; en les voyant, on se rappelle les vingt filles d'Asope, l'un des premiers rois du pays : c'étaient vingt beautés parfaites qui furent l'occasion de bien des combats.

Je reçus l'invitation de me rendre au palais de Léon, « Pythagore, me dit le prince, ton origine te donne des droits à Phliunte ; tu en

---

(1) Pausan. *Corinth.*
(2) *Idem.* cap. XIV.

es citoyen né : pourquoi n'être pas venu d'abord à moi ? Initié de Thèbes, ta place est auprès du trône qui ne saurait être investi de trop de lumières. Tu as déjà beaucoup voyagé ?

Pythagore. Beaucoup.

Léon. Quelle est ta profession (1)?

Pythagore. Celle de philosophe (2).

Léon. Philosophe... A ce terme que j'entends prononcer aujourd'hui pour la première fois, quel sens attaches-tu ? Qu'est-ce qu'un philosophe ?

Pythagore. Roi des Phliasiens (3)! la vie des mortels est semblable à la célébration des jeux olympiques (4) dans la ville de Pise. Après s'être exercés long-temps, les uns y viennent pour disputer la couronne d'olivier sauvage ; les autres, chargés de marchandises, y sont attirés par l'appas du gain. Quelques-uns se rendent à ces jeux solennels, non pour y chercher des applaudissemens ou du profit, mais seulement comme simples spectateurs, pour apprendre à devenir sages, en observant celui qui ne l'est pas. J'appelle ces derniers des *philosophes.*

Léon. J'ai connu beaucoup de sages ; je n'avais pas encore vu de philosophes.

Pythagore. Il est cependant plus facile

---

(1) Not. *in Lactantii opera.* 192. tom. II. *in-*4°.

(2) Scip. Aquilanus, *plac. philosophorum.* 1620. *in-*4°. p. 86.

Pythagore est le premier des anciens sages qui ait pris le nom de philosophe. Bayle. *dictionn.*

(3) Pythagore tint ce discours, avant qu'il passât en Italie. Ciceron et Bayle.

(4) Cicero. *Tuscul.* V. 3. Montaigne, *essais.* I. 25.

d'être l'un que l'autre. A la nature seule appartient le titre de sage.

Léon. Mais observer n'est pas agir ; la nature veut qu'on prenne une part active à la vie.

Pythagore. Un philosophe, comme ce terme l'indique, aime tellement l'étude de la sagesse, qu'il dédaigne toute autre occupation, et plaint ceux qui s'y livrent.

Léon. Même un roi.

Pythagore. Oui, un roi, un magistrat, un homme public plutôt qu'un citoyen obscur. Un philosophe est encore à savoir comment il se trouve des mortels assez ennemis de leur repos et de celui des autres, pour se charger de la sagesse de toute une nation. Je conçois le conducteur d'un quadrige ; il y a quelque distance entre ses coursiers et lui ; son espèce, dans la série des êtres animés, est au-dessus de la leur peut-être : mais y a-t-il le même intervalle de Léon aux Phliasiens ? Le roi de Phliunte vaut-il beaucoup mieux que tel ou tel habitant de cette ville ? Rappelle-toi la parole de Cyrus (1) : à moins d'une grande supériorité, de quel droit commande-tu à tes semblables, à tes égaux ?

Léon. Du droit le plus incontestable : par leur consentement.

Pythagore. Le peuple eut-il jamais une volonté ?

Léon. S'il en est incapable, il faut donc vouloir pour lui, en son nom.

Pythagore. Le philosophe ne se hasarde

---

(1) Cyrus disoit qu'il n'appartenoit de commander à l'homme, qui ne vaille mieux que ceux à qui il commande. Montaigne, *essais*. I. 42.

point à remplir le vœu bien ou mal exprimé de tout un peuple. Appuyé sur la barrière, il n'applaudit même point aux vainqueurs. Ses observations journalières lui ont appris qu'il se mêle toujours quelque chance heureuse ou malheureuse au mérite le mieux reconnu ; c'est ce qui ne permet pas au philosophe de se dire sage.

Léon. Faut-il donc tant de sagesse pour mener une tourbe d'insensés ? Il suffit d'être un peu moins insensé qu'eux. Pythagore, tu es aussi par trop modeste.

Pythagore. Et toi, Léon, trop confiant.

Léon. Spectateur par état, tu as dû remarquer que la témérité seconde puissamment le conducteur de char. Pour que la roue évite la borne, l'adresse seule n'est pas assez, ainsi que la science ; il faut encore de l'audace. Voir tout le danger n'est pas un moyen sûr de s'y soustraire.

Pythagore. Ne vaudrait-il pas mieux ne point s'y exposer ?

Léon. Pythagore ! qu'est-ce donc enfin que la philosophie ?

Pythagore. Léon ! je te l'ai déjà dit :

C'est l'amour exclusif et persévérant de la sagesse. C'est la plus pure de toutes les passions ; c'est celle qui met à l'abri de toutes les autres.

Il n'est peut-être pas donné à l'homme d'être sage, mais il peut et doit-être philosophe.

Un philosophe est l'ardent ami de tout ce qui est bon, de tout ce qui est beau. La nature, la vérité, la vertu, l'amitié sont les goûts du philosophe ; il leur sacrifie sans peine et sans regret les richesses, les plaisirs,

les

les honneurs, même la gloire, et la considération, s'il le faut.

Un philosophe est bien plus au-dessus de ceux qui ne le sont pas, qu'un roi n'est au-dessus de ceux qu'il appelle ses sujets. En un mot, le philosophe est l'homme par excellence. Adieu, roi de Phliunte (1).

Léon. Adieu, *philosophe!* je n'oublierai pas ce mot.

Pythagore. Pense plutôt à la chose.

Léon. Il serait beau d'essayer d'être en même temps philosophe et roi.

Pythagore. Il serait encore plus beau de cesser d'être roi, pour devenir philosophe.

Léon. Je ne pense pas qu'on voye souvent ce phénomène.

Pythagore. Sois le premier!

Léon. Que deviendrait le monde, si tous les hommes étaient philosophes?

Pythagore. Et si tous les hommes voulaient être rois (2)?...

Léon. Êtes-vous beaucoup de philosophes!

Pythagore. Trop peut-être pour ceux qui ne le sont pas.

Léon. Et où se trouvent les philosophes?

Pythagore. Par tout où il y a des observations à faire, ou des vérités à dire.

Léon. Demeures à Phliunte; tu serais mieux ici qu'à Samos : du moins tu pourrais y vivre plus tranquille.

Pythagore. Je n'ai pas encore assez vu, pour me fixer. Adieu, roi des Phliasiens.

Léon. Adieu, philosophe.

---

(1) Aujourd. *Yry* et *Rupella*.
(2) Porphyre, *abstin. de la chair*. IV. 18.

§. CLII.

Pythagore à Corinthe.

Je quittai la cour de Léon, pour me rendre au temple des vents, sur une montagne qui borne la Phliasie, entre le couchant et le septentrion. Un prêtre est toujours là pour recevoir les sacrifices qu'on vient adresser au génie de la Nature qui préside à l'orage. Le pontife prononçe des vers magiques qui ont la vertu de conjurer les ouragans; je leur crois plutôt celle de rassurer l'esprit du peuple plus facile à diriger que les vents.

De-là, je montai à Titane qui doit son nom et son origine à un frère du Soleil; c'est du moins l'opinion religieuse des gens du pays. Je me hasardai de leur dire : « Éh! mes amis! le Soleil n'a pas plus de frère que la Nature n'a de sœur. Ce Titan, votre fondateur, n'était-il pas plutôt un homme appliqué à l'étude des saisons, pour savoir en quel temps vous devez semer et planter; quel degré de chaleur, ou quel aspect du soleil est nécessaire pour amener les fruits à leur maturité »? Il ne me fut rien répondu.

La ville de Titane est remplie de temples. Les habitans des lieux élevés ont toujours plus de religion que les hommes de la plaine; c'est ce que j'ai remarqué assez constamment. Il y a ici une statue de Minerve qui a été frappée de la foudre, sans en être consumée; elle n'est cependant que de bois.

Les Titaniens révèrent Hercule, principalement Esculape; on ne voit que le bout des pieds, des mains, et le visage de son simulacre, recouvert d'une bonne tunique de laine blanche, et d'un manteau par-dessus. Ce costume sacré n'est sans doute qu'un précepte général donné aux malades. Tous doivent se tenir chaudement, pour exciter la transpiration : malade qui transpire est à moitié guéri.

La draperie d'Esculape me rappela le petit Télesphore (1), dieu subalterne, invoqué par les convalescens.

La déesse Hygie partage le même temple ; elle est habillée un peu plus légérement : mais les citoyennes de Titane la couvrent et recouvrent de quantité d'étoffes, et lui jettent sur la tête les boucles de leurs cheveux dont elles lui font le sacrifice. On ne saurait distinguer ses traits.

Les solennités commencent toujours après le coucher du soleil.

Je traversai l'Asope dont les eaux tracent les limites du territoire de Sicyone, et j'évitai d'approcher d'un bois fort sombre, habité par les Euménides ; les Parques y ont aussi un autel, et le même culte est consacré à ces Divinités *sévères*. Les Athéniens les caractérisent ainsi ; mais le coupable ou l'insensé est le seul qui puisse éprouver la sévérité des Euménides ou des Parques. Les premières n'approchent point de l'homme vertueux ; les secondes n'effrayent jamais le sage.

Sicyone (2), Egialée autrefois, est bâtie dans

---

(1) Voyez le *Museum de Florence*, édition française. in-4°. p. 93 et 94. tom. V.
(2) Aujourd. *Basilica*.

une plaine à peu de distance de la mer de Corinthe.

Les voyageurs comptent douze cent stades (1), ou vingt-cinq heures de chemin, pour venir de la capitale de l'Elide, à celle de la Sicyonie.

Avant d'entrer dans les murs de cette ville, je m'arrêtai pour considérer la forme particulière que les Sicyoniens donnent à leur tombeaux ; ils ne brûlent point les corps, ils se contentent de les jeter dans une fosse, recouverte ensuite avec la terre qu'on en a tirée. Une petite muraille est construite autour ; quatre colonnes, dans les angles, soutiennent un toit qui ressemble à deux aîles éployées, et penchées comme la couverture d'un temple. Je ne vis aucune inscription sur leurs sépultures que des oliviers accompagnent (2).

On m'ouvrit une espèce de sanctuaire (3) où les Sicyoniens renferment une statue de la plupart de leurs Dieux. Chaque année ils viennent, pendant une certaine nuit, prendre ces saintes images, pour les porter solennellement dans un temple, à la lueur des flambeaux, et en répétant des hymnes.

Dans une place de la ville qu'on nomme la Peur, est le temple de la Persuasion. Pourtant il est difficile de persuader des gens qui ont peur. On m'y montra la lance de Méléagre, et la flûte du satyre Marsias.

Vénus y est représentée, un pavot d'une

---

(1) Ou cent cinquante mille pas. Plin. *hist. nat.* II. 71.
(2) . . . *Olivifera Sicyone* . . .
Ovid. *ib.*
(3) *Sacrarium.*

main, dans l'autre une pomme. Un petit toit (1) la met à l'abri des injures du temps.

Les Dieux fêtés le plus dans Sicyone, sont les *Apopompayes* (2); ils n'ont pas encore détourné de cette ville le malheur d'avoir un maître. Les habitans paroissent s'en être fait une habitude; ils donnent tous leurs soins à leurs vêtemens. Si les Sicyoniens n'ont pas l'avantage d'avoir de bonnes lois, on ne peut leur disputer la gloire de se fabriquer les plus belles chaussures.

Leurs esclaves portent, ouverte pendant le jour, une ample tunique de peau velue (3), qui leur sert à s'envelopper pendant le sommeil de la nuit.

Cependant Hercule a une statue de bois de chêne dans Sicyone; il y reçoit un double culte : on l'adore comme Dieu, on le révère comme héros.

Une idée heureuse est l'image du sommeil, qui berce un lion sur ses genoux. Je ne m'attendais pas à ce trait de philosophie, dans une ville qui la pratique si peu. On en est redevable à un vieux statuaire Sicyonien qui porte un grand nom, celui de Dédale; mais ce n'est point un fardeau pour lui. C'est le maître de deux autres sculpteurs déjà connus, Scyllis et Dipœnus, tous deux crétois.

Sicyone possède une vieille chronique, calculée sur la durée des sacerdoces du temple de Junon d'Argos. On y voit la date des combats

---

(1) Larcher, *mém. sur Vénus.* 68 et 69.
(2) Préservateurs de tous maux.
(3) Athen. VI. *deipnos.*

de poëtes et de musiciens (1) donnés dans divers jeux publics de la Grèce. J'y lus l'aventure du tyran Néoclès (2), condamné par ses sujets à mourir de faim.

A la chute du jour, je me promenai dans le voisinage de la ville. Beaucoup de monde, des femmes principalement, se rendaient à un petit autel qui n'a pas encore de statue. J'appris qu'il appartenait au Dieu *Evemarion* ; cette divinité, peu connue ailleurs, préside à la médecine préservative ; on s'adresse à elle chaque jour, le soir, après le coucher du soleil, pour en obtenir une vie heureuse. Ce culte, du-moins, ne coûte point de sang.

Les Sicyoniens me vantèrent beaucoup leurs poissons (3) ; c'est le plus délicat de leurs alimens.

Il ne me restait plus qu'à voir *Corinthe* (4), où je trouvai de même beaucoup plus de statues que d'hommes. La remarque est d'autant plus juste, que cette ville renferme quarante mille esclaves (5) ; tous les jours on distribue à chacun d'eux un chenix de froment.

Corinthe (6) est dominée par une montagne fortifiée, qui la défend mal de la violence des vents (7).

Un mystagogue me montra le souterrain d'un temple. Là, me dit-il, un Dieu est caché, prêt

---

(1) Plutarch. *dialog. music.*
(2) Ovid. *ib.*
(3) Athen. I. *deipnos.*
(4) Aujourd. *Coranto.*
(5) Tobiæ Magiri *eponymologium*... Francf. 1644. *in-4°.*
(6) Latitude de Corinthe, 38 deg. 13. min.
(7) On l'appelait *ventosa Ephyria.* Athenée.

à punir le citoyen ou l'étranger qui oserait, en sa présence, profaner ce lieu par un faux serment.

PYTHAGORE. Est-ce que le parjure resterait impuni par tout ailleurs? Au lieu de répondre, on me proposa d'aller voir les bains publics d'Hélène.

Je refusai. Toujours le nom de cette femme, dont la Grèce aurait dû ensevelir l'infâmante mémoire dans les eaux du Léthé.

Et encore une statue à la peur, comme à Sicyone; elle est sur le chemin d'une autre, à Hercule. Celle-ci, de bois, est un ouvrage de Dédale. L'expression de la force y est parfaitement rendue. Cette sculpture a peu de grâces; le sujet en dispense.

On me conduisit dans le temple des Nymphes, pour y voir le premier bas-relief modelé (1), il y a près de mille ans, par Dibutades, d'après les dessins de sa fille, inspirée par l'amour.

Je demandai à voir la statue de Phedon (2).

LE MYSTAGOGUE. Nous n'en avons point. Ce vieux législateur est presqu'oublié, et le mérite bien. Le croiras-tu, honorable étranger! il voulait mettre des bornes aux héritages et à la population. A l'en croire, Corinthe eût pu servir de type à Sparte. Phedon n'avait que les vues étroites d'un bon père de famille.

PYTHAGORE. Un tel dessein est louable pourtant. Il me semble.....

LE MYSTAGOGUE. Sans doute, mais tant de simplicité ne nous convient pas.

---

(1) Plin. *hist. nat.*
(2) *Politic.* Aristot. II.

En allant à la citadelle, je vis plusieurs petits temples dédiés aux principaux Dieux de l'Egypte. Une divinité que tous les mortels, n'importe de quelle nation, sont forcés de reconnaître, la Nécessité a son temple dans Corinthe. Personne n'y entre ; et cet obstacle, que rien ne peut lever, est déjà un hommage rendu à cette déité impassible.

On ne me permit de voir, sans y toucher, que les longs clous servant à fixer les destinées des hommes, et même des Dieux.

Le vulgaire est loin de soupçonner les conséquences et tous les avantages qu'il pourrait tirer de ces principes mythologiques épars dans son culte : les prêtres ne s'empressent pas de le mettre sur la voie.

A l'entrée de la forteresse sont les images de Vénus et du soleil. L'union de ces deux divinités n'est point un adultère.

Là aussi, à la vue du port, est le Lecheon, palais de plaisance où Périandre, le dernier tyran de Corinthe, donna ce fameux banquet des sept sages, dont on parlera long-temps. J'approchai de la salle du festin, avec ce saint respect dont le peuple est saisi devant l'autel de tous les Dieux. Un seul convive excepté, l'olympe n'offrit jamais une réunion plus digne de l'hommage des mortels. Corinthe s'en ressentit ; la présence de plusieurs sages sembla purifier la ville. L'hôte, peu digne de recevoir à sa table de tels convives, ne survécut pas long-temps à cet excès d'honneur. A sa mort, les citoyens, profitant de quelques leçons indirectes que les sages leur avaient données à la table même du despote, firent main-basse sur le trône, devenu vaquant, et résolurent, à l'unanimité, de n'avoir plus d'autre maître que la loi, confiée à la garde et à la surveillance d'un petit nombre de magistrats. Puissent les Corinthiens rapprocher, avec le temps, leurs mœurs de ces sages principes ! Auront-ils le courage de renoncer à leurs *aphrodisiennes* (1) ? Tiendront-ils la main à une loi qu'ils viennent de porter, et qui, à elle seule, peut leur rendre les vertus premières ? il est prescrit au magistrat de mander à lui tout citoyen tenant état de maison bien au-dessus des facultés qu'on lui connaît (2), et de lui faire rendre compte de ses moyens d'exister avec autant de luxe.

Je parcourus des yeux, en passant, le stade où se célèbrent, tous les trois ans, les jeux isthmiques. Un rang de fort beaux pins, plantés sur une même ligne, l'ombrage d'un côté. Le choix de cet arbre n'est point dû au hasard. Ses feuilles servent à couronner le vainqueur, et même des courtisanes (3). Thésée est le fondateur de ces jeux, à l'imitation d'Hercule, sur les rives de l'Alphée.

Toute cette belle plantation d'arbres stériles ne vaut pas le délicieux verger du territoire de Sidonte (4), l'une des bourgades de Corinthe. C'est-là qu'on recueille en abondance la pomme qu'on dirait teinte trois fois dans la pourpre (5). Les amans tracent sur sa pellicule la première lettre du nom de leurs amies.

---

(1) *Fêtes de Vénus*, qui rendirent Corinthe l'une des cités les plus opulentes et les plus corrompues.
Strabo. VIII, *geogr.* Athen. XIII. *deipnos.*
(2) *Diphilus, apud Athenaeum.* VI.
(3) Paw. *rech. sur les Grecs.* tom. I. p. 262.
(4) Athen. III. *deipnos.*
(5) Le calville rouge.

L'isthme de Corinthe, seule communication du Péloponèse à la Grèce, occupait encore une fois les esprits dans cette ville maritime. On n'osait proposer ouvertement aux autres états voisins, de couper cet isthme; entreprise immense, déjà tentée par Périandre, et dont Corinthe eût retiré plus de fruits que toute autre cité. C'est alors qu'elle aurait mérité le nom de *ville aux deux mers* (1). L'oracle de Delphes, consulté avant tout, ne l'enhardit point par sa réponse.

« Peuples de la Grèce! laissez l'isthme comme il est. Si Jupiter eût voulu faire du Péloponèse une île, lui-même il vous en aurait épargné la peine et les frais ».

Sans doute on reprendra ce grand projet plus d'une fois dans les siècles à venir. On revient plus souvent aux entreprises insensées qu'aux autres.

Je vis des navigateurs grecs mettre à terre leurs barques, et les traîner par-dessus l'isthme, d'une mer à l'autre. Ce travail n'est pas un de ceux d'Hercule. Ces navires, construits de bois de melèze, sont très-légers.

Je me fis conduire, avant d'aller plus loin, à cette fameuse borne que le grand Thésée, de ses mains héroïques, posa sur la ligne où le Péloponèse fait place à l'Attique.

A quelques mille pas d'Isthmus, je m'engageai dans un défilé que bordent de grosses roches, célèbres seulement dans le pays. On y rencontre beaucoup de tortues de mer. Une montagne assez haute, qui domine cette route

---

(1) *Bimaris moenia Corinthi.* Horat. od. I. 7. 2. Ovid. *fast.* IV.

étroite, indique le commencement de territoire de Megare, que vingt stades seulement séparent de Corinthe (1).

§. CLIII.

Pythagore à Mégare.

MÉGARE (2) remonte sa fondation à plus de douze siècles avant la première olympiade (3) : les nymphes Sithnides l'abreuvent de leurs eaux fraîches et limpides. On en perd beaucoup, faute d'un aquéduc (4). La source en est placée dans le mont Géranien (5), qui sert de repos aux grues lors de leur émigration.

En avançant, je me trouvai dans un bois sacré qui renferme un temple de Jupiter olympien. La divinité est de bois ; elle porte sur sa tête le groupe des quatre saisons et des trois Parques, symbole sublime et consolant pour les mortels ! il leur apprend que les Dieux même sont soumis au temps, et portent le joug de la nécessité. Le peuple, en se créant des Dieux, n'a pas prétendu les faire d'une autre nature que la sienne ; il s'est modelé dans son ouvrage.

En approchant de la citadelle appelée Carie, du nom de *Car*, fils de Phoronée, fondateur des Mégariens, on rencontre sur la route plusieurs sanctuaires : je remarquai celui de Vénus

---

(1) Trois lieues.
(2) A présent *Mégra*.
(3) Voy. *mém. sur cette ville*, par Blanchard. *acad. inscript et belles lettres.*
(4) Il eut lieu par la suite ; on le construisit magnifique.
(5) *Géranien* signifie *grue*.

Epistrophia. Les habitans du pays avaient les goûts les plus grossiers, les plus honteux: pour les en guérir, un des législateurs de la contrée imagina ce culte, dont il confia l'exercice à plusieurs prêtresses, jeunes et choisies. Derrière ce petit temple, il pratiqua un autel dédié à la nuit ; là on se rend le soir pour consulter l'oracle. Une jeune fille en est l'organe et l'interprête.

A quelques pas est une vieille statue de Jupiter *le Poudreux*. Ce surnom lui est donné depuis que l'on commence à négliger son temple, qui n'a point de toit, pour se porter à l'autel de Vénus, bien mieux abritée.

Lors de la prise de Mégare, par les Crétois, ils en rasèrent les premières murailles. Celles qui cernent en ce moment cette ville, pour la garantir d'un semblable événement, sont consacrées aux Dieux *Prodomées* (1). On y conserve une pierre sur laquelle Apollon posa sa lyre, pour se mettre à l'ouvrage, et hâter la construction des nouveaux murs. Ces idées religieuses ont quelquefois servi à la défense d'une ville. Cette pierre est sonore. En fallait-il davantage pour croire à l'assistance du Dieu de l'harmonie ? Aussi a-t-il un temple construit avec des briques séchées au soleil. Sa statue, dans le style Egyptien, est toute entière de bois d'ébène.

Une rue qui conduit au prytanée, est devenue sainte, par un temple à Cérès *Thémisphore* : la Déesse de l'agriculture, fondatrice des lois ! J'aime ce rapprochement, et je voudrais que la multitude sçût l'apprécier. Près de-

---

(1) Divinités qui président aux fondations d'une ville.

là sont des tombeaux ombragés d'oliviers, de préférence aux cyprès stériles. Il y en a dans toutes les rues de la ville.

Agamemnon vint à Mégare inviter Calchas à le suivre au siége de Troye. Pour déterminer le prêtre, le roi s'engagea de bâtir le temple de Diane qu'on y voit. Père infortuné, le sang de ta fille devait en arroser les fondemens ; et ton fils Hypérion payer de sa couronne et de sa vie l'humeur altière qu'il avait reçue de toi en naissant. Epoque la plus brillante dans les annales de Mégare. Deux de ses citoyens, dont l'un était le meurtier du despote, Csymnus et Sandion, allèrent aussitôt à Delphes pour interroger la Pythie, sur les moyens de bien user de l'indépendance de leur patrie. La réponse de l'oracle était d'avance écrite dans l'ame des deux libérateurs de Mégare :

— Mégaréens, pour être heureux, faites-vous des lois sages; et pour les interpréter, construisez-vous un sénat muet —.

Cette décision fut expliquée ainsi : Le peuple de Mégare rassembla en un même lieu toutes les sépultures de ses héros, et mit comme sous leur garde ses archives, ses fastes, et le livre des lois nouvelles; puis il grava au frontispice de cette vénérable enceinte : *Le sénat de Mégare*.

Pourquoi les Mégaréens n'ont-ils pas continué, plus long-temps, à venir consulter cette espèce d'aréopage ? Les leçons les plus profitables aux vivans viennent des morts.

Sur la place publique est un tombeau, orné d'une statue de pierre, l'une des plus anciennes que j'ai vues dans toute la Grèce; et auprès, la sépulture d'Orsippus, qu'on pourrait regarder comme un monument à la pudeur. Cet athlète se présenta aux trente-deuxièmes jeux olympiques, avec la ceinture d'usage passée autour de ses reins. Mais il s'en était revêtu de manière qu'en combattant, cette draperie tombée, laissa Orsippus dans une nudité absolue. Il espérait en être plus agile. Le contraire arriva. Il fut vaincu ; et cette disgrâce est regardée comme un châtiment.

Hors de la ville, sur le chemin du port Nisée, est un temple à Cérès Mélophore, tutélaire des troupeaux. De tous les édifices sacrés, il passe pour le plus ancien, et il atteste que les Mégaréens professèrent d'abord la vie pastorale. Ils en sont loin aujourd'hui et paraissent disposés à s'en écarter encore davantage. Chaque jour ils contractent les habitudes les plus viles, les plus basses. Ils deviennent économes jusqu'à la lésinerie. Je leur vis déposer quatre corps dans le même cercueil (1), pour éviter les frais de sépulture. Les enfans sont presque nus dans une contrée riche en laine. Les Mégaréens seraient-ils redevables de ces inclinations peu relevées, à la position de leur ville bâtie dans un fond, et presque toujours fangeuse? On les dit de mauvaise foi, et d'un commerce peu sûr en amitié. Si les citoyennes de Mégare ne surveillent pas mieux leurs mœurs, bientôt leur nom pourra servir d'injure aux autres femmes de la Grèce.

Quand je passai à Mégare, on y était dans une assez grande agitation, causée par une mode nouvelle que les Mégaréennes ennuyées

---

(1) Plutarque, *vie de Solon*.

de l'ancien costume qui leur est prescrit depuis le trépas de la sage *Abrote* (1), fille d'Onchestus et femme d'un fondateur de la ville, voulaient à toute force introduire. Pour leur fermer la bouche, on envoya consulter l'oracle. La réponse arriva en ma présence :

« Mégaréennes ! gardez la forme des habits d'une reine dont les mœurs furent un modèle pour son sexe ».

Le dialecte Dorien a succédé dans Mégare à l'Ionique. Et cet état d'abord monarchique, populaire ensuite, est aujourd'hui une aristocratie corrompue et corruptrice. Ce territoire n'est plus recommandable que par les graines légumineuses qu'il produit.

Un Mégaréen me pressa fort de séjourner quelque peu. « Tu as vu nos monumens ; il te reste le plus intéressant de nos usages à connaître. Dans trois jours nous célébrons la fête et le combat des baisers ».

PYTHAGORE. Je demeure : ceci porte un caractère de singularité auquel je ne puis résister.

Je me rendis au tombeau d'un ancien roi de Mégare, antérieur à Pélops (2). La foule était grande. Les femmes occupaient les premières places ; jadis, elles n'y étaient point admises. Je parvins, non sans peine, à découvrir que dans l'origine, il ne s'agissait que d'une lutte honorable d'amitié la plus pure. Le prince, dont la tombe servait d'arène à ces doux combats, s'en était montré le héros

---

(1) Plutarque, *questions grecques.* XVI.
(2) Theocr. *idyll.* XII, et son scholiaste, ainsi que celui de Pindare. *Olymp. od.* XIII.

accompli. Il avait perdu la vie dans une bataille, pour sauver son ami qu'il couvrit tout entier de son bouclier. Son exemple pendant quelques années, ne fut point stérile. Mais le temps, par qui tout dégénère, changea les liaisons saintes contractées par de jeunes citoyens pleins de mœurs, en habitudes tout au moins suspectes et dangereuses. Les jeunes hommes les plus beaux de Mégare, vêtus avec recherche, se présentent deux à deux, et debout, sur le tombeau, se donnent tour-à-tour un baiser, avec une expression telle que je ne pus soutenir la suite ni attendre l'issue de ces jeux publics. Les spectateurs de l'un et de l'autre sexe n'assistent pas sans intérêt à cette fête. L'ami qui obtient la couronne, peut prétendre aux faveurs de toutes les *Vénus* de Mégare.

Cependant, on y trouve encore un assez grand nombre d'hommes (1) musculeux, pour soutenir les prétentions de cette ville efféminée à produire des Hercules (2).

Erené, bourg de la dépendance de Mégare, est illustré par le tombeau du prince *Car*, aussi modeste, aussi simple que les mœurs du temps de ce héros. Ce n'est qu'un tertre de gazon. On s'occupait, quand je le visitai, à construire autour une balustrade avec ces pierres blanches qu'on vient de découvrir dans le pays, et dont on a déjà bâti plusieurs monumens publics dans la ville de Mégare. Ces pierres, qu'on taille avec beaucoup de facilité, renferment des coquillages de mer, et semblent

---

(1) *Viros fortes*... Plin. *hist. nat*, XVI. 76.
(2) *Herculeo robore Megarenses*, lit-on sur des médailles de cette cité.

indiquer

indiquer une époque très-reculée à laquelle tout ce sol était enseveli sous l'onde amère.

§. CLIV.

Pythagore aux mystères d'Eleusis.

Des montagnes ferment du côté de Mégare, le territoire sacré d'Eleusis qui a pour borne à l'extrémité opposée le fleuve Cephise.

J'avais à peine marché l'espace d'un stade que j'aperçus une fête rurale autour d'une fontaine appelée *Callichore* (1). Une couronne de jeunes femmes se tenant par la main (2), exécutait des pas, tantôt rapides, tantôt lents, mesurés sur une chanson dont chaque strophe était répétée en chœur. L'une d'elles, lisant dans mes yeux le désir de savoir à quelle occasion cette solennité champêtre, se hâta de me dire: «Etranger, tu es ici dans la plaine de *Rharos* (3). C'est dans ce champ que l'orge et le blé furent semés et recueillis pour la première fois, il y a neuf siècles (4). Voici l'aire de Triptolème. Nous répétons une danse sacrée en l'honneur de Cérès, et de son élève. Si tu veux en savoir plus, va te faire initier aux mystères d'Eleusis».

La jeune danseuse n'attendit pas ma réponse; je la vis reprendre la chaîne dont elle était un anneau mobile.

---

(1) Le puits de la Danse.
(2) Pausan. I. 38. *voyage en Grèce*.
(3) Ou *raria*. Marbres de Paros.
(4) Quatorze cent six ans avant l'ère chrétienne.
  Marbres de Paros.

Non loin de là, une troupe d'enfans se divertissait en roulant sur la terre un grand cercle de bronze (1), garni de lames de fer fort bruyantes. Les joueurs étaient armés chacun d'une longue *verge* du même métal (2), avec laquelle ils frappaient le cercle pour précipiter sa course. Une foule de spectateurs avertie par le bruit se rangeait, formant une double haie sur le passage des enfans. Cet exercice me plut, en ce qu'il demande à la fois de la force et de l'adresse. On pourrait le perfectionner, et le rendre aussi instructif qu'il est amusant : à l'aide de quelques signes et de certaines mesures, ce serait un anneau astronomique, propre à connaître l'état du ciel et le mouvement planétaire. Une société d'autres enfans s'exerçait au jeu de *la corde tendue*. Divisés en deux bandes de nombre égal, ils s'attachèrent fortement aux extrémités d'un câble, et chaque bande de son côté mit tout ses efforts soit à résister aux secousses de la troupe opposée, soit à l'attirer. Le peuple animait du geste et de la voix et les uns et les autres qui se roidissant le pied et le bras, furent assez long-temps sans céder et dans une sorte d'immobilité réciproque. La corde en cet état décrivait une ligne droite, comme le nerf d'un arc parfaitement tendu. Enfin, on se relâcha à l'un des bouts ; le cable vint à plier, et la victoire se déclara ; la moitié des contendans fut entraînée d'un clin d'œil aux pieds de leurs adversaires.

---

(1) C'est le jeu connu des Romains qui l'empruntèrent aux Grecs, sous le nom de *trochus*.
Rem. Dacier, sur Hor. *od.* 24. liv. III.
(2) Les Grecs appelaient cet instrument *elatera*.

Pourquoi les hommes, en sortant de l'enfance, se permettent-ils des jeux moins innocens (1) ?

Je me rendis à la ville sainte d'Eleusis (2) ; l'image de Diane est sur la porte. Je n'avais pas beaucoup à attendre pour me présenter aux mystères célébrés en automne ; et mon titre d'initié de Thèbes (3), m'exempta du cérémonial dont rien ne peut dispenser le mortel qui n'est qu'aspirant. On ne m'obligea point à me couvrir de la dépouille d'un animal sauvage. On me revêtit presqu'aussitôt mon entrée, de la robe olympique. La proclamation de l'*Hiérocerix* contre les profanes ne me regardait point (4). Je fus admis dans le sanctuaire, sans passer par les grades de l'initiation, dont le nombre égale celui des planètes (5)

Un mystagogue me fit toucher au dé et au sabot, mis en mouvement devant un miroir; symboles du hasard apparent qui gouverne toutes choses et de la rapidité des révolutions du globe, qui se répètent à certaines époques. Comme à Thèbes, on me développa le dogme de l'ame universelle ; on reproduisit à mes yeux ces mêmes expériences qui constatent la des-

---

(1) Horace a peint celui-ci d'un seul vers :
Qui jam contento, jam laxo fune laborat.
Vers. 20. sat. VI. liv. III.

(2) Aujourd. *Lepsina*, ou *Eleffin*.
(3) . . . *Cum didicisset (Pythagoras) non nulla ex initiis quae fiunt Eleusine*. . .
Jambl. *vita Pythag.* XXVsss.
(4) Un héraut. Orig. *cont. cels.* liv. sss.
(5) Le nombre sept.

cente du feu Ether dans les corps grossiers, et son retour plus ou moins lent vers les régions éthérées.

Les *abeilles* de Cérès vinrent butiner devant moi sur l'autel de la bonne déesse (1), pendant que l'on exécutait l'hymne (2) composé par Homère (3).

On me fit jouir, tout de suite, de la contemplation de cette lumière céleste qui éclaire l'Elysée. J'eus le droit de me promener la tête couronnée de fleurs, une branche d'olivier à la main, dans les riantes prairies de ce séjour plein de merveilles. Enfin, je fus proclamé libre et dégagé de toutes les chaînes pesantes des préjugés populaires. Je voulus examiner dans ses détails le temple d'Eleusis (4); il peut contenir une plus grande multitude que des villes entières n'en rassemblent dans leurs solennités.

J'eus la licence d'y méditer sur le livre des lois de Cérès et de Triptolème (5), que la plus sage d'entre les femmes de l'Attique porte sur sa tête pendant les *thesmophories*.

L'enceinte du temple est fortifiée par de bonnes murailles.

La vue des mystères de Cérès presqu'en tout semblables à ceux d'Isis, me laissa da-

---

(1) *Prêtresses.* Cette phrase est mot pour mot un échantillon du langage mystique dont on se servait dans les fêtes d'Eleusis.

(2) Pausanias.

(3) Récemment retrouvé à Moscow, dit-on. Voy. les *notes* de Villoison sur Longus.

(4) Aristides *in pareathea*.

(5) Voy. Porphyre, *abstin.* IV. 22, qui cite un livre *des législateurs*, par Hermippe.

vantage au calme de la réflexion. Un jeune initié, mécontent de ne pas remarquer dans les traits de mon visage cette plénitude de bonheur qu'on goûte, quand on en jouit pour la première fois, s'approcha et me dit : « s'élèverait-il dans ton ame quelque doute ? ainsi que nous, ne regardes-tu pas les mystères d'Eleusis comme ce qu'il y a de plus propre à rendre vertueux (1).

PYTHAGORE. Est-ce qu'il n'y aurait de vertueux que les initiés ?

LE PRÊTRE D'ELEUSIS. De toutes les institutions religieuses (2), celle-ci du moins est la plus sainte.

PYTHAGORE. Je le sais.

L'INITIÉ. Le temple d'Eleusis est le sanctuaire commun de toute la terre (3).

PYTHAGORE. Je le sais.

L'INITIÉ. L'initié emporte au lit de la mort l'espoir de l'immortalité (4).

PYTHAGORE. La contemplation de la nature lui en donne la certitude, de son vivant.

L'INITIÉ. Les deux premières nations du monde n'ont qu'un sentiment, qu'un vœu à cet égard : l'Egypte et la Grèce....

PYTHAGORE. L'une est déjà bien vieille; l'autre est encore bien jeune.

L'INITIÉ. La Grèce doit sa civilisation aux mystères.

PYTHAGORE. Dis à l'agriculture dont on vou-

---

(1) Pausan. *in Phocicis.*
(2) Aristot. *rethor.* liv II. 24. Meursius. ch. I. *Eleus.*
(3) Aristi. *Eleus.* Euripid. *initio Hippolyt.*
(4) Isocrate, *paneg.* Aristides.

drait bien faire aussi un mystère. Grands Dieux ! Où en serions-nous ?

L'Initié. Ces mystères datent de mille années.

Pythagore. Le soleil est encore plus ancien qu'eux ; et le soleil ne connaît point de profanes. Il admet à sa lumière tous les êtres.

L'Initié. Les mystères d'Eleusis et les jeux olympiques....

Pythagore. Pour parler avec toute franchise, entre nous, ne valent pas les amphyctions et l'aréopage ; mais ils font plus de bruit.

L'Initié. Le divin Orphée est l'un de nos fondateurs (1).

Pythagore. Il avait affaire à des barbares. Nous ne le sommes plus. Il ne faut des nourrices qu'aux enfans.

L'Initié. Eh ! que pourrais-tu trouver à reprendre dans le cérémonial emblématique du cinquième jour des mystères : grande leçon donnée par ces flambeaux qu'on se passe de main en main sur la route d'Eleusis (2) ! Que désires-tu davantage ?

Pythagore. Que ces belles leçons ne soient plus un mystère, précisément pour ceux qui en ont le plus de besoin.

L'Initié. Mais tout le peuple assiste à la marche des initiés.

Pythagore. Sans comprendre ce que tout cela veut dire. Il en attend avec impatience la fin qui n'est plus qu'une Bacchanale. Toutes ces représentations mystiques l'étonnent ou l'amusent, sans l'instruire, sans même lui inspirer le goût de la science et l'amour de

---

(1) Théodoret, *therapeut.* I.
(2) Herodot. liv. II. Meursius. *Eleus.* 25. 27.

la vérité. Si la vérité avait un temple sur la terre; la porte toujours ouverte, ne ressemblerait point aux pontifes d'Eleusis qui suspendent une clef à leur épaule gauche.

Ces demi lumières conviennent mal aux hommes qui, pour la plupart, n'entendent pas à demi-mot.

L'INITIÉ. S'il faut des Dieux au peuple, il faut une base à ces Dieux : nos mystères leur en donnent trois (1) : la physique, le culte et les lois.

PYTHAGORE. De bonnes lois bien exécutées suffisaient.

L'INITIÉ. Il faut effrayer par les terreurs religieuses celui qui est rebelle à la sagesse (2).

PYTHAGORE. Le peuple ne passe point par les épreuves de l'initiation. Il n'assiste qu'au triomphe de l'initié. Et à quoi bon tout cet appareil, s'il n'y a que le très-petit nombre qui en profite?

L'INITIÉ. Romulus fit la guerre pour former des soldats. Numa fonda un culte pour avoir des citoyens (3).

PYTHAGORE. Un législateur, plus sage encore, n'eût fait ni l'un ni l'autre. Des lois, te dis-je! des lois fermes!

L'INITIÉ. Il fallait à Numa une grande autorité pour appuyer ses lois (4).

PYTHAGORE. Et toujours l'imposture à l'aide de la raison!

---

(1) Plutarque. *plac. philosoph.* liv. I. ch. 6. §. III.
(2) Timée de Locres. *de naturâ*, *ad finem*.
(3) Tite-Liv. *decad.* I. liv. I. 21.
(4) Plutarch. *vita Numae.*

L'INITIÉ. Menès sur les bords du Nil étaya sa législation du nom de Thaut.

PYTHAGORE. Un bon code se soutient de lui-même.

L'INITIÉ. Les mystères avertissent l'homme de craindre les Dieux (1).

PYTHAGORE. Le tonnerre parle encore plus haut que l'hiérophante, et il n'épure que ceux qu'il frappe... Pourquoi le secret sous peine de la mort?

L'INITIÉ. Il y a beaucoup de choses sur lesquelles il est dangereux d'éclairer le peuple (2).

PYTHAGORE. Mais s'il vient à s'apercevoir qu'on se cache de lui?... Personne, bientôt, ne croira plus à l'Achéron (3). Bientôt on débitera sur la place que les peines de la vie finissent à la mort (4). Que deviendront nos mystères?

L'INITIÉ. Tu ne peux disconvenir que les épreuves, au nombre de douze (5), et quelquefois davantage, qu'on subit à Eleusis comme à Thèbes, font connaître si l'ame est maîtresse de ses passions...

PYTHAGORE. Sans compter cette espèce de torture donnée à la curiosité, en ménageant un long (6) intervalle entre l'admission aux petits mystères et l'initiation aux grands (7).

---

(1) . . . *Discite moniti, et non temnere Divos.*
                         Virgil. *ÆEneid.* V9.
(2) Varron. Voy. Augustin, *civit. Dei.* 4. 31.
(3) Cicer. *Tuscul.* I. 21.
(4) Salust. *Catil.*
(5) Holstensi *observ.*
(6) Six mois.
(7) Tertulien. *orat. ad Valent. initio.*

Il a fallu toute ma patience, tout mon courage en Egypte (1).

L'INITIÉ. Les initiés seuls ont le privilége d'échapper aux plus grands maux et aux tempêtes (2).

PYTHAGORE. On nous promet tout cela.

L'INITIÉ. Nous devons aux Déesses fondatrices d'Eleusis (3), d'être affranchis de la vie sauvage des premiers hommes.

PYTHAGORE. De quels services nous leur serions redevables, si elles délivraient du despotisme la plupart des nations civilisées !

L'INITIÉ. La participation aux mystères (4) est la source des plus grands biens.

PYTHAGORE. Je me suis approché des portes de la mort (5); j'ai foulé aux pieds le seuil de Proserpine; j'en suis revenu à travers tous les élémens. J'ai vu briller le soleil au milieu de la nuit. J'ai été en la présence des Dieux supérieurs et inférieurs, et je les ai adorés de fort près. On a glissé dans mon sein un serpent doré, pour le faire sortir par le bas de ma robe.....

L'INITIÉ. Et tu ne serais pas encore satisfait ?

PYTHAGORE. J'aurais voulu moins d'appareil, et plus de vérité. On s'est beaucoup plus occupé de ce que je deviendrais après ma mort, que de ce que je dois être pendant ma vie.

L'INITIÉ. La doctrine des mystères t'a du-

---

(1) Porphyr. *vita Pythag.*
(2) Scholias. Aristoph. *de pace.*
(3) Isocrat. *panegyr.*
(4) Theon *in poradein.*
(5) Apuleïus, *metam.* III.

moins appris que les Dieux du peuple (1) ont vécu autrefois sur la terre.

Pythagore. Je m'en doutais avant mon initiation.

L'initié. Tout scélérat est chassé du sanctuaire d'Eleusis (2). Hercule lui-même ne put se faire initier qu'après avoir expié le meurtre des centaures, quoiqu'il n'eût combattu ces monstres que pour le salut public.

Pythagore. Qu'importent au scélérat les mystéres d'Eleusis ou de Thèbes? Mais qu'ils seraient devenus une institution vraiment sainte, si les peuples pouvaient y citer leurs magistrats prévaricateurs! Si deux nations, au lieu de se battre pour les intérêts privés de leurs chefs rivaux, les renvoyaient devant le tribunal des initiés, pour y vider leurs querelles, sans troubler la paix des hommes! Voilà ce que les fondateurs des éleusinies auraient pu faire, pour bien mériter de toute l'espèce humaine.

L'initié. Mais les ambitieux qui ont désolé leur patrie sont exclus des initiations; tu le sais.

Pythagore. Est-ce donc là un châtiment pour eux, et une barrière contre de nouveaux attentats?

L'initié. La doctrine sublime et savante qu'on nous a dévoilée...

Pythagore. Je ne reconnais pour sublime, que ce qui est d'une utilité générale. Si nos éleusinies ont ce grand caractère, pourquoi sont-elles un sécret? Si elles ne l'ont pas, pourquoi les appeler saintes et sublimes?

---

(1) Cicer. *Tuscul.* liv. I. ch. 13.
(2) Philostr. *vita Apoll.* IV. 6.

L'INITIÉ. Pythagore !...

PYTHAGORE. Ce qu'on peut dire de plus honorable aux mystères d'Eleusis, c'est de les regarder comme un monument de la reconnaissance des peuples envers Erecthrée (1), qui leur procura le blé dont ils manquaient. Ils donnèrent le sceptre à celui qui leur donnait du pain ; il fallait s'en tenir là, et à quelques fêtes commémoratives du bienfait.

Les Eleusiniens, peuple l'un des plus antiques de la Grèce, en étaient déjà l'un des plus sages avant la fondation des mystères.

L'INITIÉ. Toujours est-il que *Cérès a trouvé le mieux*, pour me servir des paroles de l'enfant couronné de glands (2).

PYTHAGORE. Cérès a trouvé le mieux, en semant le bled, mais non pas en imaginant les saintes orgies, qui d'ailleurs ne sont pas plus d'elle que de Triptolème. Je soupçonne ici quelques vues politiques de localités.

L'INITIÉ. Cette institution religieuse tend dumoins à perfectionner l'éducation, à rectifier les mœurs (3).

PYTHAGORE. Les hommes en sont-ils devenus plus heureux ou meilleurs ? *L'enfant du sanctuaire* (4) ne montre pas plus de vertus que le profane étranger.

L'INITIÉ. Ces mystères (5), conformes aux dogmes des mages et des gymnosophistes, sont les symboles des révolutions successives des

---

(1) Diod. Sic. *bibl.* I.
(2) *Proverb. gr. cent.* IX. Suidas. Hesych.
(3) Arrien. *comment.* d'Epict. III. 21.
(4) Expression consacrée dans le temple d'Eleusis.
(5) Porphyr. liv. IV. 16. p. 351.

ames humaines dans les différens corps (1), avant de se replonger au sein de l'ame universelle, d'où elles émanent. Ces figures d'animaux et de monstres qui apparaissent aux yeux de l'initié, avant qu'on lui montre la lumière après laquelle il aspire, n'expriment que la doctrine sacrée des métamorphoses que l'ame doit subir quand elle n'est pas assez pure, pour être introduite dans les champs Ethérés.

PYTHAGORE. Cela est admirable, sans doute.

L'INITIÉ. Et contribue à la perfection de l'espéce humaine.

PYTHAGORE. Mais pourquoi tripler les voiles d'une science qu'il importe à tous les hommes d'apprendre ? Les prêtres ont-ils peur que le peuple ne devienne aussi instruit qu'eux ? Quand l'écriture n'existait pas, il fallut bien représenter par un œuf (2) l'univers qui engendre et renferme tout. Mais aujourd'hui.....

L'INITIÉ. Si l'Hiérophante donnant ses leçons allégoriques où les phénomènes célestes et terrestres se trouvent mêlés (3), ne cherchoit pas, dans les initiations, à exciter l'étonnement, et à surprendre l'admiration des mortels, les mortels ne prendraient pas garde à la vérité ; ils la laisseraient passer devant eux, comme ils laissent le soleil se lever, luire et s'éteindre au-dessus de leur tête, sans s'en apercevoir. Voilà toute la politique des mystères d'Eleusis.

PYTHAGORE. Je ne reconnaîtrai jamais ces moyens pour légitimes.

---

(1) C'est la métempsicose.
(2) Plutarque, *Symposiac.* liv. II. ch. 2. p. 636. Macrob. *Saturn.* Vss. 16.
(3) Sanchoniaton, *théologie phénicienne.*

L'INITIÉ Nous commençons par célébrer les deux grands principes de la nature (1), le ciel et la terre, père et mère de toutes les générations : c'est ce *mariage* des deux principaux agens de l'univers que nous représentons par l'union des doubles parties sexuelles (2), le *cteis* et le *phallus*.

PYTHAGORE. Le peuple grossier s'en tient à l'enveloppe, et on ne pouvoit choisir des objets plus propres à favoriser sa pente aux passions désordonnées.

L'INITIÉ. Ce n'est pas pour lui que nos saints mystères ont été établis ; ils sont trop relevés.

PYTHAGORE. Mais c'est devant lui qu'on étale de telles images : que n'en faisait-on plutôt l'objet du culte le plus secret ! Pourquoi l'initié seul n'est-il pas admis à la contemplation du double organe générateur ? Pourquoi se trouve-t-il exposé ailleurs que dans la ciste (3) ? Ce qui convenait à des peuplades innocentes, convient-il à des nations corrompues ? Nos mystères, en conservant les principes, hâteront la chute des mœurs ; et s'il faut faire un choix entre les bonnes mœurs et les principes religieux, il est tout fait de ma part. Périssent les principes religieux, plutôt que les bonnes mœurs (4) !

L'INITIÉ. Dans nos pompes sacrées, nos vierges pures, ces jeunes canephores (5) qui

---

(1) Proclus, *in tim*. lib. V. p. 299.
(2) St-Augustin, *de civit. Dei*. lib. Vs. cap. 9.
(2) Corbeille où étaient renfermées les choses saintes.
(4) Il est à remarquer que tous les cultes anciens et modernes, sans exception, renferment certains détails qui blessent la pudeur.
(5) Aristophane. *acharn*.

portent sur leur tête la corbeille mystique d'où s'élance un phallus dans tout son développement, n'en perdent pas pour cela leur pureté.

Pythagore. J'aime à le penser; mais la multitude, dans ces priapes des deux sexes qui couronnent les graves matrones et leurs filles, pendant la solennité d'Eleusis (1), est loin de voir cette ceinture où s'exerce la force génératrice du monde, et qui enveloppe la sphère partagée également entre les deux principes actifs et passifs, ou mâles et femelles : l'œil du peuple, qui se porte en foule sur la voie sacrée, au passage de ce cortége, ne pénètre pas si avant; les plus modérés d'entre les spectateurs, sourient ou se permettent pis encore. Il fallait nous en tenir, pour exprimer ces deux principes (2), ce bien et ce mal qui divise la nature en deux, aux scènes successives de ténèbres et de lumière, de lumière et de ténèbres (3) : le peuple, qui est toute matière, ne sait pas que la célébration de nos augustes mystères tombe à l'équinoxe d'automne (4), afin d'obtenir des Dieux que l'ame n'éprouve point l'action maligne de la puissance ténébreuse qui va prévaloir dans la nature.

L'initié. Ces dogmes profonds ne sont pas faits pour le peuple.

Pythagore. Que serait-ce, s'il était permis au vulgaire d'assister aux scènes tra-

---

(1) Manilius, *astronom.* liv. II. Proclus, *comment.* in tim. lib. ss. p. 67.
(2) Plutarch. *de Iside.*
(3) Dion Chrysostome. Themistius. *orat.*
(4) Imperator Julianus. *oratio* V.

giques de la mutilation d'Atis (1) ? il aurait peine à y reconnaître le retranchement de la durée du jour, où la diminution du cours du soleil. Il aurait peine à voir dans ces tragédies religieuses la mort et la résurrection du soleil (2), ame de l'univers, principe de la vie et du mouvement dans le monde sublunaire, et source de nos intelligences, qui elles mêmes ne sont que des portions de la lumière éternelle brillant dans le grand astre, son principal foyer. Tout cela est trop sublime, même pour la plupart des initiés.

L'INITIÉ. Dire que le soleil est la porte par laquelle l'ame remonte au séjour de la lumière, est-ce donc une énigme (3) ?

PYTHAGORE. Mais offrir l'image mystique du soleil sous la forme du *dadouque* (4), introduisant dans l'intérieur du temple d'Éleusis les initiés, pour leur montrer le grand *demiourgos* dans la personne de l'hiérophante ! N'est-il pas absurde de s'enfoncer dans un sanctuaire ténébreux pour contempler le soleil, et apprendre l'astronomie ? Le pâtre, sur sa montagne, en sait autant que l'hiérophante (5), ou représentant de l'ordre universel, et le dadouque ou porte-soleil, et l'épibome ou porte-lune, et l'hiérocerix ou Mercure, et les lampadophores.

L'INITIÉ. Quoi de plus sublime que l'image symbolique de la nature universelle (6), revêtue de tous les attributs qui la caractérisent, de la

---

(1) Macrob. *Saturn*. Eusebe.
(2) St-Clément d'Alexandrie, *proterp*. p. 02.
(3) Porphyre, *de antro nympharum*. p. 027.
(4) Le second pontife; l'hiérophante était le premier.
(5) Apuleïus, liv. II. *metam*.
(6) Clem. Alex. *strom*. 582.

nature qui embrasse tous les élémens, qui étend son empire depuis les sphères de l'olympe jusqu'aux abymes les plus profonds des enfers !

PYTHAGORE. Je le répète : Ce tableau est bien plus sublime, vu hors du péribole (1) d'un temple, sur les hauteurs de l'Arcadie.

L'INITIÉ. Le pâtre d'Arcadie, qui n'est point initié à l'*autopsie* (2), dernier degré de la science mystique, voit-il la nature dans ses sources? Le grand ouvrage de l'art télestique (3), est de rappeler l'ame vers les véritables beautés, et de les lui rendre propres et familières. L'époptée devient l'œil de l'ame, à l'aide duquel l'ame contemple le champ de la vérité (4), dans les abstractions mystiques où elle s'élève au-dessus des corps dont elle arrête l'action, pour rentrer en elle-même.

PYTHAGORE. Que de tension d'esprit ! La sagesse et le bonheur seraient inaccessibles. Tant d'abstractions conviennent mal à la simplicité de la bonne nature. L'époptée d'Eleusis aura de la peine à faire des Dieux avec des hommes.

L'INITIÉ. Parmi les choses qui peuvent opérer notre perfection, les unes ont été d'abord trouvées par les sages, les autres par les mystagogues. Ceux-ci ont joint leur art à l'esprit des premiers (5), pour compléter le grand ouvrage.

---

(1) *Péribole*, enceinte.
(2) St-Clément d'Alex. *strom*. V.
(3) Hiéroclès, p. 32. Ce commentateur ascétique des *vers dorés* attribués à Pythagore, appelle *telètes* les initiations.
(4) Le même, p. 301.
(5) Le même, p. 306 à 309.

PYTHAGORE.

Pythagore. C'est précisément ce qu'il ne fallait pas faire (1). Le sage devait rester de son côté, le prêtre du sien ; et chacun d'eux marcher à la vérité comme il l'entend. On aurait vu lequel des deux eût atteint le but, le plutôt.

L'Initié. L'art télestique s'occupe de purifier l'enveloppe lumineuse de l'esprit (2), afin que la faculté contemplative marche en avant en qualité d'intelligence, et que la partie active et pratique suive, comme force.

Pythagore. Ne vois-tu pas que tu coupes l'homme en deux? La nature n'en avait fait qu'un tout, qu'une unité.

L'Initié. L'esprit contemplatif est le sommet de la pyramide. Les vertus pratiques en sont le milieu où le corps. La base est l'art télestique. En un mot, c'est l'œil, la main et le pied.

Pythagore. Tu oublies que les hommes ne sont point dans la classe des génies.

L'Initié. Pourquoi ne pas élever l'homme à ses propres yeux? Multiplions ses vertus pour augmenter son bonheur.

Pythagore. Je ne veux point de ces vertus qu'on acquiert en buvant du *cycéon* (3), ou

---

(1) Pythagore, dans tout ce dialogue, ne parle point, comme le font parler Hiéroclès, Porphyre, Jamblique et les autres Pythagoriciens ascétiques. Pythagore ne l'était point ; il aimait les symboles, non les abstractions ; il préférait la science des mœurs à la métaphysique. Pythagore et Socrate ont eu la même manière de voir.

(2) Hiéroclès, *eodem loco.*

(3) Clement. *in prostrept.* Arnobe. liv. V. On croit que le *ciceon*, ou *cicyeon* était une boisson exprimée de l'orge germée ; espèce de bière égyptienne.

en se frottant le corps avec le jus de la cigue. Je n'aime pas voir les femmes qui aspirent à l'initiation (1), se couch... la nuit sur des plantes froides, pour être ch..stes pendant neuf jours.

L'initié. Ce sont nos prêtresses qui recommandent le régime végétal, et prononcent des malédictions contre celui qui tue pour vivre.

Pythagore. Mais ce sont aussi nos *hiérophantides* qui, pour initier les profanes de leur sexe, les obligent de se présenter aux mystères, nues comme la vérité.

L'initié. L'abstinence...

Pythagore. L'abstinence n'est point une vertu (2). Parle-moi de la frugalité.

L'initié. L'*Hydrane*... (3).

Pythagore. Pour avoir l'ame pure et les mains nettes, je n'approuve pas qu'on ait recours à l'Hydrane sur les rives mystiques de la divine rivière d'Ilissus. Le peuple d'Athènes qui s'y rend deux fois, ne s'en retourne pas plus saint qu'il n'était, malgré les lustrations, les aspersions, les immersions.

L'initié. Tu sais, comme moi, initié de Thèbes ! que ce ne sont que des avertissemens symboliques et salutaires. Le *myste* aspirant au grade d'*épopté* qui se rend à la mer pour s'y plonger sept fois, ne s'acquitte que d'un devoir commémoratif (4) des sept planètes

---

(1) Meursius. *graecia feriata*.
(2) Les disciples de Pythagore, peu fidelles aux leçons de leur maître, ont confondu l'abstinence et la frugalité.
(3) Hesychius.
(4) Apuleïus, *metam*. liv. II.

matérielles que l'ame traverse en descendant ici bas.

PYTHAGORE. Ne m'a-t-on pas aussi donné à croire qu'en enlevant les taches de mon corps avec un mélange de glaise et de son (1), je purifierai mon ame de ses souillures ? Choisissons dans les mystères d'Eleusis et autres ce qu'il y a de raisonnable, et taisons le reste. Apprenons y à être prudens comme l'hiérophante. Plus scrupuleux, disons toujours la vérité; comme lui, ne la disons pas toujours toute entière. Tirons un voile entre le profane vulgaire et nous. Mais laissons le matériel des mystères à ceux qui en vivent. Tu ne dois pas l'ignorer. Par tout où l'on a l'adresse d'attirer une grande foule, soit par des superstitions, soit par des spectacles, le commerce vient s'y placer (2).

L'INITIÉ. Peux-tu le croire ? Un vil intérêt..

PYTHAGORE. J'ai un peu plus d'expérience que toi et j'ai vu davantage. Le véritable secret des mystères, n'est peut-être pas celui qu'on nous a confié; du moins, il n'est pas le seul. Je soupçonne, non pas les Eleusiniens, mais les autres Grecs voisins d'avoir spéculé sur les produits de l'affluence des curieux. Les mystères n'en sont pas moins sacrés pour cela. Puisque les initiés doivent être plus instruits que le reste des hommes, je n'hésite pas de te faire part de mes conjectures.

L'INITIÉ. Tu m'étonnes beaucoup. Néanmoins, j'aurai toujours de la peine à garder

---

(1) Demosthenes, *pro Coronis*, orat.
(2) Strabon, cité par Paw. *rech. sur les Grecs* tom. I. p. 261 et 262.

mon sens froid pendant les neuf jours de la célébration des grands mystères (1). Quel est le *théore* qui puisse rester indifférent sur le passage de la pompe solennelle (2)?...

Pythagore. La marche sacrée du quatrième jour demeure présente à tes yeux; je le vois. Le *phallus*, entre les mains des vierges pures d'Eleusis, te touche, peut-être, davantage que le livre des lois de Cérès-Thesmophore porté par les femmes d'Athènes (3) »...

Mon jeune initié se retira brusquement; il n'avait pas appris à Eleusis l'art de répondre à un sarcasme innocent, sans montrer du dépit; il rentra dans le temple; néanmoins, il fut discret.

§. CLV.

Pythagore dans Athènes.

Je sortis d'Eleusis pour m'acheminer vers Athènes, le long d'un aquéduc, entretenu par les nymphes de l'Attique. Athènes ne se souvient plus du temps où elle n'avait qu'un puits; encore était il commun avec *Argos* (4). Sur ma route, un petit autel au Zéphir sembla se présenter à moi pour me donner une légère idée du peuple que j'allais visiter, et que j'eus peine à reconnaître dans la personne des habitans d'Acharna (5), dans la tribu OEnéïde, où je passai. Ces hommes qui font trafic de

---

(1) Meursius. *Eleus.* 21. *in*-4°.
(2) *Theore*, c'est-à-dire, le spectateur.
(3) Commentateur de Théocrite. *idyll.* 4.
(4) Car. Steph. *de urbib.*
(5) Meursius, *Attica*. Pockocke.

bois à demi-brûlé (1), sont presque aussi grossiers que les ânes qu'ils élèvent (2). Ce quadrupède me parut ici plus grand, plus fort, que par tout ailleurs. Le caractère des Acharnéens est tout opposé à celui des habitans de Sphettus, dans l'*Acamantide* (3), connus par leurs vertes satyres et leur vinaigre piquant. Il est remarquable combien l'homme diffère de l'homme à quinze cents ou deux-mille pas l'un de l'autre.

A Thithras, de la tribu Egéïde, les figues sont aussi douces que les habitans sont âpres et caustiques.

Je m'arrêtai un moment au Pirée (4), petite bourgade dont on fera, sans doute, un port par la suite (5) ; elle est à cinq mille pas d'Athènes qui n'a encore qu'un havre un peu plus loin, à Phalère. Là, sur la grève, je vis trois autels avec cette inscription (6) : *à tous les Dieux inconnus et étrangers*. Je pris note de ce trait de politique religieuse. Les habitans de l'Attique veulent se mettre bien avec tout le monde. Ceux de Phalère sont passionnés pour les jeux de hasard ; ils leur sacrifient tous les jours, sous le portique du temple de Minerve.

Je m'empressai de porter sur un autel d'Her-

---

(1) Charbon, bois noir.
(2) Voy. la comédie d'Aristophane, qui porte leur nom ; les *Acharnenses*.
(3) L'une des tribus de l'Attique.
(4) Aujourd. *Porto-Dracone*, ou *Lione*.
(5) J. Meursius, *de Piraeo*.
(6) N'en déplaise au traducteur de Pausanias, je maintiens la leçon de Saint-Jérôme contre celle-ci de St-Paul : *Deo ignoto. Au Dieu inconnu.*

cule, l'une des Divinités locales du Pirée, une offrande de trois pommes; non pas en commémoration de la nymphe *Mélité* qui crut ne devoir rien refuser à un héros (1); mais afin de consacrer par l'exemple d'un initié, les sacrifices non sanglans. Les mœurs qu'on professe à Munychie, trop semblables à celles de Phalère dont il est voisin, ont, sans doute, porté Solon à prononcer cette malédiction contre ce bourg: «Si les Athéniens pouvaient prévoir tout le mal que ce lieu leur causera un jour, ils iraient le raser avec leurs dents».

Cependant le territoire d'Athènes (2) devrait être la patrie des vertus; car un voyageur y rencontre plus de Divinités que d'hommes. Je fis mon choix parmi elles, et je m'arrêtai de préférence à un temple très-ancien dédié aux trois saisons de l'année (3). Au printemps, on y porte pour offrandes la première rose entr'ouverte; en été, le premier épi jaunissant; et pour l'automne, le fruit mûr avant tous les autres.

La Vénus populaire a une foule d'autels dans tous les environs.

En allant de la porte *d'Athènes* (4), au céramique (5), parmi plusieurs statues, un buste en relief sur une muraille, m'offrit les traits de Pisistrate, sous les attributs *d'Acratus* (6), le plus fidelle ami de Bacchus. Ce monument de

---

(1) J. Meursii, *de Piraeo*.
(2) Latitude d'Athènes, 38 deg. 5 min.
(3) Ou bien aux *heures*, synonimes alors de *saisons*.
       Athénée. 9s. *deipnos*.
(4) Aujourd. *Sethine*.
(5) Marché aux tuiles.
(6) *Acratus* signifie *pur*.

l'adulation la plus vile est du ciseau d'Eubulide. Un citoyen enhardi par l'indignation marquée sur mon visage, traça, au-dessous de ce médaillon, avec de la craie, ces trois mots : *Pisistrate le pur!* en y ajoutant l'indice de l'équivoque et de l'ironie.

Je m'approchai de lui ; nous nous parlâmes des yeux ; il me fit un geste d'horreur, pour exprimer le sacrilége qu'on s'était permis, en plaçant l'image d'un despote à côté de la statue d'Amphictyon (1), l'immortel auteur de l'auguste assemblée des états généraux de la Grèce, qui porte son nom. Autour de cette statue d'argile cuite, sont rangées celles des Dieux que ce bon roi mérita de recevoir à sa table. Il est peu d'éloges plus ingénieux.

Je dis à l'Athénien : Pisistrate laissa trois enfans ; indique-moi où je pourrais rencontrer le plus sage des trois, puisqu'il abandonne toutes ses prétentions à ses deux frères, préférant aux emplois publics une vie obscure, mais paisible et sans reproches.

L'ATHÉNIEN. Tu veux parler de Thessalus (2) ? Athènes ignore sa demeure ; nous ne savons même pas s'il existe encore.

PYTHAGORE. O vertu ! tu n'es point une chimère, mais on ne fait guère plus de cas de toi que d'un beau rêve.

A quelque distance, une autre statue de même matière, représente ce héros (3) qui, désespérant d'égaler Hercule, son modèle, fut

---

(1) *Dissert. sur les Amphictyons*, par Valois, *acad. des inscript. et belles lettres.*
(2) *Fragm.* Diod. Sic. *bibl.*
(3) Thésée.

l'un des fondateurs d'Athènes. Je vis un peintre esquissant sur la muraille, derrière cette figure, un tableau historique qui doit représenter cette époque où la ville d'Athènes cessant d'être monarchie, sans devenir pour cela démocratique, adopta le gouvernement de l'égalité ; c'est-à-dire, voulut que tous les membres de l'état eussent une égale autorité, et ne fussent tenus qu'à reconnaître la loi au-dessus d'eux. Ce sujet n'est pas facile à traiter.

Les portraits des grands législateurs, groupés autour des simulacres de Jupiter et d'Apollon, surnommés *les Conseillers*, forment le principal ornement du sénat des quatre cents (1). Tout auprès est le *Tholus* (2) des cinquante prytanes, magistrats chargés d'assembler et de présider les quatre cents sénateurs.

Devant ce lieu sacré, s'élève une figure de la paix, tenant dans ses bras Plutus, le petit Dieu des richesses. Les magistrats d'Athènes ne peuvent entrer, ni sortir, sans recevoir une leçon bien importante : tous leurs soins doivent tendre à faire fleurir la paix, mère de l'abondance.

Le temple de mars n'est pas éloigné ; on lui a donné Vénus pour compagne. Est-ce pour avertir les femmes d'employer toutes leurs ressources à désarmer le Dieu de la guerre ? Cette Vénus a cela de particulier, que les femmes qui l'invoquent lui parlent à l'oreille (3). Je n'aime pas ces sortes de pratiques religieuses.

Triptolème, que les habitans d'Argos disputent à ceux d'Athènes, a plusieurs statues

---

(1) Depuis, le sénat des Cinq cents.
(2) Rotonde.
(3) Larcher, *mém. sur Vénus*.

dans cette dernière cité. La vanité nationale, plus que la reconnaissance, a valu un culte à ce législateur. Le peuple qui pourrait prouver avoir reçu les premières leçons du labourage, prouverait en même-temps l'antiquité de ses origines. Il y a long-temps, je pense, que les mortels cultivent la terre.

En traversant les portiques du *Poecile*, je vis poser la statue de Solon. Une copie de ses lois est transcrite sur de grandes tables, dans le prytanée. On me montra sa maison, sur le seuil de laquelle il se tenait pendant les derniers jours de sa vie; exhortant ses concitoyens qui passaient devant lui à prendre les armes contre Pisistrate, dont les fausses vertus l'avaient trompé. Illustre et malheureux vieillard, tu vécus trop (1) pour ta gloire et pour ton repos ! On ne parle presque point du poëte Dropide son frère.

Quatre monumens, consacrés à la pudeur et à la piété, à la renommée et à la vigilance, décorent la grande place publique d'Athènes.

J'examinai les travaux du temple de Jupiter Olympien, fondé par Pisistrate; belle entreprise, moins utile que sa fontaine aux sept tuyaux (2). Son enceinte doit avoir cinq cents pas; de long-temps il ne sera terminé (3), si l'on n'en presse davantage l'exécution, qui absorbera des sommes immenses. Cet édifice presqu'aussi considérable que le temple de Bélus,

---

(1) Cent ans. Lucien.
(2) *Acad. inscript. hist.* p. 194. tom. VIII. *in*-12.
(3) Ce temple, en effet, ne fut achevé que sous l'empereur Adrien qui en fit la consécration; il fut donc sept siècles à bâtir.

sera peuplé de statues sans nombre. Il renfermera le vieux temple de Saturne et de Rhée, bâti par Deucalion, le gouffre encore ouvert, où les eaux du déluge se firent un passage, et enfin le bois sacré d'Olympie. Puisse ce nouvel édifice durer aussi long-tems que celui auquel il succède (1)! Quatre architectes en jetèrent les fondemens; j'ai retenu leurs noms : c'est Antimachides, Antistates, Collœschros et Périnos.

Les *Jardins* d'Athènes sont une portion de la ville, ainsi nommée, où je ne trouvai de bien remarquable qu'une statue de forme carrée, représentant Vénus (2), sous le titre de l'aînée des Parques : leçon emblématique! avertissement donné aux faibles mortels!

Dans un petit bois voisin, on fixa ma vue sur le simulacre d'un satyre fort laid.

Pourquoi, dis-je, m'arrêter devant de tels objets ? —

On me répondit : Applique le pouce de ta main sur la base de cette figure.

Elle s'ouvrit, et je distinguai dans sa profondeur un joli groupe d'ivoire représentant les trois Grâces (3).

Etranger, me dit une jeune Athénienne, témoin de ma surprise, ne juge pas toujours d'après les apparences !

La rue des Trépieds mène à un temple de Bacchus Eleuthère (4), qui n'a d'intéressant que le surnom de la divinité.

---

(1) Neuf cent cinquante ans. Leroi, *édifices des anciens peuples. in-*8°.
(2) Plutarch. *Is.* et *Osiris.*
(3) Massieu, *acad. insc.* p. 25 et 26. tom. IV. *in* 12.
(4) Libérateur.

En allant à la citadelle de Cécrops, le long de la muraille australe d'Athènes, je donnai quelque attention à la sépulture de Calus, élève et neveu de Dédale, qui le tua. On ne put me dire le sujet ou le prétexte de ce meurtre.

Un peu plus loin je vis le tombeau, ou plutôt le cénotaphe de l'infortuné Hippolyte; car la ville de Trœzène s'honore de posséder sa cendre vertueuse.

Dans la citadelle (1), outre l'image de Minerve ayant une chouette à ses pieds, et une cigale sur la tête, outre le buste de Mercure, posé sur un tronc de bois à quatre faces (les Athéniens ont adopté cette forme d'après les sculpteurs d'Egypte), je vis un groupe modelé en argile, représentant la terre suppliante, qui demande la cessation d'une sécheresse à Jupiter le pluvieux.

J'entrai dans le Parthenon. On appelle ainsi le temple de Minerve Poliade, d'architecture toscane. La divinité s'y trouve représentée en bois d'olivier, ouvrage d'un élève de Dédale, dont le nom se lit sur le piédestal : *Eudoeus*.

La déesse est assise, vêtue d'une tunique si longue, qu'elle lui recouvre les pieds. Le milieu de son casque est surmonté d'un sphinx; le devant de sa cuirasse est armé d'une tête de Méduse, et sa main, d'une pique, dont la pointe d'en bas touche à un serpent, gardien de sa virginité. Aussi l'appelle-t-on ordinairement *la Vierge*, sans y joindre d'autres titres. Les jeunes filles d'Athènes viennent chaque mois offrir des gâteaux de miel à ce

---

(1) J. Meursii, *Cecropia*.

dragon de vertu. Est-ce pour l'adoucir, ou le corrompre?

Le piédestal est orné d'une Pandore en relief, elle n'a point sa boîte fatale, sans doute pour apprendre aux mortels que la sagesse préserve de tous les maux. Hors du temple, est une statue en bois de laurier, dédiée au grand Apollon, vainqueur des sauterelles. L'Attique jadis en était infestée; elles périrent toutes, brûlées par le soleil, à la suite d'une grande pluie.

Minerve semble préférer à toutes les statues qu'Athènes et l'Attique, dont elle est la divinité principale et tutélaire, lui ont élevées, celle que le peuple croit être tombée du ciel, et qui n'en est pas mieux travaillée pour cela. C'est une figure informe, un tronc d'arbre dégrossi à peine; mais on s'accorde à dire qu'elle fut consacrée là même où est aujourd'hui la citadelle, bien avant que les Athéniens, à la voix de Thésée, eussent rassemblé leurs bourgades éparses, pour en composer une ville capable de résistance. Devant ce vieux simulacre qu'on se propose d'exécuter un jour en or, est suspendue une lampe inextinguible. Elle brûle pendant l'année entière sur l'autel de l'oubli (1). On vient y déposer tout ressentiment. Si les mortels se font encore du mal, ce n'est pas par ignorance : ils en savent trouver le remède; mais ils ne veulent point guérir.

Sous le parvis du parthenon, on a élevé à Jupiter-le-Grand un autel qui n'est jamais ensanglanté. Par un antique usage, il ne reçoit

---

(1) *Athènes ancienne et nouvelle.* p. 204.

en sacrifice rien d'animé. Je m'empressai d'y consacrer publiquement mon offrande.

Là aussi, se voit un Hermès de bois de myrthe ; c'est un don de Cécrops. Devant cette vieille statue, est un siège pliant, sorti des mains de Dédale. Athènes, qui donna le jour au plus ingénieux des artistes, conserve avec une sorte de respect religieux jusqu'à ses moindres ouvrages.

La citadelle d'Athènes renferme des objets plus importans. Quand les Athéniens passent un traité avec quelqu'autre nation, ils sont dans l'usage de le graver sur un cippe qu'ils rangent dans leur citadelle. Les habitans d'Argos les placent dans le forum. Cette suite de monumens de pierres compose des annales authentiques (1). La forteresse de Cécrops tient le milieu de la ville.

Un citoyen m'en donna une raison qui prouve davantage son patriotisme que ses connaissances (2). « La Grèce occupe le milieu de la terre habitée ; l'Attique est au milieu de la Grèce, Athènes au milieu de l'Attique, et la citadelle au milieu de la ville ».

Une triple haie vive d'épines en est le rempart. Des Pélasgiens, errans comme *les gruës* dont ils portent le nom avec le leur (3), proposent d'y construire une forte muraille ; ils ne demandent pour salaire que la licence de s'établir sur le mont Hymette.

---

(1) Témoins les *marbres de Paros*.
(2) Aristide. *Panathenaïca*.
(3) Ainsi que chez les modernes ; en France, on appelait *hirondelles* les religieuses qui venaient mandier dans les églises. Le rapprochement de ces petits usages n'est pas à dédaigner.

On acceptera leur proposition ; car la citadelle, parmi les choses saintes qu'on m'y montra, renferme encore le trésor public dans la partie retirée du temple de Minerve Polyade, qu'on appelle *Opisthodomum*. Outre les sommes destinées aux besoins journaliers de la république, mille talens y sont mis en réserve, pour subvenir aux dépenses, lors d'une invasion du territoire par l'ennemi.

La peine de mort attend le magistrat qui oserait provoquer un décret tendant à toucher à cette ressource dernière de l'Etat ! Là aussi, sont inscrits les noms des débiteurs de la république.

Quand Athènes était libre, les clefs de sa citadelle n'etaient confiées à un prytane élu par le sort, que pendant un seul jour et une seule nuit. Le magistrat, couvert de la rouille de l'usure, ne pouvait disposer à son usage personnel du trésor public qui d'ailleurs est sous la garde d'une statue de Plutus. On m'avait toujours peint ce Dieu aveugle ; ici il est clairvoyant. Tout auprès, se trouve un dépôt de cinquante milles javelots et de plusieurs machines de guerre.

Le plus sacré de tous les objets, sans en excepter le sanctuaire de l'innocence et de l'amitié, c'est un autel qui n'a point de statue, ni même de nom ; mais l'infortuné sans ressource qui s'y réfugie, de ce moment, devient comme l'enfant adoptif de la ville d'Athènes, fut-il un étranger, pourvu que ce ne soit pas un homme taché de vices reconnus, ou atteint d'un crime. Belle institution ! elle excuse l'usage superstitieux de ne souffrir dans la citadelle ni sauterelles, ni corneilles, ni chiens, ni chèvres ; la chèvre ne respecterait pas l'olivier de Minerve.

Je sortais de ce lieu sacré ; j'y vis entrer une jeune fille, marchant avec grâces et modestie entre son père et sa mère, et portant sur la tête un *calathus* (1). Je revins sur mes pas, pour suivre ce groupe intéressant. On alla droit à l'autel de Minerve. La jeune Athénienne y déposa sur les degrés son offrande champêtre. Peu après, j'entendis sortir de sa bouche aussi fraîche que les fleurs et les fruits de sa corbeille, cette prière naïve :

« Divinité propice aux vierges ! Déesse sévère à tout autre ! pardonne, si demain je passe de ton temple à celui de Junon ! Que ta malédiction ne pèse point sur le *noeud d'Hercule* (2), que je vais former ! Citoyenne d'Athènes, je me dois au vœu de ma patrie. Daigne agréer ces prémices du champ de mes pères. Ce n'est pas sans peine que je déserte ton culte pur. Reçois mes actions de grâces de tes bienfaits ».

Ce pieux cérémonial me rappela l'auguste et touchante simplicité des temps anciens (3).

---

(1) Espèce de joli panier d'osier.
(2) On appelait ainsi la ceinture de l'hymen.
(3) On le désignait sous le nom de προτέλεια.
Meursius, *gr. feria*. V.

§. CLVI.

Lois de Solon.

Trois choses principales sont nécessaires à un peuple, des Dieux, des armes et de l'or. Il en est une quatrième dont il peut encore moins se passer, et qui lui tiendrait lieu des trois autres, s'il était mieux avisé. Ce sont des lois. Cérès ou Triptolême, Dracon et Solon en ont donné aux citoyens d'Athènes. Cette ville en a placé honorablement les originaux parmi ce qu'elle a de plus précieux; ils sont déposés dans la citadelle, non loin des cippes de pierre, garans des traités.

Mon titre d'initié de Thèbes, et d'affilié aux mystères d'Eleusis, me valut le privilège de voir et d'examiner à loisir, ces monumens du génie et de la sagesse d'une nation déjà célébre, et faite pour le devenir bien davantage.

Les lois d'Athènes et de toute l'Attique sont écrites sur de grandes tables de bois (1), de forme pyramidale et quadrangulaire, tournant à volonté sur des axes (2). Les caractères tracés forment des sillons semblables à ceux de la charrue; d'abord de gauche à droite, puis de droite à gauche (3).

Devant, est une base de pierres, où les Thesmothètes (ce sont des magistrats conservateurs et gardiens de ces monumens politiques et religieux) prononcent le serment solennel de ne permettre jamais qu'on viole

---

(1) J. Meursii, *Themis attica.*
(2) *Axones, cyrbes.*
(3) Harpocration *lexic. etymolog. magn.*

ce dépôt; et ils remplissent ce vœu sans beaucoup de peine. Personne ne vient les troubler. Le despote se passe de lois, et le peuple ne pense seulement point à les réclamer.

Ce répertoire sacré commence par les lois peu nombreuses de Triptolême, que j'avais déjà lues sur les colonnes du temple d'Éleusis.

Les tables contenant les lois de Dracon sont presqu'illisibles, moins à cause de leur vétusté que parce qu'on les a mises en oubli, pour faire usage exclusivement des nouvelles. Celles-ci, en plus grand nombre, subiront bientôt le sort des autres. Je transcrivis les plus importantes et les plus singulières.

Mes chers disciples, à mon exemple, faites aussi votre choix; il faut en faire un parmi toutes ces lois.

« La mort aux enfans qui négligent d'ensevelir leur père ».

« La mort aux enfans qui ne défendent pas les jours en danger de leur père ».

« L'exhérédation et l'infamie à l'enfant qui injurie son père ».

« Que celui qui lève la main sur son père, ait cette main coupée »!

Ces quatre lois ne font point l'éloge de la civilisation d'Athènes; elles supposent la fréquence d'un délit inconnu aux peuples barbares. Malheur à une nation chez laquelle le législateur est obligé de descendre dans de pareils détails!

« Qu'il soit permis de tuer l'adultère de l'un ou de l'autre sexe (1) »!

---

(1) *Membra in membris*, *ut tabula Solonis loquitur*. Nous ne nous chargeons pas de traduire ce dispositif textuel.

Le législateur aurait dû peut-être ne pas étendre cette peine jusque sur la femme adultère.

« Que l'entrée des temples soit interdite aux adultères » !

« Que le mari seul ait action contre sa femme adultère qui a tué son complice, si c'est un tyran » !

« Un mari pourra vendre sa femme adultère ; si personne ne l'achète, qu'il la garde au nombre de ses esclaves » !

« L'infamie à qui épouserait une adultère ».

« Que le citoyen qui se prostitue, perde tous ses droits de cité » !

Quelles mœurs on professe dans Athènes !

« Que la citoyenne qui se couvre d'habits de luxe, soit regardée comme une femme publique » !

« La mort à l'ambitieux qui se rend populaire » !

« La mort à l'archonte qu'on surprendra ivre » !

« Que le citoyen qui injurie un magistrat, soit infâme » !

« Que l'inventeur d'une arme nouvelle soit récompensé » !

« L'infamie au citoyen qui a vendu ses armes ; et la mort, s'il les a vendues à l'ennemi » !

« La mort au soldat qui a quitté son rang » !

« Qu'il soit permis de tuer un transfuge » !

Si un peuple peint son caractère dans celui des lois qu'il se donne, quelle idée faut-il prendre des Athéniens ? On n'oserait à Sparte supposer la possibilité de pareils délits.

« Il est défendu de donner ses armes pour gage ».

« Que l'infâme ne porte point les armes » !

« La loi accorde au soldat qui s'est distingué trois fois tout ce qu'il juge à propos de demander ».

Une pareille munificence ne convient pas à la loi, ce me semble.

« Le père d'un soldat mort en combattant, aura le droit de prononcer publiquement l'éloge de son fils ».

« La loi ne confie une armée qu'au général qui a des enfans ».

« Qu'on ne puisse être général, avant d'avoir été soldat » !

« La loi suspend toute action contre un général d'armée ».

« Le citoyen solitaire et neutre au milieu des dissentions civiles, qu'il soit déclaré infâme » !

Loi de circonstance et de localité, apparemment.

« La loi interdit le feu et l'eau, le droit de cité, l'admission au culte, l'hospitalité et les mystères d'Eleusis à l'homicide ».

« L'exil pour un temps à l'homicide involontaire ».

« Que la pierre ou la hache qui a tué un homme soit mise en jugement » !

Sans doute, en l'absence du meurtrier.

« On fait grâce de l'exil à celui qui a tué le corrupteur de sa femme, de sa sœur ou de sa fille ».

« La loi absout les médecins de la mort de leurs malades ».

Athènes craint-elle de manquer de médecins ?

« La loi déclare innocens et bons citoyens

tous ceux qui tuent un despote, ou conspirent contre lui ».

« Que ceux qui ne se soucient plus de vivre, le déclarent au magistrat, et meurent ! La loi leur fait grâce ».

« Que le sacrilége meurt » !

« Que le traître à la patrie soit chassé avec sa famille, ou reste sans sépulture » !

« Que l'homme d'état ne puisse obtenir les honneurs publics, avant d'avoir rendu ses comptes » !

« La loi défend toute malédiction contre les morts. Elle défend toute injure entre les citoyens dans les temples, dans les tribunaux, dans l'assemblée du peuple ».

« Les époux s'acquitteront du devoir conjugal trois fois au moins dans l'espace d'une révolution lunaire ».

Cette loi fait sourire : Zoroastre, et Solon se sont rencontrés.

« L'épouse servira de conducteur à son mari devenu aveugle ».

« Le citoyen qui excite le peuple, sera puni de mort ».

Cette loi n'est-elle pas un peu vague ? Eh! quoi! la mort au citoyen généreux qui ferait rougir un peuple opprimé, de sa lâcheté à souffrir un oppresseur.... Solon me paraît se contredire.

« Que la pupille n'épouse ni son tuteur, ni le fils de son tuteur » !

« Que le tuteur ne puisse habiter sous le même toît avec la mère de ses pupilles » !

« Que l'enfant de famille qui dissipe le bien de ses pères soit déclaré infâme » !

« Que le citoyen qui a des enfans ne puisse disposer de ses biens »!

« Que celui ou celle qui contracte des troisièmes nôces soit infâme »!

« Que le cadavre d'un tyran soit déporté »!
J'aime cette loi.

« Si l'épouse d'un tyran, après en avoir délivré son pays, demande pour récompense, la grâce de ses enfans, qu'elle ne lui soit point accordée »!

« La loi veut qu'on frappe de mort, avec le despote, ses cinq plus proches parens »!
La justice et l'humanité ne le veulent point.

« Que le tyrannicide soit couronné comme le vainqueur aux jeux olympiques »!

« Le citoyen de mauvaises mœurs, le mauvais père, le fils ingrat, le mari libertin ne pourront être admis au gouvernement de la république ».

« Que le paresseux soit infâme »!

« Qu'il soit donné une récompense au citoyen qui aura ouvert un bon avis dans l'assemblée du peuple »!

Je n'aime point cette loi: elle met à prix une chose inestimable. Elle transforme le bon citoyen en un vil mercénaire. Cette loi dégrade le peuple pour qui elle est faite...

« La mort à ceux qui reçoivent de l'étranger pour nuire à leur patrie »!

« Qui ne rend point un dépôt, est infâme ».

« Que le fermier qui vend son grain hors du territoire de l'Attique (1), soit puni de mort ».

« La loi défend au citoyen d'acheter pour

---

(1) Solon n'était point de la secte des *économistes*.

sa consommation personnelle au-dessus de cinquante *mesures* de froment (1) ».

« Les émigrans qui viendront se fixer dans Athènes avec toute leur famille (2), pour y établir une fabrique, pourront, dès cet instant, être élevés à la dignité de citoyens ».

« Les maîtres ouvriront leur école après le lever du soleil, et la fermeront à son coucher.

« La mort à tout adulte qui entrera dans une école d'enfans » !

O Athènes ! Tu es aussi loin de Sparte, que Solon l'était de Lycurgue.

« Que les poëmes seuls d'Homère soient lus, tous les cinq ans, à la fête des grandes Panathenées » !

Au-dessous de cette loi, le chef de la république, Hipparque, fils de Pisistrate, avait fait ajouter : « Citoyens d'Athènes et habitans de l'Attique, je veux qu'on observe fidellement ce décret honorable à la mémoire du plus grand des poëtes ».

« Lors du siége ou de la prise d'une ville qu'on s'abstienne de tuer les habitans d'un âge qui ne peut nuire » !

« Que l'étranger qui escalade les murailles de la ville soit puni de mort » !

« Que le navire avec toutes ses richesses appartiennent à ceux qui ne l'ont point abandonné pendant la tempête » !

« Que l'étranger n'assiste point aux assemblées publiques » !

« La loi veut qu'on exile pour dix années le citoyen trop populaire » !

---

(1) *Corbès*, Manne, pannier, corbeille.
(2) Plutarch. *vita Solonis.*

« Dans tous les sacrifices, que les premiers soient toujours pour la terre qui nourrit les hommes. C'est la première de leurs Divinités »!

« Qu'il soit déclaré impie le meurtrier d'un suppliant réfugié dans un temple ; celui-ci fût-il un despote »!

« La loi défend au citoyen et à l'homme libre d'exercer le métier de parfumeur »!

Cette loi me paraît loin d'être complète. Et le cuisinier, et le boucher, et le victimaire, et le marchand d'esclaves méritent-ils davantage le droit de cité ?

« Qu'il soit exclus des choses saintes et regardé comme un profane celui qui refuse de mettre dans son chemin le voyageur égaré »!

« La loi défend d'initier les étrangers ».

« Que celui qui révèle le secret des mystères soit puni de mort »!

« Aucun Athénien n'assistera aux assemblées du peuple, et n'en sera membre, avant la trentième année ».

« Six mille citoyens assemblés sur la place suffiront pour représenter tout le peuple d'Athènes et de l'Attique, et pourront faire une loi ou en abroger une autre (1) ».

Mes chers disciples ! Serez-vous de mon avis ? Je trouve cette législation inégale, insuffisante, digne au reste du peuple inconsidéré pour lequel Solon travailla. Elle jette plus d'éclat qu'elle n'a de consistance.

A Sparte, la loi commande aux hommes ; dans Athènes, le peuple commande au législateur.

---

(1) Samuel Petit, *recueil des lois attiques.*

§. CLVII.

Pythagore à l'Aréopage.

Si les Athéniens ne sont pas le plus sage des peuples, ce n'est pas faute de lois, ni de tribunaux. Ils ont le tribunal parabyste et le trigone pour les causes de peu d'importance : ils ont le tribunal rouge et le tribunal vert, celui du soleil, celui du palladium, un autre appelé Delphinien ; ces trois derniers connaissent des homicides ; Thésée lui-même y comparut. Dans le prytanée est encore un tribunal où sont appelées, en jugement, les choses inanimées, les instrumens de meurtre. C'est une fiction de la loi pour absoudre les meurtriers involontaires (1). Les juges du prytanée eussent renvoyé absous le glaive de Cambyse qui sorti de lui-même du fourreau, vengea l'Egypte et délivra le monde, en blessant mortellement à la cuisse, un monstre couronné. J'oubliais encore le tribunal du puits sur le chemin qui mène au Pirée, et devant lequel Teucer se justifia du trépas d'Ajax. Ces temples de la justice sont desservis par six mille juges tous payés.

Outre ces tribunaux, les Athéniens ont encore celui des arbitres, magistrats sexagé-

---

(1) Voici le texte de la loi (traduit en latin). C'est Démosthènes qui nous l'a conservé, *in orat. in aristoc.*
« *Si lapis aut lignum, aut ferrum, aut tale quodpiam delapsum percusserit, atque aliquis, à quo id conjectum sit ignoret, ipsum vero norit, et habeat telum, quo caedes facta est, his rebus, in hoc loco judicium dictatur* ».

naires et probes qui devraient leur tenir lieu de tous les autres.

Les juges de l'un (1) de ces tribunaux se font remarquer par leur serment; ils jurent de prononcer d'après leur conscience, toutes les fois que la loi se taira.

Le tribunal maritime (2) tient ses assises au bord de la mer.

L'aréopage, où j'entrai en descendant de la citadelle, les éclipse tous, comme il en est le plus ancien (3), je ne pardonne pas à Dracon de l'avoir méconnu. Lycurgue, au contraire, qui avait étudié davantage la nature et les besoins du peuple, s'en est approprié plusieurs lois (4).

Le plus grand service que Solon ait rendu à sa patrie, et à toute la Grèce, c'est d'avoir donné une nouvelle existence aux aréopagites (5), à ces juges par excellence qui s'occupent moins de punir le crime, que d'en inspirer l'horreur. Ils mettent leurs devoirs à corriger les mœurs (6), et laissent aux ennemis le soin de punir les scélérats. Ce sont eux qui ont ordonné la ville et les campagnes, de façon que rien ne leur échappe des conduites particulières. Les aréopagites ne dédaignent pas de visiter eux-mêmes les forêts nationales, et de compter les oliviers qui bordent les grandes

---

(1) Le tribunal *Ardettos*.
(2) *Phreattis*.
(3) Voy. la *chronique de Paros*.
(4) Isocrat. *panath*.
(5) Isocrates, *in areopag*.
(6) *Gyneconomes*, membres de l'aréopage, spécialement chargés de la direction des mœurs.

routes (1). Ce sont eux qui engagent les riches à soulager les pauvres, et corrigent, autant qu'il est possible, ces inégalités de la fortune, source peut-être de tous les maux civils.

Le moderne législateur d'Athènes les a chargés de deux administrations qui demandent en effet une prudence consommée : le trésor public et la religion nationale. Solon eût peut-être mieux fait de laisser aux Dieux la surveillance des impies ! Ce sénat maintient la concorde au-dedans, la paix au dehors. C'est lui qui fait que les Athéniens sont fidelles au reste de la Grèce, et les Grecs redoutables aux Barbares.

L'édifice où s'assemble l'aréopage (2) est nu et sans ornement. Athènes s'embellit tous les jours : le toit qui couvre ce tribunal auguste est encore ce qu'il fut il y a plus de dix siècles, du chaume, enduit de terre (3). Oreste y ajouta les deux cubes de pierres enchassées dans de l'argent, qu'on y voit, et qu'on appelle le siége de l'injure, c'est celui de l'accusateur ; et le siége de l'innocence, c'est celui de l'accusé : dénominations précieuses qui, en jetant quelque chose d'odieux sur la fonction de délateur, rassurent l'homme faible, et laissent au coupable l'espoir du pardon, et la ressource du repentir ! Je vis les autels qu'Epiménide venait de consacrer aux *divinités sévères*, pour en imposer à la calomnie, et pour assister les juges, et les prémunir contre eux-mêmes. Sur la porte est gravée la première lettre de l'alphabet (4), pour

---
(1) Lysias, *au plaidoyer de l'olivier sacré.*
(2) *Recherches de l'aréopage*, par Canaye. mém. de l'acad. des inscr. et belles lettres.
(3) Vitruv. V. 1. *archit. tectum è luto.*
(4) *Athènes anciennes.*

indiquer la prééminence des aréopagistes sur les autres juges. Les tribunaux de ceux-ci sont marqués par les caractères alphabétiques subséquens.

À l'entrée de ce tribunal, et hors de son enceinte, est le tombeau d'OEdipe ; monument bien propre à rappeler à chacun ses devoirs. Les juges n'exercent leurs fonctions que pendant les trois derniers jours de chaque mois : je vis ces vieillards, courbés sous le poids de l'âge et de l'expérience, gravir péniblement la petite colline au sommet de laquelle ils siègent. Une garde nombreuse ne les environne pas ; on trace un grand cercle autour d'eux, avec un fil de jonc, religieusement respecté de la foule des assistans. Je distinguai à peine les traits de leur physionomie ; ils s'enveloppent la tête quand ils commencent leur redoutable ministère. A l'entrée de la nuit (1), un héraut commande le silence au nom de la justice ; les citoyens en cause s'approchent, accompagnés de leurs défenseurs. Les accusateurs de leur côté, la main posée sur la dépouille sanglante des animaux immolés, provoquent sur leur tête le courroux des Euménides, s'ils s'écartaient de la vérité dans leurs dénonciations. Les accusés répondirent d'abord, puis laissèrent parler les orateurs choisis par eux. J'entendis le héraut interrompre ceux-ci au milieu de leur éloquence verbeuse, pour les ramener aux faits.

Le tribunal suffisamment instruit, je vis le héraut prendre une urne d'airain, c'est celle de la mort, et la présenter aux aréopagites,

---

(1). Lucien. *Anachars. dial.*

l'un après l'autre. Ils ont chacun deux cailloux à la main ; celui des sénateurs qui vote pour la mort, en prend un avec le pouce, l'index, et le doigt du milieu, et jette son caillou dans l'urne d'airain. L'urne de la miséricorde, celle-ci est de bois, succède à la première. Le caillou fatal est noir et percé, pour le mieux distinguer, pendant les ténèbres, de l'autre qui est blanc.

Cette première formule de jugement achevée, les deux urnes furent vidées dans un vase d'airain. On se mit à faire le calcul des cailloux, et sur une tablette enduite de cire, le plus ancien de juges y traça une ligne, qui se trouva courte ; c'est celle qui absout l'accusé.

Ces formes imposantes consomment beaucoup de temps ; on y procède avec toute la lenteur du recueillement, et le nombre des juges est considérable. Quand les hommes se réunissent pour prononcer sur la vie ou la mort de leurs semblables, ils ne sauraient être trop, ni trop long-temps.

Une des causes portées à la décision de l'aréopage, intéressoit à la fois le salut de la patrie et celui des familles. Un jeune guerrier, de l'une des bourgades de l'Attique, avait manqué à la discipline militaire ; et il en était résulté la perte d'un poste important, et la mort de plusieurs braves soldats, surpris par l'ennemi : l'accusation était grave. A Sparte, une telle affaire eût été jugée dans le camp même, par le général. Le prévenu eût à peine survécu de quelques heures à son délit.

Le père du jeune homme en appela au tribunal des aréopagites. La présence de ces juges en imposa tellement et au père et au fils, qu'ils ne purent trouver une parole pour leur propre défense, et aucun orateur ne se trouva disposé à s'en charger. La blancheur de mon vêtement, me fit remarquer du jeune homme; il s'approcha de moi, et me confia les détails de l'événement; il m'avait reconnu pour initié : cette circonstance l'enhardit, et le rassura, quand je lui eus accordé mon assistance.

Les juges attendaient patiemment, et le héraut avait demandé à plusieurs reprises les défenses de l'accusé.

Je m'élançai sur le siége de l'innocence, où je fis asseoir le père et le fils. Debout entre eux deux, je hasardai ce discours :

« Devant tout autre tribunal, je dirais que je suis initié de Thèbes, affilié aux mystères d'Eleusis, et par conséquent incapable de me charger d'une cause injuste ; mais devant l'aréopage, un initié n'est toujours qu'un homme.

Le jeune guerrier que je défends s'est trouvé dans une alternative embarrasante, peut-être aux yeux même des vieillards qui nous écoutent. Il était l'heure de rentrer dans le camp où il sert, et de poser les sentinelles. Son père, frappé d'un mal subit, tombe à ses pieds, mourant. Ils sont seuls ; son père et lui forment toute la famille. Le fils rend la vie à l'auteur de la sienne, et revole à son poste. Il arrive trop tard de quelques momens. L'ennemi vigilant a saisi le défaut des vedettes, pour forcer le camp de ce côté. Vous savez le reste. L'Attique regrette plusieurs braves défenseurs égorgés par surprise, et voila le crime du jeune citoyen que je défends, pour n'avoir pu se multiplier, ou se partager entre sa patrie et son père. Près de son père en danger, il oublia un instant la patrie; près de la patrie en danger, il oublierait de même son père. Prononcez »!

Voici le jugement :

« Un Dieu seul a le pouvoir de se trouver à-la-fois en deux endroits différens. L'aréopage rend le fils à son père ».

Quelques mois auparavant, ce même tribunal avait condamné à la mort un enfant, coupable d'avoir crevé les yeux à un oiseau (1).

L'aréopage est une institution d'autant plus importante et nécessaire, que le peuple, si sujet à l'arbitraire dans ses décisions (2), consent à les soumettre à l'examen de ce tribunal. Une nation qui prétend à l'indépendance, a besoin de ce frein. Athènes perdra tout son poids dans la balance politique de la Grèce, du moment qu'elle s'affranchira de la tutelle des aréopagites. D'ailleurs, les aréopagites eux-mêmes rendent raison de leur ministère à des censeurs.

J'ajoute que de tous les juges d'Athènes, ils sont ceux qui remplissent le mieux leurs fonctions, et qui coûtent le moins à l'état.

Avant de sortir de l'aréopage, je demandai à voir le testament d'Athènes, qui y est déposé : c'est un volume à la conservation duquel sont attachées les destinées de l'état. Il fut inéffable pour moi, initié de Thèbes, affilié aux mystères d'Eleusis, comme pour tout autre. Je ne pus rien savoir de ce livre fatidique (3).

---

(1) Montesquieu, *esprit des lois.*
(2) *Vie des soph.* I. par Philostr. Démosthènes, *sur la couronne.*
(3) Dinarque, *contre Démosthènes.* p. 8.

§. CLVIII.

Mœurs privées d'Athènes.

Je me hâtai d'achever mon itinéraire de la ville d'Athènes; certains pronostics semblaient m'annoncer qu'elle était à la veille de grands troubles. J'en avais aperçu quelques symptômes dès mes premiers pas.

Les mœurs d'Athènes sont loin d'être en parfaite concordance avec ses lois. L'influence du climat y combat le génie de Solon. Le culte aussi rend vaines la plupart des intentions du législateur. Et quel code tiendrait contre une fête de Bacchanales ? Les filles d'Athènes ont trop de contrainte, les femmes trop de liberté. En général, le peuple semble toujours ivre, au symbolique comme au propre. Sparte n'est qu'une place de guerre; Athènes n'est qu'un marché public, où l'on se trouve plus à son aise, où l'on passe des jours plus agréables (1). On préfère à l'arsenal de Lacédémone cette place publique jonchée de denrées et de marchandises qu'abritent des toits de joncs. Mais je n'aimai point à y rencontrer tant de *trapezites* usuriers (2), ils amèneront des mendians à leur suite : plaie honteuse d'un état, dont Athènes n'est pas encore affligée, mais les voleurs y abondent déjà.

Une autre épidémie, non moins contagieuse, commence à s'emparer des citoyens. Athènes

---

(1) *Atheniensium urbs amoena.* Dicearchus, geogr.
(1) Banquiers, agioteurs, faiseurs d'affaires, etc.

ressemblera bientôt à Babylone pour le luxe. Déjà, on y apporte beaucoup de recherche dans l'arrangement des cheveux. Les hommes laissent croître leurs moustaches comme à Sparte (1) ; mais ce que je ne vis pas chez les Lacédémoniens, à ces moustaches sont suspendues de petites cigales d'or. Ils disent pour justifier cette parure ridicule qu'elle est en mémoire de Cécrops et d'Ericthées leurs premiers rois et fondateurs ; lesquels, ajoutent-ils, sont d'une antiquité si reculée, qu'on les croit nés de la terre, à l'instar des cigales.

Toutes les femmes grecques ne sont point frivoles et dissipées.

Athènes célébrait la fête des Muses : de tous les points de l'Attique, le peuple affluait dans la capitale pour assister aux jeux nationaux. Je m'y rendis et trouvai place dans l'amphithéâtre du cirque, à côté de deux citoyennes dont le maintien décent me frappa. Elles étaient sœurs.

Les danses sacrées représentèrent les aventures de Castor et de Pollux, les amours de l'un des deux frères avec la belle Télaïre et le désespoir de celle-ci à la nouvelle du trépas de son amant. Je remarquai que chacun des gestes douloureux de Télaïre, coûtait une larme, arrachait un soupir à l'aînée des deux sœurs. Femme sensible ! (lui dis-je sans hésiter), qu'avez-vous ? Une larme furtive, un soupir étouffé semble annoncer quelqu'infortune secrète.

Elle me répondit avec la même confiance :

---

(1) Thucidide. Aristophan. Suidas. Tzétzés, et leurs scholiastes.

« Malgré

« Malgré ce soupir et cette larme, je suis, peut-être, la plus heureuse des épouses ; le présent me dédommage du passé, et devrait me le faire oublier. Mais perd-t-on le souvenir d'une première passion ?...

PYTHAGORE. Parlez ! Versez dans mon cœur les ennuis du vôtre.

L'ÉPOUSE GRECQUE. J'habite le mont Hymette. Epouse d'un sénateur de l'Aréopage plus âgé que moi de six lustres, je suis ses seules amours. Mais il n'est pas le premier qui ait touché mon ame.

Avant lui, un jeune habitant de l'Attique m'aima, et fut payé de retour. Mon père avait un ami qu'il me destinait. Nous fûmes bien persécutés, bien malheureux, si pourtant on peut l'être beaucoup quand on s'aime. Sapho n'était pas plus attachée à Phaon ; Pâris ne l'était pas davantage à Hélène : mais Pâris et Sapho ne furent point aussi sages que nous. Te le dirai-je ? Pourquoi non ! Tu parais faire cas de l'innocence. L'ami dont je t'entretiens aurait pu, sans peine, abuser de mes sentimens pour lui. Il me respecta. Un amant vertueux a bien du pouvoir ; un père n'en a pas moins. Je cédai, non pas aux menaces, mais aux larmes paternelles. Mon jeune ami ne quitta l'Attique qu'après s'être assuré du sacrifice. Il partit à l'armée, pour ne plus me revoir. Quelques mois se passèrent, les plus pénibles de ma vie. Un jour, je rencontre sa sœur, vêtue de deuil. Hélas ! son frère avait enfin trouvé le trépas cherché tant de fois vainement.

Mon époux redoubla de soins et de bontés. Il savait, en recevant ma main, que mon cœur n'était pas à moi. C'est le seul tort qu'il eut.

Tome IV. Y

Il mit toute son étude à le réparer. Il réussit mal jusqu'au moment où il me rendit mère. Mes deux enfans ne m'ont point fait oublier l'ami que j'ai perdu ; mais ils sont devenus les seuls liens qui m'attachent à l'existence. Homme sensible, viens voir ma famille ; et défends toi d'aimer sans espoir, il en coûte trop.

Un long soupir termina ce récit : je crus alors devoir dire à l'aînée des deux sœurs : « Femme estimable autant qu'intéressante ! écoute ! Nos ames ne périssent point avec les corps, elles ne font qu'en changer. Les Dieux nous éprouvent par des contrariétés. Ils diffèrent souvent notre bonheur pour nous en rendre dignes davantage. Pour prix du sacrifice fait à ton père, pour récompense de ta fidélité à l'époux de son choix et non du tien ; oui ! un jour, ton ame passera dans le corps d'une jeune vierge du mont Hymette. L'ami qui te fait soupirer encore, renaîtra un jour aussi pour t'aimer sans partage, sous la forme d'un jeune pasteur de la même montagne. Vous serez enfin unis.

La jeune femme de l'aréopagite, me dit en tremblant : Serait-il vrai ?...

Je lui répliquai : « Garde-toi d'en douter. La métempsycose est plus infaillible que les divinations de Calchas.

Ce n'est sans doute, hélas ! qu'une illusion, me dit encore la jeune femme, en me serrant la main. N'importe. Je l'embrasse avec joie... Viens voir mes enfans ».

Je passais, sans m'arrêter, devant un autel tout récemment érigé à l'Amour. Une jeune prêtresse de la Vénus populaire m'apostropha ainsi (1), en me montrant du doigt une tablette couverte d'un tarif et suspendue au seuil d'une maison voisine : « Aimable étranger ! Tu n'as point d'offrande pour ce Dieu, le maître de tous les autres ? Lis du moins l'inscription ; elle t'apprendra que *Charmus* fut le premier Athénien qui consacra un autel à l'amour.

PYTHAGORE. Dans quel siècle vivait-il donc ?

LA COURTISANE. Dans le nôtre, sous le règne de Pisistrate.

PYTHAGORE. J'ai peine à croire qu'une ville comme Athènes ait attendu, si long-temps, à s'acquitter d'un culte envers le plus ancien des Dieux.

LA COURTISANE. Il n'est question ici que d'autel ; et le culte de l'amour peut s'en passer. Puisque tu parais avoir une prédilection pour la vénérable antiquité, vas plus loin, sacrifier à Promethée. Ce demi-Dieu métamorphose les statues en hommes ; tu peux avoir besoin de son flambeau.

Je pris à la lettre le conseil de la jeune prêtresse un peu confuse de mon indifférence, après lui avoir jeté un tétradrachme sur le piédestal de l'amour (2).

A l'autel du fils de Japet, on préludait aux grandes Panathenées. Toute la ville était occupée des préparatifs de cette brillante solennité, en l'honneur de Minerve. Les deux sexes se disposaient aux courses, aux danses, à la pompe sacrée. Le peuple, et sur-tout

---

(1) A l'an 600 avant l'ère chrétienne, on doit fixer l'établissement des courtisanes, ou *femmes publiques* à Athènes. *Lettres d'Alciphron.* tom. I. *in*-12.

(2) Environ trois francs.

celui-ci, aime les fêtes; il se réjouissait d'avance du plaisir dont il devait s'enivrer les jours suivans. Néanmoins, au milieu de cette joye bruyante, dans cette tourbe en mouvement d'hommes avides de dissipation, je remarquai plusieurs citoyens qui me parurent occupés de toute autre chose. Leurs regards inquiets, une démarche ambigue, des gestes dissimulés, tout en eux décélait quelque grand dessein.

Allons au palais d'Hipparque, me dis-je, pour y faire part de mes remarques au poëte Anacréon ». Des satellites nombreux en gardaient les avenues. Sous une voûte détournée et sombre, deux jeunes hommes et une femme de leur âge s'entretenaient avec mystère et dans la plus étroite intimité. A peine me virent-ils de loin qu'ils se séparèrent, en se disant: *à demain*. L'un d'eux entra dans l'intérieur du palais sans difficulté. On me dit qu'il se nommait Harmodius. Je passai quelques heures dans la bibliothèque publique de Pisistrate.

§. CLIX.

Anacréon et Pythagore à la cour d'Hipparque. Révolution d'Athènes. Harmodius et Aristogiton.

Enfin, je pus joindre le chantre de Téos. Il n'avait point marié Bacchus aux nymphes. Mon cher Pythagore, me dit-il en m'embrassant, tu m'es donc encore une fois rendu. Tu viens assister aux Panathenées. On dit que rien n'est beau comme ces fêtes. Nous en jugerons. Tu restes ici. Il ne faut point nous séparer. Cette cour a quelque chose de plus poli encore que celle de Policrate. Hypparque te recevra bien, d'abord pour ton mérite personnel et ensuite à ma considération. Il m'aime beaucoup, et je le paye de retour. Il est selon mes goûts, un peu libertin comme moi. Du reste, ce n'est point un barbare. Il accueille tous les arts; et même il n'y est pas étranger. Il fait tout ce qu'il peut pour achever vite la civilisation de tout ce peuple. Dans tous les carrefours, sur tous les chemins, des *Hermès* (1), dressés par ses ordres, font lire les plus beaux préceptes de la morale.

PYTHAGORE. Hypocrisie de cour.

ANACRÉON. Il aime surtout les ouvrages d'Homère.

PYTHAGORE. Et pourquoi vient-il de chasser le poëte Onomacrite (1) ?

ANACRÉON. Je l'ignore ; ce que je sais, c'est qu'Hypparque a toutes les inclinations de Pisistrate ; il augmente tous les jours la bibliothèque que son père rassembla à grands frais. Il me presse d'y déposer une copie exacte de mes chansons. Je le veux bien. Mais il faudrait s'en souvenir ; je ne m'abreuve que de vin, et pourtant j'ai aussi peu de mémoire, que si je n'approchais de mes lèvres que l'eau

---

(1) . . . *Hipparchii Mercurii statuae.* . . *extat sane istud in viâ stiriacâ in quo dicit :*

Praeceptum Hipparchi est : NE FALLAS AMICUM.

In dextrâ, praeceptum Hipparchi est : JUSTITIAM COLITO.

(2) L'auteur d'un poëme des Argonautes.

du fleuve d'oubli. J'ai perdu la plupart de mes odes. Je n'ai pas le temps de les coucher sur mes tablettes

PYTHAGORE. Et depuis quand es tu donc si occupé ?.

ANACRÉON. Dormir et boire, caresser mes nouvelles amours et les chanter sur mon luth, n'est-ce donc rien ? Les journées sont trop courtes, et les nuits ne sont pas assez longues.

PYTHAGORE. As-tu ouï parler d'Harmodius?

ANACRÉON Un jeune homme de cette ville; sa chevelure est blonde, et sa bouche aussi fraîche que celle d'Hébé ; c'est Bacchus au sortir de l'adolescence. Il est bien reçu dans cette cour, et s'il voulait il y réglerait les saisons. ypparque donne un peu dans les doux penchans de Polycrate.

PYTHAGORE. Qui paraissent être aussi toujours les tiens.

ANACRÉON. Plus que jamais, si je reste en Attique, où la nature, quelquefois bisarre, semble se plaire à embellir les hommes de préférence aux femmes (1).

Harmodius ne connaît pas ses intérêts : le prince lui a déjà proposé la place de capitaine de ses gardes ; il fait toutes les avances pour l'approcher de sa personne. L'ingrat est épris d'un Athénien de son âge, qu'on nomme Aristogiton. Toujours ensemble, ils ne se quittent point : c'est une intimité comme on n'en a pas vu beaucoup ; on ne les appelle plus par la ville que *les deux amis*, et ils portent ce sentiment à un degré que tu n'imagines pas. Tout est commun entre eux ; tout, jusqu'à

---

(1) Paw. *rech. sur les Grecs.* tom. I. p. 4, 88 et 93.

leur maîtresse. Une seule et même femme leur en sert à chacun tour à tour ; Lecena, on la nomme ainsi, approuve cet arrangement, et leur est très-attachée. Ses talens pour le chant et la lyre (1), la rendent déjà fameuse. ils n'ont tous trois qu'une ame ; c'est ce qui déplaît fort au prince. Voyant que ses faveurs ne vont point à son but, il avise des moyens qui ne lui réussiront pas mieux ; au contraire, je ne le lui ai point caché ce matin, quand il me confia le projet d'un affront qu'il veut faire au jeune Harmodius.

PYTHAGORE. Raconte-moi cela.

ANACRÉON. Celui-ci a une sœur sage autant que belle ; pour mortifier le frère, Hypparque veut demain, à la solennité, enlever à cette *canéphore*, le droit et l'honneur de porter la corbeille consacrée (2), en lui reprochant d'avoir perdu sa virginité.

« Mon prince, ai-je dit à Hypparque, gardez-vous de porter cette double injure au frère et à la sœur ». Hypparque m'a répliqué de mauvaise humeur, et en me tournant le dos : «Anacréon, vous devenez aussi sinistre que mes songes (3). Cette nuit, m'a-t-il ajouté, Vénus m'est apparue (4), pour faire jaillir sur mon front quelques gouttes de sang d'une patère qui en était remplie ».

Hypparque m'a guéri pour toujours de lui

---

(1) *Scortum haec lyrâ cantu familiare Harmodio et Aristogitoni*. Plin. *hist nat.* XXXIV. 8.
(2) Thucydide. I. *hist.*
(3) Hérodote.
(4) Plutarch. *Moralia.*

donner de bons avis; quoiqu'il arrive, cela le regarde plus que moi.

Pythagore. Tous les présages de la fête ne sont pas également favorables. J'ai rencontré des physionomies en dissonance avec la gaieté générale que l'approche des panathenées inspire. Il y a encore dans Athènes quelque vieux levain.

Anacréon. Si les Athéniens ne sont pas contens, que leur faut-il donc? Ils n'ont jamais été si heureux, ni plus tranquilles. Peuvent-ils regretter leurs archontes? Que serait-ce si le frère d'Hypparque voulait partager les rênes du gouvernement! Hippias, pour peu qu'on l'irrite, est d'un caractère bien plus violent. Puissent-ils ne pas l'éprouver un jour! Il préfère, heureusement pour eux, de vivre pour lui seul, simple citoyen, au sein des jouissances obscures, satisfait de voir l'éclat de son frère réjaillir jusque sur lui. Mais j'oublie, avec toi, que j'ai promis de me trouver à la lecture de quelques vers élégiaques d'un très-jeune poëte qui donne de grandes espérances; il nous arrive de Céos; on l'appelle Simonide.

Pythagore. Je ne puis me rendre à ton invitation. Je suis trop préoccupé de ces indices, avant-coureurs de quelques grands événemens.

Anacréon. Tu m'as communiqué quelque peu de tes soucis. Ce dont nous n'avons été que les témoins à Samos, se renouvellerait-il à Athènes? Etais-je donc réservé aux catastrophes politiques, moi qui me croyais né pour le repos et le plaisir

Pythagore. Et pourquoi la colombe s'aviset-elle de voler dans la compagnie de l'aigle audacieux et puissant ?

ANACRÉON. A demain donc, puisque tu le veux ainsi.

Un poëte musicien de la cour d'Hypparque, vint à passer près de nous. Anacréon l'arrêta pour lui dire :

Lasus ! un moment. Il faut que je te mette aux prises avec un sage, qui serait le huitième de la Grèce, si tu ne l'étais pas déjà. Je vous laisse ensemble, non pas pour jouer aux dés (1).

LASUS. Toujours caustique.

ANACRÉON. Je rappelle tes goûts.

PYTHAGORE. On m'a parlé de tes profondes connaissances dans l'art musical. Tu excelles, dit-on, dans cette science, tant spéculative que théorique.

LASUS. J'ai fait beaucoup d'études, et quelques expériences heureuses ; mais je n'ai pas toujours été secondé. Si j'ai bien mérité, c'est d'avoir pu rendre la cour d'Hypparque un foyer de lumières. Sous la protection de ce prince ami des Muses, j'ai établi dans son palais des conférences savantes sur la politique et la morale, la poësie, et principalement la musique. Pythagore vient à propos, pour y remplir une place vacante ; car j'en ai fait chasser Onomacrite.

PYTHAGORE. Chasser ?...

LASUS. Je t'en fais l'arbitre ? cet homme, qui n'est pas sans talent, voulut faire le *chresmologue* (2) : il s'avise de fouiller dans les vieux poëmes de Musée, pour y découvrir des pré-

---

(1) Plutarque.
(2) Interprète d'oracles.

dictions, et n'en trouvant pas, il y insère furtivement de ses vers prophétiques, pour se donner la réputation d'un inspiré, ami des Dieux ; et le voilà qui, sous le nom du sage Musée, publie un oracle, annonçant la submersion de plusieurs îles voisines de Lemnos, afin d'effrayer le peuple, qui n'est déjà pas trop paisible depuis quelque tems. J'ai averti Hypparque ; et le prince, justement allarmé, vient de prononcer le bannissement d'Onomacrite. On me taxera de jalousie, peut-être, car le poëte partageait la confiance du prince, et surtout celle d'Hippias son frère ; Mais *peu m'importe* (1).

PYTHAGORE. Parlons de tes belles découvertes.
LASUS. Viens chez moi».

J'y allai, et ne perdis point mes pas : pour calculer avec justesse les proportions des consonnances entre elles, et pour découvrir les différens degrés de vîtesse ou de lenteur dans les vibrations des corps sonores, Lasus se sert de deux vases de même forme et d'égale capacité, lesquels frappés en même temps, donnent l'unisson. Laissant vide l'un de ces vases, l'autre rempli d'eau à moitié, la percussion de l'un et de l'autre fait entendre la consonnance de l'octave : le second vase, plein seulement à la quatrième partie, puis à la troisième, la percussion des deux produit la consonnance de la quarte, puis celle de la quinte ; d'où résultent les proportions de ces trois consonnances contenues dans les nombres 1, 2, 3, 4.

---

(1) Expression habituelle de Lasus, devenue proverbe grec.

Lasus me fit part encore d'un autre procédé qu'il vient d'inventer. Dans l'exécution de ses poësies musicales, il fait battre la mesure, pour assujettir les concertans à la cadence (1).

Je me retirai fort satisfait, et pris note de toutes ces découvertes.

Le jour suivant, la fête était déjà commencée, avant que de me rendre au palais. Je n'en étais plus éloigné que de quelques pas, quand un grand tumulte vint jusqu'à moi, toujours croissant. Hypparque avait mis à exécution, ce dont était instruit le poëte de Téos. La sœur d'Harmodius (2), outragée par le prince, excitait divers sentimens ; la crainte, l'indignation, la vengeance. La vengeance ne tarda pas à éclater : du sein de la foule rassemblée dans le *Pnyx* (3), c'est la place aux harangues, un cri se fait entendre : « Les deux amis ont poignardé le prince, au milieu de la pompe sacrée. L'un des meurtriers est mis en pièces par les gardes ; l'autre est au pouvoir d'Hypparque ». Déjà plusieurs citoyens avaient quitté leur tunique de laine, pour se revêtir de la cuirasse tissue de lin. Déjà le peuple allait, répétant dans les carrefours, l'imprécation contre les tyrans : *Que celui-là périsse avant la fin du jour, qui forme des desseins ambitieux !*

Les vieillards voulaient en vain calmer la multitude, en lui présentant l'olivier sacré, que la fête avait placé ce jour-là dans leurs

---

(1) Voy. Burette, *notes* sur Plutarque, *dialogue sur la musique*, *mem. acad. inscript.* tom. XXIII. *in*-12.
(2) Aristotel. *polit.* V.
(3) Pockocke. *voyages.*

mains ; mais les panathénées autorisaient aussi les citoyens à porter les armes pendant cette seule journée, dans l'espace de quatre ans (1); et le peuple semblait d'humeur à profiter de ce privilége dangereux. Les conjurés, armés d'un fer tyrannicide orné de myrthe, cherchaient l'épouse du prince, comme pour la rendre responsable de l'outrage commis envers la sœur d'Harmodius ; mais *Phya* (2) put se soustraire à l'indignation publique. La destinée de cette femme est bisarre ; c'était d'abord une bouquetière d'Athènes : sa beauté mâle plut à Pisistrate vieilli ; il se l'attacha, et voulut la faire passer pour son Egérie ; il n'avait point les vertus de Numa. Après lui avoir donné à jouer le rôle de Pallas, le tyran la céda en mariage à Hypparque, son fils et son successeur.

Je pénètre, non sans peine, jusque dans le palais ; j'y cherche Anacréon : enfin, je le rencontre. « Adieu ! me dit-il, adieu toutes les cours, tous les princes de l'univers. Je suis las de révolutions politiques ; je m'en retourne à Téos, pour ne plus le quitter. Je n'aurais dû jamais en sortir ».

Anacréon me proposa de l'y accompagner. Je lui dis que je voulais poursuivre mes voyages. Nous nous quittâmes aussitôt. Il prit le chemin du port de Phalère, sans se soucier d'attendre l'issue de cette nouvelle catastrophe. Le sang d'un seul en fit couler des flots. Aristogiton ne tarda pas à être immolé aux mânes d'Hypparque ; Leœna aussi (3) avec plu-

---

(1) Caylus, *antiquit. gr.* tom. IV. Meursius.
(2) Athenée. XIII. *deipnos.*
(3) Plin. *hist. nat.* VII. 23.

sieurs autres généreux complices et partisans de l'*isonomonie* (1) ; mais les amis du prince ne furent point épargnés.

§. CLX.

Topographie des environs d'Athènes.

Je sortis d'Athènes, l'imagination frappée de toutes ces tragédies; j'errai plusieurs jours dans les bourgades environnantes, et qui à peine se ressentaient des convulsions de leur métropole. J'allai me recueillir dans les gorges du mont Parnès, dont les ours et les sangliers sont moins cruels que les hommes. Les chênes vigoureux et toujours verts, les sombres cyprès et les sapins taillés sous les ciseaux de la nature, en forme de pyramide, qui peuplent et ombragent sa cime, convenaient parfaitement à la situation de mon ame.

Je parcourus le double mont *Hymette* (2), couvert en tout temps d'une épaisse nuée d'abeilles attirées par le parfum des fleurs, et par quantité de plantes balsamiques. Le mont Pentalique est tout voisin de ceux-ci. J'allai en visiter les fraîches cascades qui entretiennent le céphise, ami de l'olivier, et les carrières de ce beau marbre dont on commence à faire usage pour le service des Dieux. Les blocs sont trouvés ; ils attendent le génie des sculpteurs. Il s'en trouvera qui, rivaux de Prométhée, donneront la chaleur de la vie et

---

(1) L'égale distribution de la justice.
(2) Aujourd. le monastère de St-Jean. Caylus.

le mouvement aux matières les plus froides et les plus inertes.

Jupiter est la Divinité favorite de ces lieux hauts. Ses autels y sont multipliés, ainsi que ses surnoms. On l'invoque, tantôt sous le titre de Jupiter le pluvieux, tantôt sous celui de Jupiter le prévoyant. Les origines de tous ces cultes seraient curieuses à savoir; mais le destin d'un mortel est d'ignorer beaucoup plus de choses qu'il n'a le temps d'en apprendre. Et pourquoi s'empresserait-il de souiller sa mémoire du récit des révolutions politiques? Bien plus sage et bien plus heureux serait l'homme qui, fixé sur le mont Hymette, n'entendrait d'autre bruit que le bourdonnement des abeilles ! Si l'*égicore* connaissait son bonheur (1), il n'aurait rien à envier aux archontes.

Pendant mon séjour sur cette élévation, il survint une sécheresse qui dura plusieurs semaines. Je vis accourir de tous les points de l'Attique quantité de villageois mêlés à beaucoup de citoyens d'Athènes. Tout ce monde, précédé des pontifes, faisait retentir l'air de cette invocation (2) : *Bon Jupiter, donne-nous de la pluie ; fais descendre ta rosée sur nos campagnes.*

Après maintes lustrations, ils procédèrent à un grand sacrifice au temple de Jupiter (3). Je saisis cette occasion pour y entrer. Il n'y a de remarquable qu'une assez vieille image du Dieu,

---

(1) *Egicore*, chevrier, gardeur de chèvres.
(2) Marc-Aurele, liv. V. *pensées*.
(3) Pausanias, lib. I. *voyage en Grèce*.

accompagnée des sept Hyades (1) peintes sur la voûte (2), au-dessus de sa tête. Il plut le lendemain de cette cérémonie religieuse. Les prêtres ont du bonheur.

J'allai au bourg de Limna, pour lire dans un temple de Bacchus une ancienne loi qu'on y conserve encore.

« Le peuple d'Athènes impose à ses rois la condition de prendre pour femme une vierge du pays. »

Conformément à une autre loi, les environs d'Athènes sont parsemés de colonnes funèbres, dont les plus hautes n'excèdent point trois coudées. Pareille loi, en Egypte, eût épargné bien de grands travaux inutiles.

Je passai quelques journées dans la peuplade d'*Acharna* (3), sur la pente australe du mont Parnès. Une des portes de la ville d'Athènes (4) a le nom de cette tribu.

Là l'industrie rurale est beaucoup plus avancée que l'économie politique dans Athènes, malgré les lumières de Solon et l'intégrité de l'Aréopage. Des vignobles, des vergers fructifient et prospèrent sur un sol composé de cailloutage, mais que la main de l'homme laborieux a su revêtir de terre végétale prise dans les bas-fonds. Le caractère des Acharniens est plus rude que la toison de leurs troupeaux ; elle donne une laine pour le moins aussi fine que celle d'Arcadie.

---

(1) Constellations pluvieuses.
(2) Il existe une médaille de Tite, avec ce type. Voy. *hist. des emp.* par Tristan. *in-fol.* tom. II. p. 250 et 251.
(3) Aujourd. *Cashia*.
(4) *Athènes anc. et moderne.* p. 275.

Je revins sur le mont Hymette. Sa cime double domine la partie la plus intéressante de la Grèce (1), ainsi que ses îles. La vallée de Tempé est loin d'offrir un site aussi riant, un air aussi pur. Je m'y promenai sur des champs entiers de violettes, et à travers des bosquets touffus de *daphnoïdes* (2). Tout ce pays est parsemé de hameaux qui se rassemblent, trois ou quatre (3), sous l'œil de leurs *demarques* (4), pour célébrer des fêtes rustiques et des jeux champêtres où le vin coule, mais jamais le sang.

À l'une de ces fêtes, je m'arrêtai devant les treteaux de deux poëtes, si je puis donner ce nom saint à deux hommes qui se couvrant le visage de lie et improvisant quelques vers gais jusqu'à la bouffonnerie et la licence, dérident le front le plus triste, et dissipent les plus noirs chagrins. Ces deux personnages ne manquent pas d'imagination. Ils sont de l'Attique même, nés à Icarie, hameau de la tribu AEgéide (5). Ils se nomment Dolon et Susarion (6). Je vous ai déjà parlé de ce dernier. (7). Après être convenu entr'eux de ce qu'ils doivent se dire, ils saisissent le côté ridicule de tous les sujets qu'ils traitent. Par la suite, ils pourront faire avec succès la guerre au vice, en apprêtant à rire à ses dépens. Mais les grands crimes resteront

---

(1) Paw. *rech. sur les Grecs.* tom. I.
(2) Lauriers-roses.
(3) Ce sont les *tricômes*, les *tétracômes*. Voy. Pollux et Paw.
(4) *Demarques*, magistrats ruraux annuels.
(5) Steph. *de urbib.*
(6) *Marmora Par.*
(7) Voy. §. CXLIII. p. 123. tom. IV.

impunis;

impunis; il faut la massue d'Hercule contr'eux, ou tout au moins la muse sévère de Thespis.

Un orateur, fort jeune encore, assista près de moi à ces jeux, pour y apprendre l'art de remuer les passions. Depuis, je sus qu'il ne tarda pas à se distinguer dans Athènes. Mnesiphile est son nom, et sa patrie Phréar (1), de la tribu léontide.

Le peuple me parut prendre beaucoup de goût à ces censures mordantes et gaies; et déjà, me dit-on, il a soustrait deux fois ces deux poëtes à l'animadversion des magistrats alarmés (2).

De la hauteur où je m'é 's placé, je découvrais le promontoire Sunium, et toute la partie australe et maritime de la Gréce. « Ne prolonge point tes courses jusques-là, me dit un paisible habitant de l'Hymette, si tu ne cherches dans tes voyages que de douces émotions. Cette plage est la plus riche de toute l'Attique; elle abonde en mines d'argent, ouvertes déjà sous le règne d'Erichthonius (3); tu souffrirais trop d'y voir des milliers d'esclaves achetés en Asie, enchaînés dans les entrailles de la terre, et travaillant à la lueur sinistre de quelques lampes, pour une poignée de maîtres inhumains jusqu'à la férocité. Un jour sans doute Jupiter le bienfaisant punira ces propriétaires

---

(1) Steph. *de urbib*.

(2) Les Athéniens accordèrent aux poëtes comiques la licence de satyriser tout le monde, sans épargner même le gouvernement; et l'on trouve qu'à cause de la liberté qu'ils se donnaient de médire de toute la terre, on leur donna l'éloge de *conservateurs des villes*. σωτηρων των πολεων.

Bayle. *républ. des lettres*.

(3) Plin. *hist. nat.* VII. 56.

prodigues des sueurs de leurs semblables et avares de bons traitemens. Leurs captifs, justement révoltés, peuvent se venger en un instant des souffrances qu'ils endurent depuis plusieurs siècles (1). Aussi ces mines sont-elles fort mal exploitées : on pourrait en remanier les scories avec beaucoup d'avantages (2). Combien nous nous félicitons, sur nos montagnes, de n'avoir, au lieu d'argent et d'or, que du thim et des violettes pour nos abeilles, et quelques petites forêts pour la construction de nos demeures »!

Sur un hermès de bois, dressé au milieu des carrefours de ces forêts de l'Attique, je lus cette imprécation (3) :

« Qu'il soit voué aux dieux infernaux quiconque refuse de remettre en son chemin le voyageur égaré »!

J'examinai avec plus de soin la matière et la fabrique de l'habitation où je demeurais sur le penchant de l'Hymette. Les maisons, en ce lieu, sont toutes de bois, et construites de façon qu'il est facile d'en séparer les pièces pour les transporter ailleurs, et les remettre sur pied où l'on veut. Pour peu qu'une invasion ennemie soit prévue, la quatrième partie d'une journée suffit à toute une peuplade pour disparaître (4), sans laisser après elle le plus petit vestige. De tels édifices convenaient seuls à l'homme ambulant sur la terre, et soumis à

---

(1) C'est ce qui est arrivé cent ans avant l'ère vulgaire.
(2) Mellot. *mem. acad. inscript.* tom. XXXVIII. page 285. *in-*12.
(3) Blanchard. *mem. acad. inscript.* tom. XVI. *in-*4°
(4) Thucydide. II. et Paw.

tant de vicissitudes. A la vue de ces constructions commodes et portatives, les villes ne me parurent que des hors-d'œuvres pénibles et insalubres. Les Athéniens ne sont pas, à beaucoup près, si bien logés que les habitans des bourgades voisines.

Je trouvai fort sage une précaution devenue loi de rigueur, qui, sur toute l'étendue de l'Attique, oblige les propriétaires à indiquer sur une colonne placée à l'entrée de leur domaine, les engagemens dont ils sont tenus, et pour lesquels leurs biens servent de caution.

Du mont Hymette (1), la vue des toits d'argile et de l'irrégularité des rues d'Athènes, ne donne pas une haute idée de cette ville déjà si fameuse. Des lacunes hideuses attestent la tyrannie vindicative de Pisistrate, qui fit abattre les édifices de presque tous les bons citoyens, amis des lois de Solon. Le large feuillage des platanes masque un peu cette triste nudité.

Une autre observation me causa plus de plaisir. Pendant mon séjour dans les environs d'Athènes, je ne rencontrai pas un seul mendiant qui déshonorât le territoire (2).

J'y fis une découverte d'un autre genre. On me montra l'une de ces habitations pélasgiennes qui précédèrent l'établissement des colonies d'Inachus et de Cecrops dans la Grèce ; les

_____

(1) Pythagore put très-bien distinguer tous ces menus détails, placé sur le mont Hymette, puisqu'au rapport de Pausanias, du promontoire Sunium, un Grec distinguait jusqu'aux plumes du casque, et jusqu'au fer de la pique d'une statue de Minerve, dans la citadelle d'Athènes.

(2) *Remarques* de madame Dacier sur le liv. XVII de l'*Odyssée*.

murailles en sont composées de roches entassées avec beaucoup d'art et tant de solidité, qu'elles peuvent encore braver pendant plusieurs siècles la faulx du temps (1). Beaucoup de monumens élevés après eux tomberont avant eux. Ces demeures grossières servaient du moins d'asile à l'innocence et au bonheur. On ne connaissait point alors de Pisistrate. Il est vrai aussi qu'en ces temps-là, il n'y avait point de peuples ; on rencontrait par-tout des hommes.

Je trouvai en cet endroit un Athénien nommé Pherecide, chargé par les magistrats, de la rédaction des antiquités de l'Attique. Ce travail aura dix Livres, et sera complaisamment intitulé : *Les Autochtones*. Il m'en lut quelques rouleaux (2).

Je rencontrai un pâtre caressant un enfant nouveau né, qu'il portait enveloppé dans un pan de son manteau (3) : « Infortunée créature ! lui disait-il tout haut ; parce que tu as quelqu'irrégularité dans la conformation, ta famille te rejette de son sein : eh bien ! je veux te servir de père. Tu me dédommageras de la stérilité de ma femme ».

Je m'approchai de cet homme. Il me dit : « Ce nouveau né, exposé dans le bois voisin, allait périr de besoin, ou être dévoré par quelqu'animal carnassier. Il me devra la vie ».

Je m'éloignai, en gémissant sur la bisarrerie et l'atrocité de certains usages, même chez les nations les plus civilisées.

---

(1) Fourmont, dans son voyage au Levant, en vit les restes. *hist. acad. inscript.* p. 17. tom. IX. *in*-12.
(2) Denis Halic. *hist. rom.* I. Euseb. *chron.*
(3) Aristophanes. Samuel Petit. *Atticae leges.* p. 144.

Je fis une dernière remarque en quittant l'Attique ; c'est que, jusqu'à présent, les habitans de cette portion de la Grèce ont eu le bon esprit d'embellir leurs campagnes, de préférence à tout ; les cités ne leur servent que de points de réunion pour y traiter des affaires communes. Athènes elle-même n'offre pas encore toutes les recherches d'une existence aisée qu'on trouve dans les maisons des champs. Les monumens publics exceptés, le reste de cette capitale m'a paru négligé : l'agriculture obtient encore le pas sur le luxe.

On y est surtout ami des figues jusqu'à la jalousie (1). L'exportation en est défendue hors de l'Attique. Elles sont moins hâtives que celles de la Laconie.

Ce goût pour le même fruit est peut-être le seul point de contact d'Athènes et de Sparte. Ces deux cités fameuses sont bien plus éloignées par le caractère des habitans que par le nombre des stades ; onze cent quarante forment leur distance (2), qu'un voyageur robuste pourrait franchir en moins de deux journées. Athènes se rapproche davantage d'Olympie, quoique séparée par quatorze cent quatre-vingt-cinq stades. Quinze de plus, et ce serait la mesure de l'espace d'Héliopolis à la mer (3).

Au territoire d'Athènes, ainsi que dans l'île

---

(1) *Commentaire français* sur les lettres grecques, de Philostrate, p. 137. *in*-4°.

(2) Plin. VII. 20.

Les stades de l'historien de la nature étaient de onze cent onze au degré, ou de soixante-un pas géométriques.
Freret.

(3) L'Héliopolis de l'Egypte. Hérodote.

de Samos, dix-sept parties d'ombre répondent à vingt-une parties de gnomon (1). Le plus long jour de l'année est de quatorze heures, plus deux fois la troisième partie d'une heure.

Quant aux mœurs, d'un trait en voici le tableau : Les Athéniens ont pris à la lettre l'institution faite par Thésée (2) d'un culte à la Vénus populaire (3). Les courtisanes pullulent et ont leur temple. J'ai retrouvé, à côté de la chouette de Minerve (4), le bouc de Mendès (5).

Les habitans de l'Attique, qui se chargent de la culture des terres, sont des sortes d'esclaves ; ils en portent du moins l'habit, étoffe grossière qui ne passe point le genou, et bordée d'une espèce de peau de mouton garnie de sa laine. Ils ne seraient point reçus dans l'intérieur de la ville d'Athènes avec ce costume réputé ignoble (6) ; et pourtant c'est par eux qu'elle existe.

L'esprit de Thésée respire encore dans les bourgades circonvoisines ; elles continuent d'être fort attachées à leur métropole. Leurs monnaies expriment cette bonne union ; elles ont pour type deux chouettes (7) accollées

---

(1) Plin. *hist. nat.* VI. 34.
(2) Pausan. *voyage en Grèce.*
(3) Pandemos.
(4) C'était le type de la ville d'Athènes.
(5) En Egypte.
(6) Hesychius. J. Pollux.
(7) *Antiquités étrusques, grecques*, etc. par Dancarville. tom. V. *in*-4°.
C'est ainsi que l'empire germanique a pour armes principales un aigle double.

ensemble sous une seule tête, et ne formant qu'un seul et même oiseau.

§. CLXI.

Voyage en Béotie. Thèbes.

Je passai en *Béotie* (1), pays fertile et si agréable qu'on l'appelle *l'île des Bienheureux* (2). Son premier nom fut l'Aonie (3). Après avoir traversé l'Asope, je me rendis à Thèbes aux Sept Portes. L'une d'elles, la première se nomme la porte du Très-Haut, à cause d'un temple à Jupiter. La troisième est consacrée à Vénus (4). J'entrai par celle appelée *Oncéenne*, regardant le village *Oncis* où j'avais vu la statue et l'autel élevé par Cadmus à Minerve (5), que les Phéniciens appellent *Onca*.

Apollon est honoré à Thèbes d'une statue de Cèdre et d'un autel desservi par un adolescent (6), élu parmi les enfans de la ville et doué de la plus belle figure. En reconnaissance de ce choix, l'usage veut qu'il consacre, s'il est opulent, un trépied à la Divinité. Son titre est *porte laurier*. Hercule, jeune homme, exerça ce sacerdoce. Les Thébains honorent un autre simulacre d'Apollon qui représente ce Dieu en cheveux grisonnans (7) : Serait-ce

---

(1) A présent *Strumulipe*.
(2) Voy. le commentateur de Lycophron.
(3) *Hymn.* II. Callim.
(4) Nonnus *dionysiac.* V.
(5) Euphorion. Stepha. Hesych. Giraldus. *de diis*.
(6) Pausan. *Beotie*.
(7) *Archaeolog. gr.* tom. I. Potter.

pour apprendre aux voyageurs que l'inspiration poétique est de tout âge?

On me montra la demeure d'Amphytrion bâtie par les deux célèbres architectes, Trophonius et Agamède, et même l'appartement de la belle Alcmène que son mari n'eût pas décorée, sans doute avec tant de soins, s'il eût pu prévoir qu'il travaillait pour un rival de si haute lutte.

On y conserve son anneau dont la pierre fine qui lui servait de cachet, représente le lever du Soleil (1), ou Phœbus montant dans son quadrige. Le travail, quoiqu'ancien, n'en est pas sans mérite.

On me fit voir, en même-temps, une coupe d'or qui a la forme d'une gondole posée sur un pied fort court : cette *carchesienne* (2), fut donnée par Jupiter à la princesse, comme un gage de son amour satisfait et reconnaissant.

On me montra encore la *pierre de bon conseil*: c'est un caillou dont Minerve frappa Hercule; pour le détourner d'un meurtre. J'aime à rencontrer les vestiges respectables de la morale symbolique des anciens. Hercule a aussi son temple à Thèbes, sous le titre du *dieu aux Pommes*; vraisemblablement pour rappeler celles des Hespérides. Je vis son *dédale* sur l'autel. Les Béotiens appellent ainsi les statues de bois, sans doute pour faire honneur à l'artiste qui les inventa. J'y rencontrai un jeune statuaire, nommé Pythodore (3), méditant sur son art. Il me parut avoir du génie.

---

(1) Plaut. *Amphitr.* act. I. sc. I.
(2) Hérodote d'Héraclée. Athenée. liv. II.
(3) Plin. *hist. nat.* XXXVI. 5.

Sur la place du marché, on me permit d'entrer dans la chambre nuptiale d'Harmonie femme de Cadmus, et dans celle où l'ambitieuse Semelé fut consumée par la foudre de Jupiter.

Tout près de ce temple de la fortune, me dit-on, voici le lieu où le devin Tyresias prenait les augures. Tu parais surpris...

PYTHAGORE. C'est du rapprochement de ces deux objets. Pour l'ordinaire, la fortune et les devins ne logent point ensemble.

Un groupe de trois figures me semblait représenter les grâces. Non, me répondit le mystagogue qui me conduisait ; ce sont les trois Vénus ; La Céleste, ou Uranie ; la *Vulgaire* ou Terrestre (1), et la Préservatrice (2), qui garantit le sage des excès opposés des deux autres. Cette théogonie vaut mieux que tout ce qu'on apprend dans le temple voisin, où se célèbrent les mystères cabiriques, auxquels j'eus le courage d'assister jusqu'à la fin. Le véritable esprit de cette ancienne institution est déjà tout-à-fait perdu à Thèbes.

Au pied de la citadelle bâtie par Cadmus (3), je visitai la mine de cuivre rouge que découvrit ce héros étranger à la Grèce. La ville fut bâtie par Ogygès (4), quinze siècles révolus avant Rome. Mais les habitans se glorifient davantage encore de la naissance d'Hercule dans leurs murs.

La sépulture d'Amphion n'est qu'un peu de terre élevée au-dessus du sol ; l'hommage

---

(1) *Vulgivaga.*
(2) *Apostrophia.*
(3) Latitude de Thèbes, 38 deg. 22 min.
(4) Varro, *re rust.* III.

qu'on lui rend, est bien préférable au marbre pentélique. Tous les ans, quand le soleil est au signe du taureau, les habitans de Tithorée (1), viennent prendre religieusement un peu de la terre qui recouvre les restes du fondateur de Thèbes, pour la répandre sur leurs champs. Précieux souvenir des soins qu'Amphion donna à l'agriculture! Mon mystagogue entamait à ce sujet une vieille tradition théogonique; je le fis taire, ne voulant pas en savoir davantage, et charger ma mémoire de récits absurdes ou inutiles.

Quelques pierres brutes gissent éparses aux environs; elles faisaient partie de celles qu'Amphion attirait par ses accords savans (2), pour en ceindre la ville: monumens des annales primitives de ces peuples civilisés par l'agriculture soumise à ces travaux réglés. Les Béotiens ont un sens droit qui ne les quitte point, même en fait de religion. A Lebadie, une de leurs cités, ils ont donné les premiers l'exemple d'un culte à Jupiter roi, pour s'exempter d'avoir un roi homme.

J'assistai à un sacrifice sur le tombeau des fils d'OEdipe. Tout le peuple, excepté moi, vit très-distinctement la flamme et la fumée se séparer en deux. Ce prodige qui se renouvelle chaque année, est commémoratif de la haine irréconciliable des deux frères, Etéocle et Polinice.

La ville de Thèbes doit être impraticable dans le temps des orages ou de la fonte des

---

(1) Pausan. *Beotic.* IX. 16.
(2) Horat. *ars poët.* v. 387. L'*Ethna* de Corn. Severus. v. 572.

neiges. Les environs produisent des navets pleins de sucs (1).

L'automne était commencé, et l'on me promettait pour l'entrée de l'hiver le spectacle d'une fête intéressante que les Thébains nomment *Aphrodisée* (2). Je me décidai à suspendre mon voyage, pour y assister. L'origine de cette solennité est immémoriale. Les magistratures sont annuelles à Thèbes. Le dernier jour qu'on les exerce, ceux qui en sont revêtus, subissent un examen de leur conduite. S'ils ont bien rempli leurs fonctions, les plus belles filles thébaines sont tenues de se rendre sur la place publique; parées comme pour contracter l'hymenée avec eux. Trois magistrats seulement furent dignes, cette fois, de la récompense. Ils étaient encore jeunes. Je les vis s'avancer gravement au milieu du cercle formé par les citoyennes d'élite, et choisir parmi elles. Mais d'eux d'entre les trois se contentèrent du cérémonial, et rendirent chacun la vierge préférée à leurs parens. Le troisième usa de son droit, et l'honora du titre de son épouse,

Cette coutume a ses inconvéniens : mais j'aime à voir les femmes les plus belles servir de récompense aux hommes les plus sages.

Je remarquai que chaque assistant tenait à la main une branche de myrthe (3), et que le pontife fit des imprécations contre le lièvre stérile, et aussi contre le buis, par une raison peu digne d'être rapportée (4).

---

(1) Athen. I. *deipnos.*
(2) Larcher, *mém. sur Vénus.* p. 258, 268.
(3) Plutarch. *quaest. rom.*
(4) Larcher. 281 et 282.

Thèbes avait un calendrier informe et variable : pendant mon séjour dans cette ville, je leur enseignai à régler l'année sur le cours du soleil, et les mois sur les phases de la lune (1). Je leur désignai encore le temps des deux solstices.

Je leur répétai aussi quelques-unes des leçons de l'art géométrique que j'avais prises en Egypte, le berceau de cette science utile, l'aînée de toutes les autres.

En sortant du territoire de Thèbes, je fus attendri à la vue d'une loi ancienne (2) et malheureusement particulière à cette seule ville :

« Il est défendu à tout citoyen de Thèbes, père de famille, d'exposer ses enfans, ou de leur ôter la vie, sous quelque prétexte que ce soit ».

Athènes et Sparte auraient besoin d'un pareil commandement; puisque les hommes se sont tellement éloignés des premiers devoirs de la nature, qu'il faut les y rappeler par une loi expresse.

En faveur de ce décret du peuple thébain, je pardonnai aux habitans de cette ville la grande quantité de joueurs de flûte, que j'y rencontrai presqu'à chaque pas. Il est vrai que la plupart excellent au jeu de cet instrument (3); et ils sont plus jaloux de cette gloire que de toute autre.

Avant de quitter ces lieux, j'assistai à la promulgation d'une loi nouvelle qui me parut

---

(1) Voy. l'*histoire du calendrier*, publiée à Paris, en 1727. vol. *in*-12. de 276. pages.
(2) AElian. *Var. hist.* II. 7.
(3) Max. Tyr. *dissert.* VII.

fort sage : « qui ne s'est point abstenu de tout commerce pendant dix années (1), ne peut aspirer aux magistratures de Thébes ».

Les Béotiens de Thèbes ont une usage qui fait l'éloge de leur hospitalité. Quand ils donnent un festin, ils y laissent toujours plusieurs mets intacts pour le voyageur inattendu (2).

Ce qui mérite d'être remarqué, d'autant plus qu'ils ne passent point pour très-sobres (3). Ils savent bien se mettre à table; mais ils ne savent pas comment en sortir. J'entendis un Thébain dire, avec une sorte d'orgueil : « Je puis contenir plus de vin que pas un Grec. Ils vendraient leurs héritages pour boire, sans la loi de *Philolaus* (4), qui défend aux familles d'aliéner leurs domaines ». L'un des Types de la ville, est un vase vinaire à deux anses (5). D'Athènes à Thèbes, il y a à peine vingt heures de chemin (6).

§. CLXII.

Pythagore sur le mont Oëta.

Je m'avançai jusqu'en Aulide, petite contrée que le divin Homère a rendu célèbre : on ne voit plus de héros rassemblés sur le rivage;

---

(1) Aristotel. *polit.*
(2) On en fit un proverbe.
(3) Athen. X. *deipnos.*
(4) Aristotel. *polit.* II.
(5) *Hanap. Cantharus*, en latin. *Journ. Trévoux.* 1711. p. 853.
(6) Menage, sur *l'heautontimoremenos.* p. 19. édit. 1690. *in-12.*

on y rencontre des hommes plus utiles, d'honnêtes potiers de terre et de paisibles agriculteurs.

Près de *Tanagre* (1), je montai sur la haute colline ou le père de Calipso, le *sage* (2) Atlas (pour me servir des magnifiques expressions de l'immortel auteur de l'Odyssée), soutenait la vaste machine des cieux, et en observait les ressorts (3).

Sur cette hauteur, on me fit remarquer, au bord de l'horizon, une montagne élevée (4), pour m'apprendre que Mercure y prit naissance. Diane (5) aussi naquit sur une montagne, dans l'Asie Mineure, près d'Ephèse, le chef-lieu du culte de l'immortelle. Le peuple trouve tout simple que ses Dieux naissent et meurent comme lui. Il les a fait à son image.

Avant de quitter Tanagre, l'homme qui m'en expliquait les beautés, eut soin de me faire remarquer combien les Tanagréens sont plus religieux que les autres peuples de la Grèce. Tous nos temples sont bâtis dans un lieu séparé du commerce des hommes; là où il n'y a point de maisons, et où l'on ne peut aller que pour y rendre un culte aux Dieux.

On me conduisit à un petit verger, à l'entrée duquel je lus ces lignes tracées sur un cippe de pierre.

« Une loi du peuple de Tanagre, défend aux femmes d'approcher et d'aller plus loin ».

L'injonction ne s'étendant pas sur les étran-

---

(1) A présent *Anatoria*.
(2) *Sage* était, du temps d'Homère et de Pythagore, synonime de *savant*.
(3) *Odyssea*. lib. I.
(4) Pausan. *voyage*.
(5) Hesychius.

gers, je pénétrai dans ce bois ; il renferme le sanctuaire d'*Eunostus* (1): élevé par une nymphe sage, c'était un jeune homme, beau et chaste. Ochné, fille de Colonus, vint à l'aimer ; il se refusa à ses caresses ; de dépit, elle le calomnia auprès de ses trois frères, qui s'en défirent par trahison. Les Tanagréens vengèrent sa mémoire, en le plaçant parmi leurs demi-Dieux. Malheur aux femmes dans un temps de calamité ! on leur impute ce fléau, en disant qu'elles ont violé le sanctuaire d'Eunostus.

Tanagre est encore remplie des souvenirs d'*Orieus* (2), qui exerçait si bien les devoirs de l'hospitalité, quoiqu'il fût pauvre, que les Dieux (3), plus d'une fois, descendirent dans sa maison, et honorèrent sa table de leur présence.

Les Tanagréens se disent de race Phénicienne ; plusieurs m'apprirent qu'ils étaient originaires de Sidon ; ils citent Homère pour garant de leur vétusté, et nourrissent beaucoup de coqs (4), qu'ils prétendent avoir naturalisés les premiers dans la Grèce (5) ; en même temps qu'ils y ont apporté les caractères propres à écrire, dont elle se sert encore aujourd'hui. Ils élèvent beaucoup d'abeilles. Un certain petit Dieu préside à leurs ruches (6) et à leurs

---

(1) Plutarq. *quest. grecques*. XL.
(2) Ou *Hyriens*.
(3) Tzetzès. Natalis comes.
(4) Plin. *hist. nat*. X. 21. Pausan. Columell. VIII. 2.
(5) Buffon dit, à propos des combats de coqs :
« C'était autrefois la folie des Rhodiens, des Tanagriens » . . .
(6) Hesychius.

moulins (1), surveille la distribution de la farine, et la fidelle observance des mesures.

En m'éloignant du rivage de la mer, je m'arrêtai à un petit hameau fort fréquenté; il en est redevable à un sanctuaire d'Hercule, où les malades viennent demander, et obtiennent guérison. Le Dieu n'y a d'autre statue qu'une pierre brute; la piété qu'elle inspire l'embellit assez.

Ceci me rappelle un autre temple dans la Phocide (2) dédié à Hercule *Misogyne*. Le surnom du héros me porta à examiner le simulacre qui le représente. Je vis l'image d'un vieillard qui n'est que morose et fâché d'avoir perdu, avec la jeunesse, l'estime des femmes.

C'est donc improprement qu'on le désigne sous le titre de *Misogyne*.

Le nom d'Hercule qu'on voit retracé à chaque pas qu'on fait à cette extrémité de la Grèce, me fit penser au mont Oëta, qui n'est pas très-éloigné pour un voyageur infatigable.

Je passai aussitôt du vœu à l'accomplissement. L'*Oëta* (3) est une petite chaîne de montagnes qui sert de limites à la Grèce et à la Thessalie. Je n'y rencontrai qu'un seul bourg; on le nomme Xenée (4). Sans perdre mon temps à la recherche des incantations en usage dans cette âpre contrée, je dirigeai ma course droit au lieu consacré par le trépas volontaire du premier des héros. Je me fis conduire à la

---

(1) Moulins à bras.
(2) Ennemi des femmes; comme on disait *misantrope*, ennemi des hommes.
(3) Aujourd. *Bunina*.
(4) Pausan. *voyage*.

place

place même, honorée du bûcher de ce grand homme (1).

Arrivé là, un tourbillon de vent m'enveloppa, et me couvrit de la tête aux pieds d'une poussière, dans laquelle mon imagination, allumée par d'illustres souvenirs, me voulut persuader d'y trouver quelque peu de la cendre héroïque d'Hercule; J'en recueillis même, et la plaçai dans ma ceinture, après l'avoir enveloppée dans des feuillages.

Revenu un peu de mon délire, je remarquai auprès de moi beaucoup d'ellébore (2); et ce rapprochement contribua à calmer mon cerveau qui s'exaltait. Cet ellébore est blanc, et de la première qualité. Il croît sur le lieu même du bûcher d'Hercule. Cette plante guérit les hommes et tue les mouches (3).

J'étais hâletant de soif; un jeune pâtre oisif s'en aperçut, et m'offrit du lait de ses chèvres. Après en avoir humecté mon palais desséché, je fus vivement sollicité d'accepter aussi un fromage. « Honorable voyageur, me dit ingénument le chevrier, prends, et ne crains pas d'épuiser nos provisions; cette montagne renferme sans doute la corne d'Amalthée. Nous avons dans nos cabanes des outres et des amphores (4) toujours pleines de lait, et il n'en faut qu'une pour nous procurer dix-neuf fro-

---

(1) Ce n'est que la gloire et amour de la vertu qui a tant annobli Hercule... Jamais aucun aage ne pourra, sinon par la démolition de cet univers, effacer la mémoire de son nom. *Mythol. natal. Com.* trad. par J. Montlyard.
(2) Plante qui guérit de la folie.
(3) Plin. *hist. nat.* XXV. 5.
(4) Vase contenant 31 pintes. *Metrol.* Paucton.

mages d'une obole chacun (1); ajoute à cela que nos chèvres n'ont pas besoin de l'approche du mâle pour remplir leurs mamelons (2). Pour peu qu'on les excite avec une poignée d'orties, le lait y vient; nos boucs mêmes quelquefois en donnent ».

Vous le dirai-je, mes chers disciples! ces détails d'économie rurale eurent pour moi un degré d'intérêt presqu'égal à celui que m'inspirait le souvenir des travaux et de la mort d'Hercule. Serait-ce parce que le merveilleux cède le pas à l'utile?

Le grand Alcide obtient sur ces hauteurs un culte presqu'exclusif. Les montagnards d'Oëta ne jurent que par Hercule.

Si Hercule n'est que le soleil revêtu des formes héroïques par les poëtes, gardons-nous de le révéler au vulgaire. Ne lui disons pas que ce grand homme, le modèle des hommes, n'est qu'une fiction astronomique; le peuple en conclurait peut-être que la vertu n'est qu'une fable, et qu'il ne faut point la chercher sur la terre.

Laissons-lui croire qu'Alcide, expirant sur un bûcher, comme le phénix, renaît aussi de sa cendre, et parcourt successivement les diverses régions du globe, pour y dompter les monstres.

Le souvenir de la massue d'Hercule a fait avorter plus d'un complot sinistre, a plus d'une fois relevé le courage abattu des gens de bien. Oui, le nom seul d'Hercule, pro-

---

(1) Dix-sept centimes peuvent représenter une obole attique.
(2) Aristote, *hist. des anim.*

noncé à propos aux oreilles d'un despote, ou d'un peuple esclave, peut faire révolution.

§. CLXIII.

Thespies, Ascra, Orchomène, &c.

Revenant sur mes pas, ou plutôt divaguant toujours, pour mieux connaître cette contrée, je me trouvai à la petite ville d'Opunce, chez les Locriens, à quinze stades de l'Euripe (1), peuplade guerrière, habile à manier l'arc et la fronde (2). Ils n'exhalent point autour d'eux une aussi mauvaise odeur que les *Ozoles* leurs voisins (3). Ils reconnaissent pour fondateur, *Opus*, fils de Locros, et gardent religieusement la mémoire de Patrocle, l'ami d'Achille et leur concitoyen (4).

Pour prévenir la bonne et la mauvaise fortune, les Opontiens prennent la prudente mesure de sacrifier à deux sortes de divinités, celles qui président au bien, et celles qui permettent le mal; elles ont chacune leur autel, desservi par un prêtre vêtu différemment. Un magistrat nommé *Crithologue* a la super-intendance du culte (5); il est chargé de recueillir les prémices de la moisson d'orge de chaque citoyen. A Opunce on ne connaît d'autre sacrifice qu'un peu d'orge torréfié sur des charbons

---

(1) Ecoulement intérieur de la mer Ægée.
(2) Homère.
(3) Plutarque, *questions grecques*. XV.
(4) IXe. *geogr.* Strab. Homer. *iliad.* Diod. sic. *bibl.*
(5) Plutarque, *questions grecques*. VI.

ardens. Heureuse et louable simplicité ! Le sceau de l'état représente une planète (1).

A Thespies, sur la gauche de Thèbes, non loin d'un autel à l'Amour, Hercule a encore un temple desservi par une vierge, condamnée à l'être toujours, pour expier le crime de celle des cinquante filles de Thespius, qui ne voulut point imiter l'abandon de ses sœurs. Cette tradition immorale et pieuse sera long-tems encore répétée par la multitude. D'autres prétendent que la jeune Thespie obtint de pouvoir être tout-à-la-fois vierge et mère.

Je m'arrêtai plus long-temps à l'autel de Minerve-Laborieuse (2), que les Spartiates ont élevé sur le territoire de Thespie ; je ne pus apprendre pour quel sujet. Le coq matinal est sacrifié à cette divinité.

A Scole (3), bourgade de la Béotie, le culte est plus innocent et plus raisonnable ; on y divinise le pain, sous le nom de *Megalarte* (4). on le sert sur l'autel ; il est de forme large et ronde, comme une meule de moulin, et au volume près, en tout semblable à ceux qu'on distribue aux femmes qui solennisent les *Thesmophories* (5).

Mais un culte bien plus intéressant, est celui rendu au Dieu Sauveur (6) : c'est un bel enfant à la mamelle, représenté assis sur les genoux de sa mère. Cette image touchante qu'offre un temple

---

(1) Strabo. IX. *geogr.*
(2) Pausan. *voyage.*
(3) Athen. III. *deipnos.*
(4) Ce qui signifie *grand pain.*
(5) La fête de Cérès.
(6) Pausan. *heliac.* II. Theon, *ad* arat.

de la ville de Thespies, est de tous les lieux et de tous les temps.

Je montai sur l'Hélicon, site charmant, arrosé par de jolis ruisseaux, couvert de toutes sortes d'arbres et de plantes; parmi celles-ci, dominent le narcisse et le pourpier. Ce lieu a dû, sans doute inspirer les premiers vers aux pasteurs oisifs de la Béotie. La petite ville d'Ascra, au pied de l'Hélicon, presque cachée par des roseaux, n'est pas d'un séjour sain; mais c'est la patrie d'Hésiode; pour peu qu'on s'élève, l'air devient plus léger, plus pur. Je voulus sacrifier à l'autel des trois plus anciennes Muses. J'offris à celle de la Méditation une couronne de ces fleurs qui portent le nom de la plus précieuse faculté de l'homme (1). On me permit de brûler un grain d'encens sur le trépied d'Hésiode; c'est un prix qu'il remporta dans Chalcis, près l'Euripe, et qu'il se fit un devoir de consacrer aux Muses, avec son poëme *des Travaux et des Jours*, transcrit sur un rouleau de plomb: j'honorai ce monument d'une guirlande *d'immortelles*.

Pour accomplir le vœu que j'avais fait à Samos (2), dans mon adolescence, j'allai du même pas rendre aussi mon tribut à son tombeau, dans la riche Orchomène (3); je le trouvai fort proche d'un temple aux Grâces. l'épitaphe est du poëte Chersias, enfant de la ville.

Je demandai où se trouvait le groupe des trois aimables Divinités dont je voyais l'autel.

---

(1) La fleur de *pensée*.
(2) Voy. tom. 1. §. V. p. 20.
(3) Homer. *iliad*.

On me montra trois pierres blanches posées l'une à côté de l'autre, et l'on me dit : « Nos pères désespéraient de représenter dignement les grâces; ces trois pierres descendirent un jour de l'olympe et se placèrent, comme tu les vois, dans le sanctuaire. Je compris tout ce qu'il y a d'ingénieux dans cette tradition grecque. On ne trouve que chez les Grecs de pareils monumens.

Les agrémens du site d'Orchomène lui ont mérité d'être appelée *la ville des Grâces* (1). Cependant son territoire est infesté de taupes (2).

Les Orchoméniens, après une suite non interrompue de huit rois (3), ont jugé à propos d'adopter le régime républicain, mixte. Ils en sont encore là; Thèbes leur paye un tribut.

Les dehors de la ville offrent de beaux pâturages où l'on élève quantité de superbes chevaux, propres aux courses de chars dans les jeux de la Grèce.

Le territoire donne aussi du très-beau chanvre, production plus utile que de superbes coursiers; mais la plus belle récolte s'en fait au bourg d'Aliarte.

Une jeune Orchoménienne m'engagea fort à la suivre dans un joli vallon: là, me dit-elle, en souriant, sont deux fontaines; la première fait perdre la mémoire. La seconde en donne. Choisis (4) !

PYTHAGORE. Ni l'une ni l'autre. Si je me fixais ici, j'aurais recours à la première, pour n'a-

---

(1) Pindar. *od. Pyth.* XII. *Olymp.* XIV.
(2) Plin *hist. nat.* VIII. 58.
(3) *Mem acad. inscript.* tom. VI. *in-*12. p. 218.
(4) Plin. *hist. nat.* XXXI. 2.

voir plus d'autre pensée que la tienne, vierge aimable!

LA JEUNE ORCHOMÉNIENNE. Puisque cela est ainsi, va donc un peu plus loin ; tu rencontreras la fontaine Acidalie, réservée pour le bain des trois Grâces ; et un peu plus loin encore, une belle statue de Diane sculptée dans l'intérieur d'un grand cèdre.

A Orchomène je me procurai un vêtement tissu avec ce beau lin que donne un roseau du pays, qu'on appelle *Acanthina* (1).

On me proposait d'aller consulter l'oracle dans l'antre de Trophonius à Lebadée ; je refusai ; il n'avait rien à m'apprendre.

— « Et celui de *Tiresias*? me dit-on ». — Pas davantage ; je ne suis point dans l'usage de demander des lumières aux aveugles.

Je refusai, de même, d'aller à Chéronée voir le sceptre de Jupiter qui passa par tant de mains, avant d'arriver à celles d'Agamemnon ; je me contentai d'apprendre qu'on lui a donné un prêtre comme à une Divinité, et qu'on lui sacrifie chaque jour une victime. Les usages religieux n'ont point changés dans la Béotie ; la politique n'y est plus la même. La puissance souveraine (2), aujourd'hui, y réside dans quatre conseils.

Au pied d'Orchomène, dans les bas-fonds, croît le *nymphaea* (3), appelé aussi *Madon* (4).

J'oublie de vous parler de *Copaïs* (5) ; petite

---

(1) Epine blanche.
(2) Blanchard, *mem. sur Mégare. acad. inscript. et belles lettres.*
(3) Nenuphar, ou lis d'étang.
(4) Plin. *hist. nat.* XXV. 7.
(5) Ou *Copae*. Aujourd. *Topoglia*.

ville bâtie sur un grand lac dont elle porte le nom, dans le voisinage de Chéronée. Je félicitai les habitans sur leur génie inventif. On vous doit, leur dis-je, une sorte de rame plus commode que les autres et fort avantageuse aux navigateurs de la mer Egée. Ils me répondirent : « Et nos anguilles du lac (1) ? Veux-tu en faire le sacrifice de quelques-unes, couronnées de fleurs selon l'usage, sur les autels de Cérès, de Bacchus ou de Sérapis, nos trois grandes Divinités.

PYTHAGORE. Je n'offre aux Dieux que des fleurs.

Eh bien ! me répliquèrent les Copæens ; tu consacreras les couronnes, et nous abandonneras les anguilles (2).

J'acceptai en souriant la proposition et j'allai me recueillir sur une montagne voisine qui a trois sommets, et où naquit Apollon.

En entrant dans la Phocide, le premier endroit habité qui s'offrit à moi fut Panopée, qui n'est point une ville, quoi qu'on en dise ; car ils n'ont point de sénat, point de gymnase, point de place publique, ni de fontaines ; seulement des cabanes sur les deux rives d'un torrent. Mais les habitans du lieu sont aussi jaloux de leurs limites qu'on l'est dans l'Attique. Leur territoire est marqué par une enceinte, de sept stades d'étendue. Du temps de la guerre de Troye, le roi des Phocéens y faisait sa résidence, sans doute pour repous-

---

(1) Agatharchides, cité par Athenée, VII. 17. Alex. ab Alex. III. 12. Plutarch. *Symp.* VIII.
(2) Voy. *Coenarum Helena, seu anguilla*. Chr. Fr. Paullini. Francf. 1689. p. 62 et 63.

ser quelqu'invasion dont ils étaient menacés du côté de la Béotie. Dans les environs, il faut s'arrêter à un sanctuaire de Promethée. Son enceinte est de grosses pierres qu'on prendrait pour du limon desséché et durci. Un Panopéen me dit : « Etranger ! ces blocs épars que tu vois sont les restes de cette argile qui servit à la formation du premier homme, et de la première femme. Approches - en ; ces morceaux de limon exhalent encore une odeur de chair humaine.

L'homme qui me parlait ainsi, en avait le droit ; il était grand et robuste ; un Athénien près de lui n'est qu'un adolescent. Et tous les Phocéens lui ressemblent, à Panopée, comme à Daulis, dans toute cette contrée. C'est ce qui les autorise à se dire les aînés des enfans de la terre, à se qualifier de race primitive, sortie immédiatement des mains de Promethée ; les autres hommes issus d'eux n'ont pu, à les entendre, que dégénérer de leurs pères.

Panopée et Daulis portent le nom de deux Nymphes marines.

On a observé que les hirondelles ne séjournent jamais, et ne font point de nids sur le territoire de Daulis (2).

Les Dauliens révèrent beaucoup une image de Diane, taillée en bois. De chez eux on va droit à Delphes par un sentier rapide et difficile même pour les voyageurs de pied (1).

---

(1) Latitude de Delphes, 38 deg. 50 min.
(2) Pausan. *voyage en Grèce*.

§. CLXIV.

Pythagore à Delphes (1).

Je pris un Peringète (2) qui commença par me procurer la lecture des hymnes de Bæo, femme inspirée des muses et née dans les murs de la ville sainte, qu'on appelle aussi *Pytho* (3). On me fit remarquer ce passage: « Sortis des régions hyperboréennes, Pagasus est venu te consacrer ce saint lieu, ô Apollon! et Olen, le premier, prononça tes oracles dans des hexamètres dont il est l'inventeur ».

Le premier temple du Dieu fut un berceau de lauriers, qui servit en même-temps de ruche à des abeilles. Ce sanctuaire rustique n'en était pas moins sacré que l'édifice de cuivre qu'on lui substitua. Un incendie ruina ce monument fastueux; Trophonius en éleva un autre en pierre, lequel fut encore brûlé la première année de l'Olympiade, remarquable par la victoire de Diognète de Crotône aux jeux de Pise.

Les Amphyctions se sont hâtés de réparer ce dommage. Le temple d'aujourd'hui est à peine achevé; tous les peuples de la Grèce y ont contribué de leurs deniers. Crésus, roi des Lydiens, envoya autant de tuiles d'or qu'il se trouve de jours dans l'année (4).

---

(1) A présent *Castri*, chétif hameau de la Livadie.
(2) Guide-interprète. Hardion, *mem. sur Delphes, acad. inscript. et belles lettres.*
(3) Steph. *geogr. de urbib.*
(4) *Aureos lateres.* Diod. sic. *bibl.* XVI.

La ville de Delphes, elle-même, essuya aussi de grands désastres ; submergée lors du déluge de Deucalion, pillée par les insulaires de l'Eubœé et par les peuples d'Orchomène, elle eut peine à échapper aux flammes du temple. Les jeux pythiques précédèrent et l'oracle et la ville. Dès la quarante-huitième olympiade, célébre par la victoire de Glaucias le Crotoniate, les Amphyctions rédigèrent de nouveaux réglemens pour ces combats sacrés.

L'inscription d'un trépied de bronze en atteste les progrès, j'y lus : « Echembrote Arcadien dédie ce trépied à Hercule, après avoir remporté le prix aux jeux des amphictyons, où il accompagna de la flûte les élégies chantées dans l'assemblée des Grecs ».

Une couronne de laurier est la récompense du vainqueur. Ce beau végétal ombrage le temple (1) ; son feuillage d'une couleur égale est moins sombre et moins crépu que celui de Cypre. Les baies qu'il produit sont très-grosses.

Je déplorai tout bas les destinées de la Grèce : confiées à la prudence de ses députés rassemblés à Delphes, d'après l'heureuse idée d'Amphictyon ; ces arbitres souverains perdent tout leur temps et prodiguent toute leur attention à la police des jeux pythiques ; trop fidelles à leur première institution, ils ne savent pas s'en affranchir pour faire plus qu'on n'attend d'eux.

Delphes est fort élevée, on en descend de tous côtés par une pente douce ; le temple d'Apollon occupe, au plus haut de la ville, un grand espace qui, bientôt, ne le sera pas

---

(1) Plin. *hist. nat.* XV. 30.

assez pour contenir les monumens et les dons précieux que tous les peuples de l'Asie et même les nations étrangères et barbares s'empressent de consacrer à la Divinité. La plupârt de ces présens ne font point honneur aux peuples grecs; ce sont des trophées de leurs victoires remportées les uns sur les autres. Mais je fus frappé d'une circonstance peu commune : l'offrande du pauvre est aussi bien accueillie sur l'autel d'Apollon que celles du riche et de Crésus lui-même (1) : les prêtres semblent n'y mettre aucune différence.

De grands trésors sont enfouis à l'entour du temple, et beaucoup accrus depuis Homère qui en parle déjà (2).

Cependant la ville et le temple se ressentent encore de la visite des Celtes conduits par Ségovèse (3), l'un des neveux de leur roi.

Ma mémoire me fournit l'occasion d'un rapprochement utile à saisir. La plupart de ces dons magnifiques dont le temple de Delphes est comblé semblent avoir été provoqués par ce premier oracle de la pythonisse Phemonoë (4) : « Donne ta cire, abeille : oiseaux, donnez vos plumes ». Parmi tous ces objets, j'en distinguai un qui a bien son prix : c'est un instrument de plomb (5), inventé par Esculape pour soulager dans les angoisses que produit une dent viciée (6).

---

(1) Caÿlus, *antiq. gr.* VI.
(2) *Iliad.* IX.
(3) Justin. XXXII.
(4) Lucan. *phars.* V. Diog. Laërt.
(5) Lamothe Levayer. *nouveaux petits traités.* let. XXI.
(6) Cicer. *nat. deor.* III.

À côté, l'on me montra le trépied et la coupe des sept sages, fabriqués par l'Arcadien Bathyclès (1).

Au-dessus du portique du temple, j'aperçus la roche où Hérophile, l'une des plus anciennes sybilles, était dans l'usage de s'asseoir pour rendre ses oracles. Contemporaine de Troye, elle en prédit le siége et la ruine, aussitôt après l'enlèvement d'Hélène; il ne fallait pas être inspiré pour cela. Mon péringète me lut plusieurs fragmens des hymnes qu'on attribue à cette sainte fille. C'est ainsi qu'elle parle d'elle-même :

« Fille d'une Nymphe immortelle, mais d'un père mortel, je suis originaire d'Ida (2), ce pays dont la terre est si aride et si légère; car la ville de Marpesse et le fleuve Aïdonée ont donné à ma mère la naissance ».

Hérophile passa beaucoup d'années à Samos, vint à Delphes pour y prophétiser, et dans la Troade pour y mourir. On me montra son cénotaphe placé entre un hermès et une source vive, ornée de la statue des Nymphes. J'y lus cette inscription élégiaque, gravée sur une colonne; elle est curieuse : le poëte ne s'est pas aperçu qu'il commettait un contre-sens, en faisant parler Hérophile :

« Je suis cette fameuse sibylle qu'Apollon voulut avoir pour interprète de ses oracles, autrefois vierge éloquente, maintenant muette sous ce marbre, et condamnée à un éternel silence. Cependant, par la faveur du Dieu, toute

---

(1) Diog. Laërce. Plutarque, *vie de Solon*.
(2) Les Anciens appelaient *Ida*, tout lieu où il y a beaucoup d'arbres. Pausanias.

morte que je suis, je jouis encore de la douce société de Mercure et des Nymphes mes compagnes ».

Mon péringète, jaloux de paraître érudit aux yeux d'un initié, me passa en revue toutes les autres sybilles, sans me faire grâce de ces antiques Péléades, filles d'un roi de Chaonie, qui exercèrent chez les Dodonéens la profession d'inspirées; mon savant guide, de me citer aussitôt, tant bien que mal, un fragment de poësie de ces vieilles filles, lequel pourtant renferme un sens profond.

« O terre! tu as été, tu es, tu seras. Avec le secours de Jupiter (1), tu nous donne des fruits. A juste titre, nous te disons notre mère ».

Le mentor qui me conduisait, ne manqua point de me mener dans le parvis du temple de Delphes. « Tu y liras, me dit-il, de belles sentences, d'une grande utilité pour la conduite de la vie (2). Elles sont gravées sur ces colonnes, par ordre des Amphictyons. Je crois, m'ajouta-t-il, qu'elles y sont écrites de la main même de ce qu'on appelle communément les sept sages de la Grèce ».

Et il me fallut en essuyer le dénombrement complet, leur âge, leur pays, leur famille; le tout assaisonné des réflexions verbeuses du narrateur.

« Passons à Homère, lui dis-je. Sur ce pilastre, ne vois-je pas sa statue de bronze »?

Le péringète. Précisément, illustre voyageur, et au bas, voici la réponse de l'oracle,

---

(1) *Jupiter*, dans les anciennes poësies, est toujours le symbole de l'*air*.
(2) Plutarque.

qui fut rendue au poëte lui-même ; elle est remarquable, et digne d'être retenue :

« Heureux ou malheureux ; car tu es né pour l'un et pour l'autre sort, tu veux savoir quelle est ta patrie. Borne ta curiosité à connaître le pays de ta mère ; elle était de l'île d'Ios où tu finiras tes jours : sois seulement en garde contre une énigme (1) ».

« Mais, m'ajouta aussitôt le péringète, les insulaires de Cypre qui réclament Homère, opposent à l'oracle de Delphes un autre un peu plus obscur, de la façon d'un vieux poëte du pays, qu'ils nomment Eucus (2). Sage étranger, il est bon que tu connaisses cet auteur des poësies cypriennes, qu'on a mal-à-propos attribuées au chantre d'Achille et d'Ulysse ; en voici les propres termes :

« Alors, dans Cypre, dans l'île fortunée de Salamine (3), on verra naître le plus grand des poëtes ; la divine Thémisto sera celle qui lui donnera le jour. Favori des Muses, et cherchant à s'instruire, il quittera son pays natal, et s'exposera aux dangers de la mer, pour aller visiter toute la Grèce. Ensuite, il aura la gloire de chanter le premier les combats et les diverses aventures des plus fameux héros. Le temps jamais n'effacera son nom ».

Mon guide me conduisit sous un portique qui sert de *lesché* à la ville et au temple de Delphes ; et il m'apprit à ce sujet une circonstance que j'ignorais. Ce lieu destiné aux con-

---

(1) Voy. Eustathe.
(2) Voy. Tatien, etc.
(3) L'île de Salamine de l'Attique, était la métropole de la ville de Salamine, dans Cypre.

versations des citoyens, et que tu as dû rencontrer dans toutes les bonnes villes de la Grèce, doit son origine et son nom au poëte *Leschée*, de la ville de Pyrrha, fils d'Eschylène, et l'auteur d'une petite Iliade qu'il composa, à l'imitation de la grande ; il venait ici en lire des fragmens, assis sur ce siége de fer, au milieu d'un cercle d'étrangers et des gens du pays, qu'il pouvait rassembler. Ce poëte commençait à fleurir sur le déclin de la vie d'Archiloque ».

Je montai au stade, construit avec ces pierres que fournit le mont Parnasse. Redescendu à l'entrée du bois de laurier, le péringète me quitta, en me disant, après m'avoir montré le caillou que dévora Saturne, croyant tenir sous sa dent Jupiter nouveau-né (1) : mon ministère auprès de toi finit ici. Initié de Thèbes, je te laisse avec la *Phébade* (2) ; tu as droit de l'entretenir ; tu la rencontreras dans ce bois sacré, où personne n'entre. Adieu : qu'Apollon te garde » !

Il revint sur ses pas, pour me dire encore :

« Ne sois point étonné de rencontrer quelques pommiers parmi les arbres dédiés au grand Apollon. C'est ici qu'on vient cueillir les pommes que reçoivent avec une couronne les vainqueurs dans les jeux pythiques, tous les cinq ans (3).

N'oublie pas non plus de rendre, en passant, ton hommage au platane planté des mains d'Agamemnon (4) ».

---

(1) Pausan. X. *voyage*.
(2) La grande prêtresse de *Phébus-Apollo*.
(3) Caylus, *antiq gr.* tom. IV.
(4) Theoph. *hist. plat.* IV. 14. Pl. *hist. nat.* XVI. 40.

§. CLV.

§. CLXV.

Pythagore et la grande prêtresse de Delphes.

Je ne fus pas long-temps seul ; j'aperçus au bout de l'allée où je marchais, une femme traverser le chemin. Je doublai le pas, pour l'atteindre : elle suspendit les siens, pour m'attendre. C'était la grande prêtresse elle-même ; belle encore, quoique dans l'âge mûr, les traits de sa physionomie, tous réguliers, me parurent très-mobiles. Son visage avait perdu beaucoup de sa fraîcheur. *Aristocléa* (1), on l'appelait ainsi, était pâle, et d'autant plus intéressante. Un air de sagesse, répandu sur toute sa personne, prévenait en sa faveur. Vêtue avec simplicité, elle tenait à la main une branche de laurier et un rouleau de papyrus. Ce fut elle qui m'adressa la parole la première, en me donnant le nom de frère (2) :

« Un initié ne vient pas consulter une prêtresse, me dit-elle ».

Pythagore. Non! mais s'instruire près d'elle, et sacrifier ensemble à la raison (3).

---

(1) *Aristoclea*, selon Porphyre. *Themistoclea*, selon Diog. Laër. *Theoclea*, suivant Suidas.

(2) C'est peut-être ce qui porta plusieurs biographes à donner à Pythagore une sœur, grande prêtresse de Delphes ; mais Plutarque nous apprend que la Pythie usait volontiers de ces noms de faveur envers les personnes de marque qui la consultaient. Elle dit à Alexandre : « Mon fils ! tu es invincible ».

(3) *Bibliothèque grecque* de J. A. Fabricius. *in-*4°.
Aristoclea sacerdos delphica... à quâ Pythagoras non pauca dogmata sua moralia accepisse se est professus.
Lib. II. cap. 13. p. 525.

Aristocléa. Sois sincère; la curiosité seule... Je la satisferai, et peut-être que le sourire du sage ne sera point ma seule récompense. Tu as vu beaucoup de peuples et bien des villes; en as-tu rencontré beaucoup qui puissent soutenir la comparaison avec Delphes. Elle doit plus encore à la nature qu'aux hommes. Ceinte de roches et de précipices, son site cause autant d'admiration que la majesté même du Dieu qu'elle adore (1). Un des sommets du Parnasse, dont la pointe suspendue a la forme d'une voûte (2), la couvre des vents de Borée. Deux rocs immenses l'embrassent et la rendent inaccessible (3). Une autre roche en défend l'entrée du côté du pole austral.

La ville offre déjà un superbe tableau aux yeux des voyageurs qui s'en approchent, et leur donne ensuite la jouissance d'une vue riche et magnifique. Tout cela est l'ouvrage d'un oracle. Sans lui, tu ne trouverais peut-être encore ici que des loups et quelques lauriers stériles. Ce bienfait date de loin. Avant le déluge de Deucalion, il y avait déjà ici un peuple ami de la justice, qui fut préservé de l'inondation, et vers lequel les familles échappées comme par un prodige, au naufrage universel, vinrent se réfugier. Peu de nations ont de plus belles origines. Cette catastrophe eut des suites peu ordinaires.

Pythagore. Dont on sut également profiter.

Aristocléa. Pour le bonheur du peuple de Delphes : un gouffre s'était ouvert sur les

---

(1) Justin. *hist.*
(2) Hom. *hymn. Apoll.*
(3) Strabo. 9. Pindarus. schol.

flancs du Parnasse ; des exhalaisons sulfureuses causaient des vertiges aux curieux penchés sur les bords (1). On s'empara de ce phénomène : long-temps ce lieu élevé fut le seul habitable. Il devint le centre de toutes les relations ; et ses peuplades voisines, que la retraite des eaux permettaient d'y aborder, le crurent eux-mêmes le milieu de la terre qu'ils habitaient, et qui, pour eux, était le monde entier.

PYTHAGORE. Et de-là ce nombril enveloppé de bandelettes qu'on expose dans le temple à la vénération publique. Ce symbole a plus de justesse qu'on ne pense. Delphes (2) n'est pas plus au milieu du monde que le nombril au milieu du corps.

ARISTOCLÉA. Sortis d'une grande calamité, les hommes portent la reconnaissance jusqu'à la superstition ; et n'étaient-ils pas bien excusables, de choisir pour objet de leur culte cet astre qui réparait tant de ravages en desséchant la terre et la rendant féconde de nouveau ? Les prêtres achevèrent le prestige. Le fils de Latone (3), Apollon, s'achemina vers le mont Parnasse, dans le dessein d'y établir un oracle ; il y vint dans un appareil éclatant, revêtu de ses habits immortels, parfumé d'essences, tenant en main une lyre d'or dont il tirait les sons les plus harmonieux. Le déluge de Deucalion avait renversé le temple de Thémis ; sur ses ruines, on en éleva un à Phœbus Apollo.

PYTHAGORE. Prêtresse ! dois-je prendre acte

---

(1) Aristotel. Plin. *hist. nat* VI. 93.
(2) Varro. *lingua latin.* lib. VI.
(3) Homerus. *hymn. Apoll.*

de l'aveu ? Le culte que vous professez remplace-t-il bien celui de la justice ?

ARISTOCLÉA. Le premier ne convenait plus à des hommes qui avaient perdu la simplicité des premiers âges. Un essaim d'abeilles qui vint s'abattre sur le nouvel autel, et y déposa ses doux trésors, fut du plus heureux présage. Le temple qu'on nous bâtit surpasse a celui de Trophonius : toute la terre y contribue par ses largesses. Quelque temps avant d'expirer, Amasis, roi d'Egypte, nous fit don de mille talens (1). De nouvelles sommes nous arrivent encore tous les jours pour le même emploi.

PYTHAGORE. Le bosquet de laurier coûtait moins.

ARISTOCLÉA. Oui ! nous n'avions pas alors une famille de tyrans à punir, et tout un peuple à délivrer.

PYTHAGORE. Que voulez-vous dire ?

ARISTOCLÉA. Une chose que tu pourrais, que tu devrais peut-être deviner. Le reste de la Grèce ne voit pas sans peine l'Attique gémir sous le joug du dernier fils de Pisistrate. Il ne faut pas que le sang d'Harmodius et d'Aristogiton ait coulé en vain. Tous les regards sont tournés vers Sparte. C'est de là que doivent partir les vengeurs de la liberté. Pour déterminer et hâter une aussi sainte entreprise, il est nécessaire que l'oracle de Delphes s'explique et se déclare en sa faveur ; et pour l'obtenir, ne faut-il pas relever le temple d'une divinité protectrice des bons desseins ? Ainsi la superstition, dans toute sa ferveur, sert mieux la cause de l'humanité que les froids conseils

---

(1) Près de deux millions de francs.

de la sagesse ; et voilà pourquoi nos graves amphyctions, chargés des affaires de toute la Grèce, trouvent le temps de surveiller tous les détails de l'oracle de Delphes, ressort entre leurs mains pour remuer les peuples dans le sens qui convient au salut général. Comme tu vois, les plus beaux secrets de la politique sont dans l'antre de la *Pythie* (1).

Pour soutenir ces prétentions ambitieuses, mais justifiées par leur grande importance, on ne pouvait se passer d'un appareil religieux qui en imposât.

PYTHAGORE. Prêtresse ! l'attitude qui vous est prescrite sur le saint trépied ; la manière dont le Dieu se communique à vous ; cette ouverture grillée par trois barres (2), sur laquelle vous vous asseyez pour recevoir le souffle prophétique (3), ensorte que rien ne fait obstacle à l'union immédiate que vous contractez alors avec Apollon métamorphosé en vapeur subtile.... cet appareil plus religieux que décent, est-il bien propre à en imposer ?... Pardonnez, sage Aristocléa..... Ne pourrait-on mieux concilier les intérêts du culte et ceux de la pudeur ? cette vertu, gardienne de toutes les autres, ne doit-elle pas un peu souffrir ? Il faut avoir l'imagination bien calme ou bien pieuse pour contempler de sang-froid une femme assise sur l'embouchure d'un antre (4), rece-

―――――

(1) *Putere*, mot grec latinisé, et qui exprime la qualité des exhalaisons de ce trou sulfureux.
(2) Origine du trépied.
(3) Origène. VII. c. Celse. St-Chrysostome. *hom.* 20. Le scholiaste d'Aristophanes, *sur le Plutus*.
(4) Aristophanes, *comédie des Chevaliers.*

vant, du fond du sanctuaire, à travers un trépied, les inspirations divines. Pour rendre un oracle, est il donc bien nécessaire qu'Apollon sorte d'une caverne pour pénétrer les entrailles de la prêtresse (1)? Dans un culte aussi étrange, l'animal qui tombe sous la hache n'est pas la seule victime ; la Pythie doit l'être davantage. J'aime à croire qu'il lui en coûte pour se prêter à un tel cérémonial...

Honnête et sage Aristocléa, pardonnez....

Aristocléa. Initié de Thèbes, tu ne m'as point offensée. Ce qui me rassure, le peuple n'a pas de si bons yeux que toi ; il n'y voit rien que de fort innocent. Elevée dès mon jeune âge, à l'ombre des autels, j'ai subi ma destinée. Le sexe auquel j'appartiens n'a-t-il pas toujours été l'esclave du vôtre ? Née pour être épouse et mère, on a fait de moi une prêtresse. Je n'ai pas plus eu le choix de mon état dans la vie civile, que de mon attitude sur le trépied. Et puisque ton regard observateur ne se contente pas d'effleurer les objets, si ton génie t'appelle à la réforme de tes semblables, tâche d'épurer les usages des nations ; ce grand travail vaudra tous ceux d'Hercule ; tu auras rendu de plus grands services à l'espèce humaine. De tous les tyrans qui l'abâtardissent, les mauvais usages sont les plus difficiles à détruire. Plains-moi, et conserve ton estime à l'infortunée Aristocléa. Heureuse pourtant si j'ai pu te fournir un motif de plus pour te porter à la régénération des peuples. Adieu, mon frère !

Une larme tomba de sa paupière, en m'adres-

---

(1) *Et se visceribus mergit.* Lucan. *phars.* lib. V.

sant ces paroles. Nous nous quittâmes ensuite, après nous être long-temps regardés sans mot dire.

§. CLXVI.

Pythagore à Tithorée. Esope. Naupacte. Ithaque.

Je me livrai pendant quelques heures à la méditation dans les plaines de Crissa, où se célèbrent les jeux pythiques (1).

En sortant du territoire, j'aperçus un immense concours de peuple, au pied d'une roche très-haute. Des députés de toute la Grèce, assemblés pour la réparation d'une grande injustice (2), venaient d'arriver; et l'on procédait, en leur présence, à l'érection d'une pyramide en mémoire de l'infortuné Phrygien (3), célébre par la sagesse de ses apologues. Je lus l'inscription en lettres de bronze, qu'on attacha sur le monument. En voici les principaux linéamens :

Esope de Phrygie (4)
Voyageant à Delphes,
Appela les Citoyens
Des bâtons flotans :
Ils se vengèrent de cette vérité
En accusant le Sage
D'un vol sacrilége (5),
Et violèrent eux - mêmes

---

(1) Pindare, *od.*
(2) *Vie d'Esope*, par Lafontaine.
(3) Esope, *miser vitâ, miser morte, miser formâ.*
Hieronymus.
(4) . . . *Pythagora antiquiorem.* Suidas.
(5) Plutarch. *de serâ numinis vindictâ.*

L'asile d'Apollon
En arrachant Esope de l'autel que voici,
Pour le précipiter
Du haut de cette roche.
Voyageurs,
Honorez la mémoire d'Esope,
Flétrissez le nom de Delphien.

Sur le territoire de Delphes, sept parties de gnomon (1) en donnent six d'ombre. La plus longue durée du jour est de quinze heures.

Sur le chemin de Delphes, au septentrion, j'entrai dans un temple d'Esculape; le Dieu y est représenté avec une longue barbe, pour nous apprendre qu'un bon médecin est toujours vieux. A la droite de la statue est un lit à l'usage des malades qui viennent consulter l'oracle.

Je me permis une excursion en Doride. Cette petite région de la Grèce a érigé une statue à la fille malheureuse de Priam et d'Hécube (2); et ce monument, espèce d'autel, jouit du droit d'asile en faveur seulement des jeunes filles que leurs parens veulent marier malgré elles. J'examinais le simulacre de Cassandre, qui n'a rien en lui-même de fort recommandable; une victime de la rigueur paternelle accourut, échevelée et vêtue d'habits lugubres; je l'entendis s'écrier en embrassant les pieds de la statue: « Mânes sacrés d'Hécube et de Priam! rendez-moi votre fille propice, et sauvez une infortunée »!

Et la réclamante demeura immobile, comme

---

(1) Plin. *hist. nat.* VI. 34.
(2) Cassandre.

l'image qui faisait sa sauve-garde. Les Doriens ne tardèrent pas à accourir autour d'elles. La famille de la jeune vierge fut mandée. De sages vieillards s'offrirent pour médiateurs.

J'aime cette institution.

J'avais entendu parler de l'antre de la nymphe Corycia (1) au pied du mont Parnasse : j'y allai. On peut pénétrer dans toute sa profondeur sans le secours d'une lampe. Des eaux limpides jaillissent sous les pieds presqu'à chaque pas, et découlent aussi de la voûte sur la tête. Cette fraîche caverne, qui a une issue jusqu'au sommet de la montagne, est consacrée au Dieu universel, c'est-à-dire à la Nature, sous le symbole de Pan. Le reste du Parnasse sert d'autel au Soleil. Le Soleil et la Nature ! Est-il quelque chose de plus digne de l'enthousiasme des Muses ?

Fidelle au génie du lieu, la nymphe Corycia fonda la population du bourg voisin.

Le culte d'une vieille Isis, apportée par des Grecs asiatiques, procure à la ville de Tithorée deux jours de marchés publics tous les ans; on y vend des bestiaux et des esclaves devant le portique du temple de la divinité égyptienne. Je ne pus soutenir ce spectacle révoltant. Je m'avançai sur la place, au milieu de plusieurs groupes d'hommes presque nus, enchaînés l'un à l'autre, les pieds blanchis avec de la craie (2), et marqués du sceau de leurs maîtres ; couchés pêle-mêle avec des pourceaux (3). Plusieurs de ces infortunés étaient dans des cages. Je leur dis d'une voix impérative

---

(1) Pausan. X. *Phocion.*
(2) Juven. *sat.* I. Scalig.
(3) *Cotasta*, grande cage à claires voies. Pers. *sat.* VI.

et forte : « Levez-vous ! et venez sacrifier avec moi aux autels d'Isis ; initié à ses saints mystères, je viens en son nom vous rendre à votre liberté ».

Plusieurs se levèrent : d'autres n'osaient en croire ce qu'ils entendaient. « Levez-vous ! je vous l'ordonne, au nom d'Isis ».

Les propriétaires accoururent :

« Vous ! leur dis-je, brisez les fers que portent vos semblables, ou craignez le couroux d'Isis. C'est elle qui a dirigé mes pas sur cette place. Assez et trop long-temps, elle souffre, à la porte de son temple, ce grand scandale. Peuple de Tithorée, prêtez la main aux commandemens de la déesse. Distinguez les hommes des pourceaux. Vendez ceux-ci. Délivrez et embrassez vos frères ».

Les marchands, c'étaient de riches Siciliens, allèrent chercher les magistrats; moi, les prêtres. Quand ils furent en présence les uns des autres, je me plaçai sous le vestibule même du temple, dont je fis entr'ouvrir les portes, et de-là, prenant l'attitude de Jupiter tonnant, le bras levé avec le geste de la menace : « Peuple et magistrats ! Pontifes et marchands ! que chacun ici fasse son devoir, ou je vais prononcer contre la ville les malédictions que la déesse Isis, dont je suis l'initié à Thèbes, a remises en mon pouvoir. Pour la dernière fois, je veux bien vous en avertir tous.

Infortunés ! levez-vous. La déesse vous autorise, s'il le faut, à défendre vos droits aux dépens de vos jours. Si l'on s'obstine à ne point briser vos chaînes ; frappez de vos chaînes ceux qui vous en ont chargés ».

Les magistrats demeuraient immobiles.

Je leur criai : « Magistrats, que le poids des événemens retombe sur vos têtes » !

Le peuple parut s'ébranler. Mon bon génie doubla mes forces. De mes deux mains, je parvins à rompre les fers d'un esclave. La multitude n'attendait qu'un exemple. Les citoyens m'imitèrent. Nous entrâmes tous dans le temple ; le peuple fit plus. Il s'empara des pourceaux pour les immoler à Isis. Les restes de ce grand sacrifice servirent à un banquet sur la place publique désertée par les marchands.

L'intérieur du temple d'Isis me souleva le cœur. On y respire les exhalaisons putrides d'un charnier. Les Néocores n'enlèvent les débris des victimes dépecés que tous les neuf mois (1). C'est l'usage du lieu.

Avant de sortir de la ville, j'allai rendre mes actions de grâces au dieu Esculape, patron des Tithoréens ; je ne lui portai point un coq, pour être sacrifié sur ses autels : la Divinité se contenta d'une offrande de plantes médicinales. Sa statue n'a rien de recommandable. Le jour de sa fête, les pontifes la couchent dans un lit de malade tout dressé au fond du sanctuaire (2). C'est encore l'usage du pays.

Quatrevingt stades séparent Delphes de Tithorée (3). Cette dernière ville, baignée par les eaux du Cachalis, rivière qui va grossir le Céphise, porte le nom d'une nymphe. Tout son territoire, à une circonférence de soixante-dix stades de rayons (4) ; il est consacré au dieu Salutifère.

---

(1) Pausan. *Phoc.*
(2) Pausan. *voyage.*
(3) Herodot. *hist.* VIII.
(4) Pausanias.

Je repris ma route pour m'embarquer à *Naupacte* (1); j'allai, en attendant une chaloupe, à la célèbre grotte de Vénus, si fréquentée par les veuves du pays.

Je n'eus pas assez de loisir pour visiter les ateliers de Soidas et de Menœchme (2), deux statuaires qui font honneur à cette ville. Son port, l'un des plus fréquentés, est fort ancien. Ce fut celui où débarqua la colonie (3) qui peupla le Péloponèse et y apporta le culte du soleil (4). Naupacte est de la dépendance des Locriens (5).

Je n'y séjournai point, mon vêtement peu ordinaire aurait bien pu me faire passer pour un devin; et cette ville traite ces gens-là en espions déguisés. L'aventure d'*Arnos* tué comme tel par un petit fils d'Hercule, doit servir d'avertissement aux voyageurs. Apollon vengea la mort de son devin; mais il ne le rappela point à la vie.

Je me serais toujours reproché de ne point aller verser une larme sur la roche où les vagues avaient jeté le cadavre d'Hésiode assassiné par des brigands et lancé à la mer afin de soustraire leur crime aux recherches de la justice (6). Un petit monument atteste cette aventure malheureuse et rappelle au souvenir du voyageur l'infortuné poëte de la nature.

---

(1) Auj. *Lepante*; les Turcs l'appellent *Einebachti*.
(2) Barthelemy, *voyage d'Anacharsis*. t. VII. *in*-8°.
(3) Eschyl. *trag. suppl.* act. II.
(4) *Calendrier* de Gebelin. *in*-4°. p. 485.
(5) Locriens Ozoles. Ptolem.
(6) Pausan. *voyage*. IX. 38.

Naupacte doit son nom à la confection des premiers navires, inventée dans ce port par les Héraclides (1).

La navigation fut heureuse et prompte : cela doit être, me dit un matelot ; la belle *Anadyomène* m'est apparu en songe (2). Nous voguames droit à l'île des Pheaciens.

J'obtins cependant de descendre un moment seul dans celle d'Ithaque (3), dont le chef-lieu bâti sur la pointe d'une roche pourrait être appelé un nid de peuple (4). J'avais à visiter l'antre mystique des nymphes, décrit par Homère dans son odyssée (5), et qu'on dit représenter le monde. La terre où il est creusé (6), offre le symbole de la matière dans le sein de laquelle tout se passe en cet univers. La main de la nature et non celle de l'homme a pratiqué cette caverne, dont le centre est pris dans une roche vive. L'œil humain ne saurait percer l'épaisseur des ténèbres qui y règnent ; autre emblême de la profonde impénétrabilité de la nature. J'y ressentis la présence de plusieurs sources fraîches qui entretiennent une perpétuelle verdure. Le dieu *Tout* accompagné du soleil, de la lune et des autres astres, sont les Divinités de ce lieu saint, qui n'a qu'une entrée, et qu'une issue ; la première exposée au septentrion ; la seconde regarde le midi.

---

(1) *A compactis navibus.*
(2) Vénus. Artemidor. Onéirocrite. II. 42.
(3) A présent *Val du Compère.*
(4) *Ithacam nidulum.* Cicero. *orator.* lib. I.
(5) Cantus XIII.
(6) Porphyrius, *de antro Nympharum.*

Je n'eus pas le loisir de visiter l'appartement qu'Ulysse ordonna de construire autour du lit nuptial fabriqué de ses mains avec le tronc d'un olivier tenant encore à ses racines (1).

Ce monument domestique se voit dans la ville d'Alcomènes (2).

Le mont Nérite qui a d'abord donné son nom à toute l'île d'Ithaque, est couvert de chèvres.

§. CLXVII.

Nausicaa.

La *Phéacie* (3) la plus hospitalière des îles (4), s'appelait originairement *Drepanum*, parce que cette terre isolée le long de la côte ionienne a un peu de la forme d'une faulx (5). Le divin Homère l'a rendu bien plus célèbre sous un autre nom, en consacrant dans le second de ses poëmes une tradition du pays (6). J'y abordai à l'endroit même où se passa la scène naïve que ce poëte immortel n'a fait que transcrire. Je voulus m'assurer par moi-même de sa fidélité. Une insulaire, encore jeune, qui se promenait seule sur le rivage, s'empressa de répondre à ma juste impatience. Elle ne connaissait assurément pas l'Odyssée. Et je crus entendre Homère en l'écoutant :

« Au temps du siége de Troye, Alcinoüs régnait sur les Phéaciens. Il siégeait dans son

---

(1) Homer. *odyss* XXIII.
(2) Stephan. *de urbib.*
(3) Ou *Corcyre* ; auj. *Corfou*, dans la Méditerranée.
(4) *Hymne.* VI. Callim.
(5) Ptolem. III. 14.
(6) *Odyss* liv. VII.

palais sur un trône d'or. Mais ses jardins offraient la nature dans sa féconde simplicité ; et on respirait au sein de sa famille les mœurs du siècle d'Astrée. Ses fils étaient ses premiers serviteurs ; la reine, son épouse, donnait la première l'exemple du travail et des leçons d'économie domestique. Sa fille, l'aimable et pudique Nausicaa, partageait avec sa mère les soins du ménage et descendait dans tous les détails. Tandis que la reine, assise devant son foyer modeste, entourée de ses femmes, filait assiduement la laine teinte en pourpre pour le manteau du roi son époux, Nausicaa, suivie de ses compagnes, allait au lavoir pour y blanchir les habits de ses frères, occupés de leur côté aux exercices de leur âge. Elle entrait dans la saison de l'amour. Mais Minerve semblait la couvrir de son égide.

La même Divinité protégeait Ulysse errant sur les mers depuis la prise de Troye, et luttant contre les orages, dans l'espoir de regagner sa chère patrie. Ce prince sorti enfin de l'île Ogygie, où il avait séjourné trop longtemps pour sa gloire, gissait victime d'un nouveau naufrage sur les rives Phéaciennes.

Minerve, qui l'avait abandonné tant qu'elle le vit entre les bras de Calypso, lui rendit son assistance, du moment qu'il devint malheureux. Pour lui faire perdre toute idée du vice, elle se servit du ministère de Nausicaa, et voulut qu'il lui fut redevable de son retour à Ithaque.

Au milieu de la nuit, la déesse apparaît en songe à la jeune vierge sous les traits d'une des amies de son âge. Placée au chevet de sa couche pure, elle lui dit :

« Chaste fille d'Alcinoüs, tu ne t'en aperçois peut-être pas ; permets-moi de t'avertir que depuis quelque temps tu négliges un peu ta parure ; cependant, tu es dans la saison où l'on plaît. Une inquiétude vague qui s'est emparé de ton ame, t'empêche d'apporter les mêmes soins à tes devoirs domestiques. Sors de cette léthargie. Tu es, peut-être, à la veille de donner ta main à l'un des princes de la cour de ton père. Ta mère ne peut, ne doit pas, sans doute, travailler seule à ton trousseau et le mettre en ordre. Dès ce jour, pense donc à préparer tes vêtemens, et à les tenir dans l'état où ils doivent être, quand tu passeras dans la maison de ton mari. Qu'il serait humiliant pour toi et tes proches, si l'on te surprenait dans un moment de négligence. Une fille bien née se montre jalouse de la bonne tenue de ses habits ; on juge de ses mœurs d'après la blancheur de ses vêtemens ».

Nausicaa, piquée de ce reproche, se lève avec l'aurore, réveille toutes ses compagnes, et leur enjoint d'être prêtes à partir pour la fontaine ; puis elle va trouver Alcinoüs et lui dit :

« Mon père ! faites atteler un de vos charriots ; je me propose d'aller jusqu'au fleuve avec mes femmes pour y laver vos habits (1),

---

(1) *Pater chare ! num mihi apparaveris currum*
Excelsum, rotundum, ut pulchras vestes afferam
Ad flumen lotura, quae mihi sordibus inquinatae
jacent.

Homerus, *odyss.* VI.

Autrefois, qu'il faisait beau voir
D'un monarque l'aimable fille,
Allant elle-même au lavoir,
Pour blanchir toute sa famille !

ceux de ma mère, ceux de mes frères et les miens; afin que s'il nous survenait quelque jour de fête à célébrer, ajouta-t-elle en rougissant, nous puissions y paraître tous convenablement. Alcinoüs sourit à ce dernier trait, dont il comprit, sans peine, le véritable sens : « Ma chère fille, je te sais gré de ta prévoyance. Ordonne dans mon palais. Tout ce que tu demanderas à mes serviteurs, te sera accordé. »

De son côté, la mère de Nausicaa n'oublie pas de faire porter des provisions ; sa fille ne devait rentrer que le soir. Tous les fardeaux sont chargés. La jeune princesse monte sur le chariot atelé de plusieurs mules paisibles dont elle-même est la conductrice. Un fouet d'or est dans sa main. Elle part. On arrive ; et l'on se met aussi-tôt à l'œuvre pour se ménager quelques heures de délassemens sous l'ombrage d'un petit bois voisin, tandis que les draperies humides des vêtemens blanchis, étendues sur le sable, sécheront, exposées aux rayons du soleil.

Presque tout le travail est achevé vers le milieu du jour. On s'asseoit pour prendre un repas frugal, mais gai. La joie douce qui anime les convives est due principalement à l'heureux caractère de Nausicaa. Cette princesse aimable et bonne n'use des droits de sa naissance que pour exciter ses compagnes aux plaisirs de l'innocence. Elle inventait chaque fois de nouvelles danses ; on lui fait honneur de la *sphéristique* (1) ; c'est un jeu qui consiste à jeter par-dessus sa tête, en se courbant en arrière, une balle qu'un autre

---

(1) Voy. l'*hist. de la danse*, par Burette.

danseur, en sautant, tâche de recevoir dans sa main, avant qu'elle ne tombe à terre, et avant que lui-même se retrouve sur ses pieds.

L'instant du retour à la ville approchait, quand Nausicaa vint à jeter le ballon si loin, qu'il alla tomber dans la mer. Les jeunes Phéaciennes de sa suite coururent après, en poussant des cris. Tout ceci, assure-t-on, ne fut pas précisément un coup du hasard. Minerve avait tout préparé, tout conduit. Ces clameurs réveillent Ulysse, qui, après une tempête de vingt jours, échoué sur ces côtes, s'était traîné jusque dans le petit bois voisin de l'embouchure du fleuve, et s'y était laissé surprendre par un sommeil que ses longues fatigues rendirent des plus profonds; il était nu, tel qu'un naufragé, trop heureux d'avoir conservé l'existence.

Le premier sentiment d'Ulysse, à son réveil, fut la crainte. Il ignore si le sol où il se trouve jeté, ne sert point de retraite à des antropophages sans pitié. Le son de voix des jeunes filles le rassure un peu, l'enhardit. Il regarde à travers les branchages, pour savoir en quelles mains il va tomber.

Mais comment paraître à leur vue dans l'état où il est. Il se couvre de feuillages le mieux qu'il peut, et se résout enfin à sortir de son asile. Tout fuit à son aspect hideux. Nausicaa, tout aussi pudique que ses compagnes, mais retenue par Minerve, s'arrête et donne le temps au malheureux étranger de lui tenir de loin ce discours :

« Fille au-dessus du vulgaire, et sans doute souveraine en ces lieux, heureux les princes qui vous appellent leur sœur ! bien plus heureux le noble mortel à qui vous accorderez le droit de se dire votre époux ? J'ai beaucoup voyagé ; j'ai été reçu à la cour de plusieurs monarques ; je n'ai pas encore rencontré tant de majesté unie à tant de douceur, tant de grâces jointes à cet air de sagesse qui caractérise vos traits. Si votre ame porte aux infortunés tout l'intérêt qu'inspire votre personne, mes maux sont finis ; et mon bonheur commence du moment où je vous aurai vue. Le désordre où vous me surprenez vous dit assez tout ce que j'ai souffert. Jouet des vents et des eaux, de l'île Ogygie j'ai été repoussé sur cette plage qui m'est entièrement inconnue. Minerve, que j'implorai long-temps, a sans doute elle-même guidé vos pas de ce côté pour mettre un terme à mes longs ennuis. Princesse auguste ! ou tout au moins fille digne d'être née dans la pourpre des rois ! abandonnez-moi quelques lambeaux de draperie, quelques restes d'alimens, et indiquez à mes pas le chemin de la ville la plus prochaine ; et si les Dieux sont propices aux vœux de la reconnaissance, et ils ne peuvent y être insensibles, en échange de vos bienfaits, ils vous accorderont un époux aimable et jeune, et ils feront asseoir entre vous deux la paix du ménage, cette bonne intelligence sans laquelle il n'est point de félicité parfaite, et ils écarteront tout événement qui exigerait une triste séparation dont on n'est pas toujours le maître de hâter le terme ». Ainsi parla l'époux de Pénélope, sans se faire connaître davantage.

Nausicaa lui répondit à peu près en ces termes : « Etranger malheureux, et digne d'une meilleure fortune, le destin ne vous a peut-être maltraité que pour éprouver votre courage et donner plus d'éclat à vos vertus. Rassurez-vous. Aucun infortuné n'a touché cette terre aimée de la Nature, sans y trouver des consolations. Après que mes femmes vous auront procuré ce qui vous est nécessaire dans votre situation, vous nous suivrez à la capitale de cette île. Vous êtes chez les Phéaciens, qui ont pour roi le généreux Alcinoüs, dont je suis la fille ».

Ulysse trouva en même temps dans un lieu écarté et commode, tous les secours qu'il pouvait désirer. Il en fit aussitôt usage. On voulut bien attendre son retour. La tradition ajoute même que la complaisante Minerve daigna présider à la toilette d'Ulysse. Quand il reparut devant Nausicaa, ce n'était plus le même homme. Au pauvre naufragé, battu par l'orage, et tout couvert de fange, avait succédé un héros dans la force de l'âge, et dont le maintien assuré et noble décélait l'habitude du commandement. Il fit une telle impression sur la jeune princesse, qu'elle ne put s'empêcher de dire tout bas à la plus intime de ses confidentes :

« Puisse le mari qu'on me destine, ressembler à cet étranger » !

S'adressant ensuite à Ulysse d'un ton naïf et décent :

« Noble étranger, venez avec nous ; mais vous voudrez bien observer ce que je vais vous prescrire :

Quand nous serons arrivés au bois sacré de Pallas, distant de la ville de la portée de la voix, vous nous laisserez prendre les devans. Il ne faut pas qu'on nous voie entrer dans la ville ensemble. Les Phéaciens, sur notre passage, pourraient se dire à l'oreille l'un de l'autre :

« Est-ce un époux que la fille d'Alcinoüs a rencontré au lavoir ? d'où vient-il ? il paraît étranger. Nausicaa n'aurait-elle donc pas pu trouver parmi nous un mari digne d'elle ? Souffrez donc, noble voyageur, que je vous laisse derrière nous. Il vous sera facile de distinguer le palais de mon père ; l'un des nombreux enfans de nos carrefours se fera un devoir de vous y conduire. Vous demanderez à être présenté à ma mère ; vous la trouverez devant son large foyer, occupée à filer au milieu de ses femmes. Vous embrasserez ses genoux ; mon père ne se tient pas loin d'elle, faisant avec quelques amis une libation à Bacchus ».

Le prudent Ulysse se conforma à ces avis sages ; il attendit la nuit pour entrer dans la ville, et ne point donner lieu à des propos qui auraient pu compromettre la réputation de Nausicaa. Alcinoüs le reçut avec bonté. Arété, la reine (rien n'échappe à l'œil d'une mère), fit remarquer au roi que cet étranger suppliant était revêtu d'un habit semblable à ceux que sa fille avait fait porter au lavoir. La conduite de Nausicaa essuya quelques reproches ; Ulysse les justifia en racontant avec quelle ingénuité les choses avaient eu lieu. Il mit tant de sagesse dans son récit, que le bon Alcinoüs passa tout de suite à un degré de confiance envers le héros d'Ithaque, tel qu'il lui fit entendre que Nausicaa ne pouvait obtenir des Dieux une faveur plus grande qu'un mari semblable. Ulysse répondit à de telles avances par le récit détaillé de toutes ses aventures. L'époux de Pénélope inspira le plus vif intérêt et la plus haute considération. On lui équipa une petite flotte pour se rendre à ses foyers. Il partit comblé de pré-

reux. Nausicaa, assure-t-on, soupira en le voyant partir.

Ces belles mœurs n'existent plus que dans la mémoire des jeunes filles de la Phéacie (1). Ceux des insulaires qui ne font point le commerce, ont conservé le souvenir d'un temps heureux, où l'on venait se réfugier sur cette terre paisible, pour y vivre loin des révolutions populaires et des tyrans. Les Phéaciens attribuaient cette paix profonde dont ils jouissaient dans l'intérieur de leur petit état, à la piété constante qu'ils professaient envers les Dieux.

Ajoutez, leur dis-je, ajoutez à cette considération, que vous étiez peut-être alors moins opulens que vous n'êtes. On venait chez vous, et vous n'alliez chez personne; la modération de vos désirs était le garant de votre félicité; les Dieux vous gardaient, parce que vous vous gardiez des hommes. Peut-être aussi, de toutes vos divinités, ne deviez-vous naturaliser dans votre île que le bon Janus, et surtout ne pas lui associer le trident de Neptune.

Le gouvernement de Phéacie est monarchique, tempéré par l'aristocratie (2); un roi, assisté de douze patriciens, commande à cette île. Le peuple en est venu à un tel point de dégradation, que ses magistrats le font chasser à grands coups de fouet (3), pour peu qu'il reste au *Forum* en trop grand nombre, ou qu'il y converse un peu haut.

---

(1) Voy. *primordia Corcyrae*. Angeli Mariæ Quirini, archiepiscopi. 1725. in-4°. Plutarch. *de exilio*.
(2) Aristotelis *lib. de Corcyraeorum politiâ*.
(3) Quir *prim. Corcyrae*. cap. XXI. p. 172. de la seconde édition.

Je trouvai les insulaires tels encore que le divin Homère les a peints, rudes et peu hospitaliers. Ce sont des gens de mer, fidelles à leurs traités de commerce, mais grossiers, et sans beaucoup d'égard pour le voyageur. Les habitans de la ville dédommagent un peu de l'accueil qu'on reçoit en mouillant au port. Le luxe des habits, et surtout de la table, n'a point diminué depuis Alcinoüs et Ulysse.

§. CLXVIII.

Pythagore passe en Sicile. Syracuse.

Rien ne pouvait me retenir long-temps dans la Phéacie, dont la circonférence est de quarante heures de chemin. Je la quittai pour passer en Sicile ; je voulais y voir de près un despote et un tyran. J'abordai à l'un des deux ports de *Syracuse* (1) ; il me fallut y subir bien des formalités ; ce qui d'abord m'étonna beaucoup : une place maritime et de commerce ne saurait faire trop d'accueil aux étrangers ; mais le génie du mal appuyait son sceptre d'airain sur cette grande cité. Tyran d'Agrigente, Phalaris l'était encore de toute la Sicile. Son nom imprimait l'effroi aux trois points du Delta de l'Italie (2) ; le peuple de Syracuse en était frappé, et son sénat des Six-Cents lui en donnait l'exemple. Je demandai un guide ; on s'empressa de me satisfaire ; et je m'aperçus bientôt que cet

---

(1) Aujourd. *Syragusa*. Voy. les explications de trois médailles du museum de Florence. tom. VI. in-4°. p. 165, 166 et 167.

(2) Pomponius Mela. lib. II.

homme, galéote de profession (1), remplissait auprès de ma personne un double rôle. Je n'en devins pas plus circonspect. « Il est temps, me dis-je à moi-même, de commencer ma mission philosophique (2) ». Le premier mot que je lui répliquai le surprit beaucoup et parut le déconcerter. Pour me prouver la haute antiquité de Syracuse, dont il faisait remonter la fondation jusqu'aux géans, il me proposait de me conduire aux portes de la ville, dans un champ appelé Gercatis (3). « Là, dit-il, il se trouve une caverne où reposent des ossemens humains qui ont vingt coudées de proportion ».

Mène-moi plutôt, lui dis-je, chez un sénateur qui ait la taille d'un homme libre.

LE GUIDE. Hercule aussi vint à Syracuse.

PYTHAGORE. Il n'y laissa point sa massue, qui terrassa tant de monstres ; ou bien vos sénateurs n'ont point le bras assez fort pour la soulever. Le peuple de Syracuse garde pourtant encore les mœurs rudes de ses ancêtres, les Doriens (4).

LE GUIDE. Agrigente est colonie de Syracuse.

PYTHAGORE. Ce n'est pas ce que celle-ci a fait de mieux ; les villes, ainsi que les hommes, ne devraient penser à se reproduire qu'avec la certitude de la liberté pour leurs enfans.

Illustre voyageur ! continua mon guide d'une

---

(1) Interprête de songes. Cicer. *divinat.* I.
(2) Le séjour que Pythagore fit en Sicile, n'a pas peu contribué à la perfection des sciences, selon Ant. Mongitore, *bibliotheca sicula. in-folio.* 1707.
(3) Bonanni et columnæ *Syracusarum antiquarum libri duo.* in-folio. p. 3.
(4) Larcher, *remarques sur les amours de Callirhoé.* p. 201. tom. II. *in-*12.

voix fausse, remarquez-vous qu'il est peu de villes mieux situées que Syracuse. Elle réunit tous les avantages à la fois : un bon mouillage et de bonnes terres, un beau ciel et de belles eaux.

PYTHAGORE. Oui! elle jouit de tous les avantages, l'indépendance exceptée.

LE GUIDE. Nous avons plusieurs temples : lequel voulez-vous visiter le premier?

PYTHAGORE. Celui de Jupiter libérateur.

LE GUIDE. Il n'y en a point ici; mais nous avons ceux de Vénus-Callipige et de la Fortune ; le dieu de l'appétit (1) a même le sien dans nos murs; il renferme un autel à la déesse des moissons. Sage étranger! vous devez savoir que la liberté, ainsi que l'amour, languit sans Cérès. Quoique nous ne soyons pas aux Thesmophories, je pourrais vous procurer les pains consacrés qu'on y distribue; vous savez qu'il sont pétris de sesame et de miel; mais vous n'imagineriez pas la forme étrange (2) qu'une antique tradition nous oblige de leur donner; cette figure vous ferait sourire. On ne rend pas compte des anciennes coutumes.

PYTHAGORE. Trêve d'observations.

LE GUIDE. Un monument qui peut-être vous plaira davantage est celui que nous avons élevé

---

(1) *Templum voracitatis.* Voy. Bonannus.

(2) Héraclides de Syracuse, dans son livre *des mœurs antiques*, écrit que parmi les Syracusiens, pendant les *Tesmophores*, qui étaient des fêtes de Cérès, on faisait des gateaux de sesame et de miel, lesquels représentaient les parties honteuses d'une femme, qu'on exposait en vue à tout le monde, etc. . . .

Athénée, par l'abbé de Marolles. XIV.

sur le chemin qui mène aux carrières (1), à Lygdamus, fameux athlète syracusain, qui remporta les cinq prix aux jeux de Pise, dans la trente-troisième olympiade (2). Il avait la stature et presque la force de l'Hercule Thébain. De sa vie, jamais il n'eut soif (3), ce qui est rare parmi les gens de sa profession. Jamais aussi on ne vit couler de sueurs sur son visage. A sa mort, on ne trouva point de moëlle dans ses os ; ils étaient compacts et solides.

PYTHAGORE. Tu n'as rien de plus intéressant à me montrer ?....

LE GUIDE. Nous avons encore la fontaine Aréthuse et le fleuve Alphée ; celui d'Anape voit croître à quelques pas de sa source, un papyrus aussi beau que sur les rives du Nil.

PYTHAGORE. C'est tout ?....

LE GUIDE. Dans le temple de Bacchus est une statue d'Aristée, qui mérite qu'on en parle aux voyageurs, du moins à cause du sujet. C'est un jeune berger dont nos ancêtres ont fait un demi-dieu. Il doit ses autels à la reconnaissance. C'est lui qui le premier, éleva en Sicile des troupeaux, des abeilles et des oliviers ; et son exemple fut suivi comme une loi.

Le temple de Minerve t'offrira une suite d'images représentant les plus grands rois qui ont gouverné la Sicile. Cette galerie de portraits commence par celui de Saturne ; on vient de la terminer par l'effigie très-ressemblante de Phalaris.

---

(1) *Latomiae.*
(2) La XXVIIIe, selon d'autres.
(3) Pausan. *voyage.* Solinus.

Pythagore. L'a-t-on représenté avec son taureau d'airain ?... Avez-vous dans votre ville quelque savant ?

Le guide. Le jeune *Anthiocus* (1) fait déjà parler de lui ; il se destine à l'histoire.

Pythagore. Il prend bien son temps.

Le guide. Nous avons encore *Cinoethe*, qui prépare une nouvelle copie des poëmes d'Homère.

Je m'acquittais envers mon guide ; je le surpris donnant un signal. Aussitôt, un homme, suivi de plusieurs satellites, se présente à moi et m'adresse assez brusquement la parole.

« Me connais-tu » ?

Pythagore. Non.

Un marchand. Je suis l'un des marchands d'esclaves, contre lesquels tu as soulevé le peuple de Tithorée. Phalaris est curieux de voir un initié de Thèbes. Viens avec nous dans Agrigente.

Pythagore. Le tyran de la Sicile l'est-il donc aussi de la Béotie?

Le marchand. Du moins, il doit protection et justice à ses sujets. Suis-nous. Voici l'ordre.

Je lus :

« Les magistrats de Syracuse s'assureront de la personne des étrangers suspects, et les enverront au tyran Phalaris (2) ».

On m'entraîna. J'entendis plusieurs voix étouffées dire sur mon passage : « Encore de la pâture pour le taureau d'airain ». Les mêmes

---

(1) Strabo. *geogr.* Diod. sic. *bibl.*
(2) L'expression *tyran* n'avait pas toujours chez les Anciens l'acception odieuse que les Modernes y attachent.

paroles frappèrent mon oreille à mon entrée dans Agrigente (1).

§. CLXIX.

Pythagore et Phalaris.

On me conduisit aussitôt en la présence de Phalaris (2) qui, après m'avoir considéré fort long-temps, ouvrit enfin la bouche pour me dire : « Que venais-tu chercher en Sicile (3) » ?

Pythagore. J'y viens voir deux volcans.

Phalaris. Je n'en connais qu'un, l'Etna de Catane...

Pythagore. Et celui d'Agrigente..... (il m'examina de nouveau).

Phalaris. Ton nom ?

Pythagore. Pythagore, fils de Mnesarque, de Samos.

Phalaris. A Tithorée, tu t'es dit initié de Thèbes ?

Pythagore. Je le suis ; que veux-tu faire de moi ?

Phalaris. Un ami.

Pythagore. Avant ce phénomène, l'Etna vomira des glaces. On ne fait point la conquête d'un ami, comme celle d'une province, à la pointe des lances.

Phalaris. Pardonne l'attentat que je me suis permis sur ta personne. Vous autres sages (4),

---

(1) Ou *Acragos* ; aujourd. *Girgenti*.
(2) Après le règne de Théséus, le premier tyran fut Phalaris, à Girgenti de Sicile.
Pline, trad. par Dupinet. VII. 86.
(3) Jambl. XXXII. 215.
(4) *Lettres* de Phalaris. XXVIII, LV et CXII.

il faut quelquefois vous faire violence. Serais-tu venu jusqu'ici? mon nom ne t'en aurait-il pas détourné?

PYTHAGORE. Je te l'ai déjà dit, j'aborde en Sicile, pour voir Phalaris et l'Etna. L'Etna ne consume point tous les curieux qui en approchent; je ne te crains pas. Il est dans l'ordre des choses que tu périsses avant moi.

PHALARIS. J'aime ta sécurité.

PYTHAGORE. J'admire aussi la tienne. Tu as plus de sujet de trembler que moi : tu as plus d'ennemis.

PHALARIS. Le peuple est trop lâche; il n'ose s'attaquer à moi en face. On a cherché à corrompre mon médecin, pour m'empoisonner, sous le prétexte de me guérir. Polyclète a eu plus d'honneur que tous les Siciliens ensemble (1). Il n'a point voulu dégrader son saint ministère, en se prêtant à une aussi vile conspiration.

PYTHAGORE. Polyclète en a bien agi, et tu as raison. Ce n'est pas ainsi qu'une nation opprimée doit s'y prendre pour cesser de l'être. En s'abaissant à de tels moyens, elle se rend indigne de la liberté qu'elle veut recouvrer. Ton médecin a fait son devoir, et le peuple a gâté sa cause.

PHALARIS. Je ne puis donc pas craindre ce que je dois mépriser; il suffira de moi seul, pour les contenir tous.

PYTHAGORE. Pour le moment; mais ce ne sera pas toujours. Pense donc, Phalaris, que le peuple est un hydre à mille têtes; un tyran est un animal féroce qui n'en a qu'une. Une

---

(1) *Lettres* de Phalaris.

seule tête est plus vîte abattue qu'une infinité d'autres qui renaissent à mesure qu'on les coupe.

PHALARIS. Les Siciliens n'ont rien osé contre *Panactius* (1), le premier tyran de leur île.

PYTHAGORE. Mais ils peuvent se lasser du second.

PHALARIS. Hérophile, autre médecin, de Calcédoine, qui me délivra d'une maladie grave, fait diverses expériences sur les hommes; il écorche, il mutile des criminels tout vifs (2), pour le progrès de l'art anatomique. J'en agis de même sur les peuples, pour approfondir la science du gouvernement. On appelle Hérophile un boucher plutôt qu'un médecin. On me qualifie de tyran au lieu de roi; mais un jour on nous rendra, je l'espère, plus de justice, et nous serons remis à notre place. En attendant, je te donne mon palais pour prison.

PYTHAGORE. Ce n'est pas assez. Pourquoi te démentir sitôt ? Tu vantes ta sécurité, et déjà tu parais craindre dans Agrigente la scène de Thithorée.

PHALARIS. Je connais mon peuple, et je sais comme il faut s'en assurer. Je laisse les ames communes et timides se modeler sur les *images* d'Agrigente; jamais on ne me verra reculer comme l'*écrevisse* (3). Le peuple doit être, dans les mains de son roi, ainsi que le *lièvre* tremblant entre les serres de l'aigle. Avec

---

(1) On le place à la XLIIe olympiade.
(2) *Herophilus, ille medicus aut lanius, qui sexcentos exsecuit ut naturam scrutaretur...* Tertulianus.
(3) Armoiries d'Agrigente, ville située dans un pays de pêche et de chasse.

la multitude, il faut ressembler au symbole de de la Sicile (1), être toute tête et toutes jambes, pour lui en imposer ou pour fuir. Tant que je serai roi d'Agrigente, je ne craindrai pas les Agrigentains.

Pythagore. Fils de Léodamentès, tu aurais vécu plus paisible, simple citoyen.

Phalaris. Cautionne-moi qu'un Dieu veillera sur mes jours (2), si je redeviens citoyen, et de ce moment je cesse d'être roi... J'élargis ta captivité. Je te prescris pour limites Agrigente et tout son territoire. Même, je te permets d'essayer dans mes états, et sous mes yeux, une insurrection ; je te la pardonne d'avance, comme j'ai déjà fait au conspirateur Acanthus (3). Je veux te convaincre par ta propre expérience, que l'appareil des supplices a plus de vertu, plus de force que les armes de la raison. Reviens de temps en temps ici m'instruire de tes progrès sur l'esprit de la multitude.

Pythagore. Tu le sauras.

Phalaris. Je ne te traiterai pas plus mal qu'un de mes prédécesseurs ne traita Dédale (4).

Pythagore. Tu me parles peut-être ainsi, parce que je n'ai point des ailes pour fuir, si jamais tu violais en ma personne les droits de l'hospitalité ; mais sache que celui de nous deux qui redoute le plus l'autre, n'est pas moi.

Phalaris. Vas par la ville : nous nous reverrons.

---

(1) Le triquêtre.
(2) *Le prince* de Balsac. 45.
(3) Voy. Lucien.
(4) *Cocalus*. Diod. *bibl* IV.

Un piége était caché sous cette généreuse résolution. Néanmoins je pris Phalaris à ses paroles. J'en avais assez vu le long de la route qu'on me fit tenir dans l'intérieur des terres, pour aller de Syracuse à lui. Ne sortant presque pas de son palais, il ne connaissait la température politique de la Sicile que d'après les rapports de gens qui ne lui traduisaient pas fidellement le langage du peuple.

Ce qui m'enhardit encore dans cette lutte singulière d'un tyran et d'un philosophe, ce fut l'étude que je fis des traits de sa physionomie. La cruauté de Phalaris me parut réfléchie : c'était le résultat de ses fausses combinaisons. D'abord, aigri par le traitement qu'il reçut dans sa patrie, il chercha à s'en dédommager dans une contrée étrangère. Ses premières cruautés, pour rester impunies, en exigèrent de nouvelles ; et c'est ainsi qu'il avança chaque jour d'un pas dans la carrière du crime. Son front était sillonné de rides profondes ; les replis de la peau de son visage formaient un labyrinthe, image de son ame inextricable. Phalaris n'était point heureux, contre son attente. Il avait cru que la félicité s'assied sur le trône avec celui qui l'a conquis. Déchu de cette espérance, il se vengea de son erreur. C'était un forfait à ses yeux que d'avoir plus de bonheur que lui. Surveillé par les magistrats d'Astypalée (1), qui eussent ralenti l'essor du mauvais génie auquel il était en proie, cet homme eût pu avoir un jour quelques droits à l'estime publique. Son ame forte, portée vers d'autres objets, eût donné de bons fruits ; elle

_____

(1) Pays natal de Phalaris, en Crète.

eût

eût été susceptible de généreux élans ; elle a divergé sur la ligne du mal. Il n'est plus temps de redresser cette branche perverse ; il faut l'extirper de l'arbre dont elle dénature la séve bienfaisante.

Au moment où je quittais Phalaris, en réfléchissant ainsi, un jeune homme lui est amené : « Tyran d'Agrigente ! je suis Ménalippe, citoyen de cette ville, et l'ami de Chariton, que tu viens de jeter dans tes cachots pour avoir eu le bon dessein de délivrer notre patrie d'un monstre tel que toi. Je viens réclamer la principale gloire de cette belle résolution : elle m'appartient ; c'est moi qui l'ai conseillée à mon ami. Je suis donc le véritable, le seul coupable. Je viens subir le châtiment que tu destines à Chariton ».

Phalaris, quelque temps perplexe, répondit enfin :

« Vous ne périrez ni l'un ni l'autre ; je vous fais grâce en faveur de la sainte amitié qui vous unit si étroitement ; mais à l'instant, sortez de la Sicile : vous êtes de trop dangereux exemples ».

Phalaris qui s'aperçut que j'étais resté pour être le témoin de cette scène, vint à moi, et me dit en me serrant la main : « Apprends à me connaître ».

Pythagore. Tu ne me séduiras point, lui dis-je ; et je sortis pour parcourir les places publiques de la ville, et les dehors de son enceinte.

Les charmes de la campagne d'Agrigente contrastaient avec l'air sombre du palais de Phalaris (1).

---

(1) Pind. VI. *od. pyth.*

§. CLXX.

*Topographie d'Agrigente et de son territoire.
Pythagore et Abaris.*

J'INTERROGEAI d'abord la culture et les monumens du pays : ils me donnèrent une idée favorable du peuple et de son génie ; il me parut avoir le sentiment du beau. Les édifices déjà construits sont d'une simplicité noble, et les procédés de la construction méritent d'être connus. Phalaris avait commencé un temple à Minerve, qui ne sera jamais terminé. J'en examinai ce qu'il y avait de bâti ; je remarquai que les Agrigentains ne lient point les pierres l'une à l'autre avec un ciment. Pour les fixer, on pratique des trous quarrés dans le centre de deux pierres assorties (1); on y introduit une pièce de bois dur qui remplit exactement les deux ouvertures. Ce bois entre par moitié dans l'une et l'autre pierre.

Il est des architectes siciliens qui ont une méthode encore plus simplifiée. Au moyen d'entailles qui se correspondent avec beaucoup de justesse, les pierres s'enchaînent l'une par l'autre, et s'unissent immédiatement, sans l'intervention d'un corps étranger ; ensorte que toutes ces parties séparées ne forment plus qu'un tout solide, capable de résister, par leur seule masse, à la faulx du temps. Ces grands édifices ne seront pas toujours debout ; ils subiront la destinée commune à tous les ou-

___
(1) Borch. *lettres sur la Sicile.* tom. II. *in* 8°. 1782.

vrages de la main des mortels ; mais ce ne sera pas par les jointures que ces pierres commenceront à se dégrader.

Les insulaires de la Sicile, et particulièrement les Agrigentains, paraissent avoir étudié et connaître bien la nature des matériaux mis par eux en œuvre. Voulant donner à leurs monumens publics une solidité propre à en assurer la longue existence, ils prennent le soin de construire en tuf argileux, de préférence aux marbres les plus durs, mais plus susceptibles d'être modifiés par l'air.

Cependant presque toutes les rues d'Agrigente sont étroites et sinueuses, et Phalaris ne s'empressait pas de les redresser. Quatre soldats pourraient défendre le libre usage de chacune de ces rues à toute une multitude (1). La ville est pourtant construite d'après les plans de Dédale. Cet homme de génie aurait-il voulu condescendre aux intentions des despotes ? Beaucoup trop de cités ressemblent en cela à celle d'Agrigente (2) !

Je détestai bien plus encore la tyrannie de Phalaris, quand je connus le caractère et les mœurs des peuples qui en portaient le poids. Je trouvai beaucoup de vertus parmi eux ; mais il leur manquait celle du courage. Le joug qui pesait sur leurs têtes les avait rendus taciturnes, timides, défians ; ils conservaient encore leur première franchise ; humains, même envers les animaux, les environs d'Agrigente sont remplis de sépultures consacrées à des che-

---

(1) Diod. sic. IV. *bibl.*
(2) Aristot. *de repub.*

vaux (1) : il faut dire que c'est la principale richesse des habitans. Cependant ils commencent avec Carthage un trafic de vins qui peut devenir très-lucratif (2).

L'hospitalité, pour eux, est un culte aussi sacré que celui de leurs Dieux. Ils me manifestèrent le plus tendre intérêt. Je n'eus pas de peine à gagner leur confiance ; je mis tous mes soins à les guérir d'un préjugé religieux sur lequel se reposait le tyran : les dieux, me dirent-ils, sont pour Phalaris, puisqu'ils ne tonnent pas sur sa tête.

PYTHAGORE. Vous vous trompez, mes amis (3); entre le tyran et les citoyens qu'il opprime, qu'ont besoin les Dieux? ils vous feraient injure, s'ils se déclaraient en votre faveur. N'êtes-vous donc pas assez pour repousser la tyrannie? Phalaris est seul de son côté ; vous êtes plusieurs milliers d'hommes. Que peut un seul contre tous (4)? tout, si tous se laissent égorger par un seul ; rien, si un seul trouve pour barrière à ses forfaits la résistance de tous (5). Les

---

(1) Solinus.
(2) Diod. sicul. XIII. *bibl.*
(3) *Primo in Italiam et Siciliam adventu, quas urbes à se invicem vel olim vel nuper in servitutem redactas deprehendit, illis animum ad libertatem erexit, et in pristinum statum per suos auditores illarum cives asseruit : adeoque liberas fecit Crotonem, Sybarim, Catanem, Rhegium, Himaerum, Agrigentum, Tauromenas, et alias quasdam, quibus,* etc. . . . .

Jambl. VII.

(4) Voy. le *contr'un*, ou *de la servitude volontaire*, par de la Boëtie, le bien bon ami de Michel Montaigne, à la suite des *essais*.
(5) Jambl. c. XXXII. *vita Pythag.*

Dieux doivent et accordent leur protection à l'innocence, quand elle est plus faible que le crime qui l'oppresse. Du haut de l'Olympe, ils restent simples spectateurs du combat, quand ils voient les bons en mesure de se défendre avec succès contre les méchans. Osez seulement. Citoyens! vous êtes plus criminels que Phalaris, puisque vous êtes plus forts que lui. La bête féroce qui, sortie de son repaire, viendrait jusque dans vos murs, jusque dans l'intérieur de vos maisons pour se repaître des membres de vos enfans (1), déchirés sous sa dent vorace, lui laisseriez-vous commettre ses ravages? toute la ville ne serait-elle pas debout pour exterminer l'animal et lui arracher sa proie ensanglantée? Que tardez-vous donc? qu'attendez-vous? Quand vous vîtes amener le taureau d'airain sur la place publique, par ordre de Phalaris; quand vous vîtes qu'on en approchait des charbons ardens pour le faire rougir; quand vous vîtes l'inventeur de cette machine infernale en essayer le premier le supplice (2); en applaudissant à ce châtiment, qui vous empêchait de le faire partager au tyran qui l'avait ordonné? la postérité vous eût bénis; vous n'en aurez que les malédictions; vous lui tiendrez compte de toutes les victimes renfermées dans les flancs du taureau de Phalaris: elle vous imputera leur mort, que vous auriez pu empêcher. Je vous vois déjà flétris dans l'histoire. Elle dira de vous: De tous les

---

(1) Pythagore fait allusion à un bruit populaire. Phalaris, disait-on, mangeait des enfans à la mamelle. Athen. IX. *deipnos.*

(2) Perille, *lettres* de Phalaris. LXXXII.

peuples, le plus lâche, le plus insensible, le plus brute, ce fut l'Agrigentain. Sous ses yeux se fabriqua paisiblement le plus affreux de tous les instrumens de supplice ; chez les Agrigentains, le plus horrible des tyrans, chassé de son pays, vint se réfugier, et trouva un asile et un trône. Les noms d'Agrigentains et de Phalaris seront prononcés en même temps, et accompagnés des mêmes exécrations.

Déjà vous êtes la fable des nations voisines ; elles vous appellent les pourceaux engraissés pour la table de Phalaris. La satyre s'égaye sur vos longs repas. Les Agrigentains, dit-on, mangent comme s'il n'avaient qu'un jour à vivre (1). Déjà votre nom est devenu proverbe pour désigner un cuisinier (2). Que leur importent les mugissemens des malheureux enfermés dans le taureau d'airain ; ils n'en sont pas plus affectés que des souffrances qu'ils font endurer à leurs volatiles (3) domestiques, pour en rendre la chair plus succulente. Phalaris, ajoute-t-on avec ironie, n'est pas si coupable qu'on le pense. Il traite ses peuples ainsi qu'ils le méritent. Qu'a-t-on à lui reprocher ? il a raison d'en agir ainsi, puisqu'on le souffre. Il n'y aurait point de tyran, s'il n'y avait point de lâches. Ce n'est donc point Phalaris qu'il faudrait punir, puisque tout un peuple lui permet de se nourrir de chair

---

(1) Ælianus. *V. hist.*
(2) *Sicula mensa coquus siculus.* prov. lat.
(3) Les Agrigentains engraissaient leurs volailles, en leur enfonçant dans le crane une aiguille. Ce procédé barbare est venu jusqu'à nous.

humaine, et semble applaudir à ses turpitudes et à ses infâmes atrocités (1).

Citoyens ! vous êtes étonnés de la hardiesse de mes paroles. Ecoutez. Vous ne savez pas tout. Apprenez tout le mépris que vous inspirez, même à Phalaris. Il compte tellement sur la pusillanimité de votre caractère, qu'il n'a pas craint de me défier au combat. Tu peux, m'a-t-il dit, te servir contre moi auprès de ce peuple imbécile, des armes de la raison, de la justice et de l'humanité. Je te le permets. Les mugissemens de mon taureau d'airain détruiront l'effet de tes paroles, aurais-tu l'éloquence de Mercure.... Citoyens, voilà ce que Phalaris pense des habitans d'Agrigente. Mais, ne me connaissant pas, vous pourriez hésiter de me croire, et me confondre avec les vils agens du prince qui sans doute mêlés parmi vous, vont redire à leur maître tout ce qui se passe sur cette place. Sachez donc que je suis un initié de Thèbes, que l'indignation seule m'amène ici ; que je suis venu pour partager avec vous, la gloire et les périls de ces derniers jours de la tyrannie ; car, je ne quitte point votre territoire, avant que Phalaris n'ait quitté son trône, trop long-temps affermi sur des cadavres et des ossemens. Une dernière appréhension occupe

---

(1) Jamblique place le règne de Phalaris à Agrigente, dans le temps de Pythagore... Le règne de ce tyran dura environ seize ans.

Phalaris mangea, dit-on, son propre fils (*ethic. nicom.* cap. V. lib. 6.). Aristote, même chapitre, cite Phalaris quelquefois dévorant les jeunes garçons, quelquefois les employant comme les instrumens d'un amour absurde.

vos esprits, je le vois. Vous redoutez les gardes du tyran. Avec eux il est tout puissant. Mais, eux-mêmes, que peuvent-ils en sa faveur contre la masse du peuple bien d'accord? Le tyran vous a désarmés..... Le peuple debout n'a pas besoin d'armes. A la première exécution, dont sans doute il me réservera les honneurs, paraissez tous. Votre seule présence, votre réunion suffira pour intimider Phalaris. Ce sera un spectacle nouveau pour lui et pour ses gardes. Tendez les bras à ceux-ci; je vous réponds de Phalaris..... Il va tout savoir. Prévenu de ce qu'on lui prépare, il ne manquera point de se mettre sur la défensive. Je le connais assez déjà. Son ame de fer tendra ses derniers ressorts. Elle se réjouira peut-être du prétexte qui lui sera offert de redoubler de férocité. C'est le moment pour vous de réparer plusieurs années de complicité, en mettant enfin un terme à votre patience criminelle. Que Phalaris reste seul à côté de son taureau d'airain! Obligez-le à s'identifier avec lui. Comptez sur l'assistance des Dieux et de vos frères, les habitans du territoire d'Agrigente. Croyez aussi que votre exemple se propagera sur tous les points de la Sicile : Léontine, Himère, Catane, Syracuse, Messana, Tauromenium, toute la Grèce, le monde entier vous secondera. Votre cause est celle de tous les peuples de la terre. J'irai annoncer votre généreuse résolution à toutes les bourgades qui vous environnent. Préparez-vous jusqu'à mon retour, à ce grand événement.

Je dois vous dire encore que les Dieux, cette nuit, m'ont prévenu qu'ils avaient ordonné au tyran d'obtempérer à mes conseils, sous peine de la vie (1) ».

Ce discours mit toute la ville dans une fermentation sourde. Mais plus que ma harangue, mon maintien et la sainteté du caractère dont j'étais revêtu, produisirent leur effet. On n'osa pas trop le manifester. L'effroi était passé en habitude. Mais je m'aperçus aisément que les esprits échauffés avaient peine à retenir leur explosion. Je les exhortai à se modérer quelques jours encore. Un calme apparent pouvait servir à tromper Phalaris, en lui cachant la proximité du danger qu'il courait.

Je me transportai de suite dans les environs d'Agrigente. Cette portion de la Sicile en est la plus riante et la plus féconde. Deux fleuves, l'*Agragas* (2), qui a donné son nom à la ville, et l'*Hipsa* (3) arrosent ces belles vallées, avant de se rendre à la mer de Libye. De beaux cignes paraissent s'y plaire beaucoup. Les collines, toujours vertes, sont tapissées de plantes balsamiques. Chaque héritage est distingué par une haie de laurier-rose et de genet, de jasmin et d'aloës. Ce dernier arbrisseau y fleurit communément, et les fruits des palmiers y mûrissent. Les dattes n'y ont pas tout-à-fait la même saveur que celles d'Afrique. L'arbre aux pommes d'or y végète

---

(1) « Hercule avait dit en songe à Phérécyde, qu'il avait commandé aux rois de lui obéir.
On attribue cela à Pythagore ».
  Diog. Laërce, *vie de Pherecyde.*

(2) A présent *Drago.*
(3) A présent *Naro.* Voy. Ph. Cluverius.

en pleine terre; celui de Minerve y donne en abondance l'huile la plus douce, malgré l'ingratitude des habitans, qui ne s'empressaient pas de terminer un temple ébauché sous le nom de cette sage déesse. La divinité des moissons dispute au Dieu du raisin toute cette contrée.

On creusait un vivier qui doit avoir vingt condées de profondeur et sept toises de circonférence (1): il fournit les poissons les plus recherchés aux meilleures tables d'Agrigente.

Le raisin et l'olive sont la base du commerce des Agrigentains avec Carthage (2). Cette cité lybique, qui n'a pas encore de plants de cette double production, les enrichit beaucoup.

J'avais fait à peine trois heures de chemin dans ce beau pays, qu'un esclave vint à moi et me dit avec une urbanité qui m'étonna: « Honorable voyageur, mon maître, dont vous voyez le cachet suspendu à mon cou, vous attend pour se mettre à table ».

PYTHAGORE. Mais je suis étranger.

L'ESCLAVE. C'est précisément pour cela. Accordez-lui la préférence sur ses voisins: vous ne connaissez pas nos usages. Les habitans du territoire d'Agrigente se reprocheraient le repas qu'ils prennent, s'ils ne le partageaient avec les voyageurs. Mon maître sera bien satisfait; vous serez le second auquel il offre aujourd'hui l'hospitalité. Venez.

Je fus conduit dans une maison fort opulente; le chef, sur le seuil de sa porte, atten-

---

(1) Diod. sic. *bibl.*
(2) Bonamy, *rech. sur Empedoc. mem. acad. inscript.* tom. XIV. p. 61.

dait le retour de l'esclave, qu'il ordonna de récompenser de son succès.

« Voyageur ! me dit-il, prends place.... Cette bandelette sainte, passée dans ta chevelure, m'annonce que je suis encore plus heureux que je n'osais l'espérer. La présence d'un initié honore ma demeure. Que ne l'ai-je pu deviner ! j'aurais été moi-même au-devant de tes pas. Pardonne à mon désir curieux. Tu ne saurais être l'initié de Thèbes, conduit ces jours derniers à Phalaris, qui, ordinairement, ne relâche point sa proie ».

Pythagore. Quand les monstres sont certains qu'elle ne peut leur échapper....

Un autre voyageur, très-jeune, était placé loin de moi à la même table. Il se lève et dit avec chaleur : « Hôte généreux, permets que je me rapproche de la personne de cet illustre infortuné. Je veux m'attacher à lui, même jusque dans le taureau d'airain ».

Ce beau mouvement me frappa. « Viens près de moi, lui dis-je ; nos ames s'entendent avant, de nous connaître. Qui es-tu » ?

Abaris. Abaris, fils de Seutha, hyperboréen de nation (1). Aussi prompt que le javelot lancé par le bras d'Hercule, j'accours des froides contrées de la Rhétie pour consulter les oracles de la Grèce et converser avec les sages. Initié de Thèbes, je ne te quitte plus.

L'hôte généreux nous invita de faire honneur, avant tout, aux mets qui couvraient sa table (1). La salle du festin était une vaste

---

(1) Habitant du pied des Alpes, selon le système de l'auteur de l'*origine des premières sociétés*. p. 506. in-8°.
(2) *Voyage en Sicile*, par Brydone. tom. II.

grange ouverte, des deux extrémités, pour rafraîchir les convives par le courant de l'air. Les amphores de vin étaient multipliées devant nous. Sur ma demande réitérée, on apporta pour mon usage un grand vase d'argent rempli d'eau limpide. La coupe qui l'accompagnait était d'or enrichi d'ivoire. Pour principal mets, je remarquai un poisson de mer, de l'espèce des anguilles, dont la chair très-blanche, devait être fort délicate. Je ne mangeai que des fruits : il y en avait de toutes sortes et en quantité. Ils furent servis avec les viandes. La figue et la pêche figuraient parmi les noix. Des fraises dans du lait pouvaient se passer du miel qui les avoisinait, tant elles sont parfumées en Sicile. Les femmes ne mangèrent point avec nous. Je m'aperçus que mon titre d'initié contenait les buveurs ; et cette circonstance favorisa mes vues. J'avais besoin d'hommes ardens, mais qui ne fussent point ivres de vin. Les voyant tous bien disposés à m'entendre, je pris la parole :

« Hôte généreux, et vous tous, Agrigentains qui m'écoutez, expliquez-moi un phénomène que je ne vois qu'ici, dans votre île. Vos mœurs sont douces, hospitalières, aimables comme le sol où vous marchez. Vos familles vivent en bonne intelligence ; vous avez toutes les vertus sociales : est-ce pour leur servir de contraste que vous laissez à votre tête un homme, ou plutôt un monstre altéré de sang, et qui ne semble pouvoir vivre que de chair humaine ? Dites-moi, je vous prie, que faites-vous de Phalaris sur le trône ? Je conçois comment il y reste, si vous avez la crainte d'y voir un prince encore plus méchant. Mais pouvez-vous avoir cette appréhension ? Si l'on décernait un prix au plus consommé des tyrans, comme on en distribue aux jeux olympiques au plus habile des athlètes, Phalaris ne mériterait-il pas la couronne ? jusqu'à présent n'a-t-il pas la gloire atroce de surpasser en inventions barbares tout ce qu'on connaissait de plus affreux avant lui ? Aucun despote ne l'égale, et il sera difficile d'aller plus loin que Phalaris. Dites-moi donc, que faites-vous de ce mauvais génie sur le trône d'Agrigente et de toute la Sicile ? Si les habitans de Catane pouvaient trouver un moyen pour éteindre les feux de l'Etna, croiriez-vous qu'ils n'en feraient point usage, plutôt que de vivre journellement exposés aux laves brûlantes de ce volcan. Et, si de deux maux on vous laissait le choix, ne vous décideriez-vous pas pour le moindre ? Or, la Sicile n'est-elle pas, en ce moment, dans cette affreuse alternative ! Que tarde-t-elle donc ? N'a-t-elle pas assez de l'Etna pour exercer sa patience ? Pourquoi souffre-t-elle encore Phalaris ? S'il n'est point donné aux forces humaines d'arrêter les éruptions d'un volcan, d'en étouffer les feux dévastateurs, il n'en est pas de même d'un despote. L'Etna est allumé par la main des Dieux ; Phalaris ne règne encore que parce que les hommes le veulent bien. Vous-mêmes, concevez-vous cette étrange conduite de toute une nation, qui déjà eût passé toute entière par le taureau d'airain, si elle n'avait qu'une tête et qu'un corps ? Généreux Agrigentains, que pensez-vous des observations d'un étranger, d'un voyageur qui n'a pu aborder votre île et y faire un pas, sans être frappé de ce phénomène politique ? Vous vous taisez ;

une honte salutaire est répandue sur votre visage ».

Le jeune Abaris ne put contenir plus longtemps sa bouillante ardeur. Il se leva et m'interrompit pour s'écrier : Eh bien ! ce sera nous deux, nous seuls qui délivreront la Sicile. Faut-il donc être beaucoup pour faire justice d'un tyran ? Sage initié ! sortons, regagnons Agrigente. Guide mon bras. Je frapperai, et Phalaris aura cessé de vivre. Partons ! ce javelot, consacré sur l'autel d'Apollon Hyperboréen, ce javelot, le compagnon fidelle de mes voyages, ne s'est encore exercé que sur quelques animaux sauvages. Qu'il serve aujourd'hui à détruire une bête féroce sur le trône. Partons !

Vous ne partirez point seuls, nous dit le chef de la maison en nous arrêtant ; nous vous accompagnerons tous. Notre silence n'est pas celui de la lâcheté. Nous reconnaissons nos torts ; et nous prenons ici tous l'engagement de les réparer. Reçois-en le vœu, sage initié de Thèbes !

Je repris mon discours.

J'étais certain du succès de mes paroles. Il ne faut pas être bien éloquent pour persuader le bien à des ames généreuses.

Mais, nous dit un des convives, serons-nous secondés par les citoyens d'Agrigente ? —

PYTHAGORE. Ils vous attendent. Je n'ai pas eu plus de peine auprès d'eux qu'avec vous. Vous et eux, vous étiez trop près du monstre, pour juger de toute l'horreur qu'il doit inspirer. Mais il ne fallait que vous avertir. J'ajoutai : « Rassemblez vos autres amis, parcourez tout le territoire d'Agrigente et rendez-vous sur la place publique de la ville, devant le palais du tyran. Abaris et moi, nous allons vous annoncer; et que le soleil qui s'est levé sur la Sicile, encore opprimée, ce soir, la voye indépendante.

§. CLXXI.

Pythagore délivre la Sicile de Phalaris (1).

J'eus peine à suivre mon jeune compagnon. Abaris précipitait nos pas; il était impatient de se mesurer avec le despote. Arrivés aux portes d'Agrigente, on nous arrête; on nous mène droit à Phalaris : qu'on prépare le taureau (2), dit-il à notre vue.

Tyran! s'écrie Abaris, moi seul ai mérité la mort. Ne punis que moi.

PYTHAGORE. Ce jeune homme ne mérite pas ton courroux; ne sévis que sur ma tête.

PHALARIS. Vous serez tous deux satisfaits (3). Il est juste que la récompense soit commune, puisque la belle action que vous faites est un ouvrage commun. Ne vous proposiez-vous pas de délivrer Agrigente et la Sicile, en m'arrachant la vie?

ABARIS. Oui! Et voici le présent que je te destinais, en montrant un javelot ».

PYTHAGORE. Phalaris! Il n'est pas encore

---

(1) *Solvit* (Pythagoras) *Siciliam atrocissimâ Phalaridis tyrannide.* Nic. Scutel. *vita Pythag.* p. 20. in-4°.

(2) *Voyage en Sicile*, par Brydone. tom. II. p. 33 et 34. *in* 12.

(3) *Phalaris, audito illo divino viro* (Pythagoras), *deterior et tyrannidis appetentior factus.*
Nic. Scutellii, *vita Pythag.* p. 20.

bien décidé si le taureau d'airain que tu fais chauffer, doit servir pour nous ou pour toi.

Phalaris. Ce qu'il y a de certain, c'est que je suis instruit, à-peu-près, de tout ce que tu méditais contre ma personne. Pouvais-tu me croire encore à mon apprentissage du trône, dans la seizième année de mon règne? J'y suis monté par la ruse, et je sais m'y maintenir par la crainte. En attendant l'heure de votre supplice, je veux vous apprendre ce que vous auriez dû savoir, avant de vous attaquer à moi. Ce n'est point dans les initiations de Thèbes qu'on enseigne à briser la couronne des rois qui ont quelqu'expérience.

Chassé de ma patrie qui ne sçut pas m'apprécier, je passe en Sicile, et j'obtiens dans Agrigente la modeste fonction de receveur des subsides (1). On avait le projet de construire un temple à Jupiter Olympien sur le roc même d'Acnome qui domine la ville. Deux cents talens sont destinés pour ce grand ouvrage. Je m'offre d'en surveiller l'exécution. On m'accepte. Avec les deniers publics qui me furent confiés, sous une garantie que j'eus le secret de trouver, je prends à mes gages plusieurs étrangers; je fais l'acquisition de beaucoup d'esclaves. Ils transportent tous les matériaux dont j'ai besoin; et commencent à creuser les fondemens de l'édifice. J'aposte un homme de confiance qui descend dans la ville, et sur la place publie cette annonce dont personne ne se défie : « L'entrepreneur du temple de Jupiter promet récompense à quiconque lui révèlera le nom des sacrilèges qui lui ont dérobé le bois, le fer et

---

(1) Polyen. V. 1. tom. I. *in*-12.

d'autres matériaux encore, destinés à la construction du saint édifice ». Le peuple est indigné à cette nouvelle. Tout ce qui touche ses Dieux l'intéresse. Je saisis l'occasion : « Citoyens, si vous voulez que je remplisse mes engagemens, et que le grand Jupiter ait enfin un temple au milieu de vous, permettez-moi donc de le fortifier, avant tout, d'une bonne et solide muraille ». Cette proposition est accueillie : les magistrats sanctionnent la volonté du peuple, sans se douter des suites. Une citadelle est bâtie. J'attends un jour de fête pour consommer mon grand dessein. Celle des Thesmophories arrive. Tandis qu'on célèbre les bienfaits de Cérès, je romps les fers de mes esclaves ; je les arme de pierres et de tous les instrumens propres à la construction. Je me mets à leur tête ; je les harangue. Nous fondons sur les Agrigentains rassemblés dans le temple de la bonne Déesse. La plupart des hommes en état de se défendre sont surpris et massacrés ; les autres fuyent. Je m'empare des femmes et des enfans pour ôtages, et me voilà roi d'Agrigente.

Pythagore ! tu ignorais, vraisemblablement, ces détails, avant de diriger tes pas jusque dans ma cour. En voici d'autres. Connaissez-moi tout entier. Si je suis l'effroi des vivans, du moins vous pourrez égayer les morts, chez qui je vous fais descendre, du récit de mes aventures.

Les citoyens d'Agrigente étaient soumis, et me nommaient leur roi ; mais la plupart avaient encore des armes dans leurs maisons. Un monarque, pour sa sûreté personnelle, ne doit en laisser à aucun. J'annonce, hors de la ville, des jeux publics d'Athlétes. Tous les habitans y courent. Agrigente est déserte. Je commande qu'on en ferme les portes, pour me donner le temps de faire enlever de l'intérieur des maisons toutes les armes qui pourront s'y trouver. Je suis ponctuellement obéi. La ville s'ouvre. Les citoyens rentrent gaiement chez eux. La tristesse succède à la joie. Leur vie et leur trépas sont à ma disposition.

Il restait encore quelques têtes exaltées (1), comme celle de ce jeune homme qui t'accompagne (2), sage initié. On murmurait. Les mots de vengeance, de liberté, de tyrannicide passaient de bouche en bouche. Pour réduire un peuple au silence, il n'est point d'expédient plus sûr que la famine. Sous le prétexte de pourvoir à l'avenir, j'ordonne des greniers d'abondance. Tout le froment nourricier est déposé dans de vastes granges dont, par un commandement tacite, on découvre habilement le toit, pour exposer toute cette récolte aux intempéries de l'air. La moisson se gâte; tout l'espoir de l'année se trouve anéanti. On déclame contre la négligence des gardiens. Je les envoie au supplice. Pour réparer cette calamité publique, j'épuise les fortunes particulières. Enfin, le peuple exténué par une longue disette, n'a plus assez de voix pour se plaindre ; et je règne en paix, sans craindre pendant mon sommeil les importunités d'une tourbe insolente.

J'use quelquefois de moyens plus doux, selon le caractère de ceux que j'ai à contenir. Les

---

(1) Polyen. V. I. *sect.* 2. Frontin. III. 4. *stratag.*
(2) *Lettres* de Phalaris à Abaris. LIV.

Léontins étaient turbulens ; je les dépouille d'abord de leurs lances et de leurs glaives. Mais sachant qu'ils n'existent, pour ainsi dire, que pour boire, après avoir fermé leur arsenal dont je garde les clefs, j'ordonne d'ouvrir, dans cette ville et aux environs, de nouveaux celliers : tant que ce peuple perdra sa raison à table parmi des coupes de vin (1), je serai tranquille sur le reste.

Enfin, écoutes le dernier récit que j'ai à te faire, Pythagore ; il t'intéressera d'autant plus que tu en es le héros. Des marchans viennent se plaindre à moi du tort que tu leur as causé en Béotie, et me préviennent de ton arrivée dans mes états. Je donne ordre de t'amener ici. J'avais besoin d'un événement, pour provoquer le peuple d'Agrigente et motiver de nouveaux actes de rigueur qui en imposent. La multitude s'habitue à tout, même à la tyrannie la plus dure ; néanmoins il est bon de la prémunir contre quelques chefs de parti plus envieux du rang suprême qu'amis de l'indépendance. Il n'est pas de semaine qui ne voie se former dans ces murs une conjuration contre moi. Jusqu'à ce moment, j'ai déjoué tous les conspirateurs. Il me fallait un coup d'éclat pour dégoûter enfin le peuple de toutes les factions dont on le fait l'instrument. Tu me parus le personnage propre à remplir mes dernières intentions. J'ai différé ton châtiment, pour te laisser le temps de multiplier tes complices. Je suis informé de tout ce que tu as tenté dans cette ville, en

---

(1) D'où est venu le proverbe :
Leontini semper juxta pocula.

prenant à la lettre l'espèce d'autorisation que je t'ai donnée de rivaliser mon pouvoir en lui opposant celui de la raison. Je suis informé que le peuple n'assistera pas de sang-froid au spectacle que je vais lui donner de ton supplice. Je suis informé que tu as essayé de soulever les campagnes environnantes. Mes agens disséminés sur tous les points de la Sicile, m'ont fidèlement rendu et tes discours séditieux, et la rencontre que tu as faite à table de ce jeune Hyperboréen.

A tes mesures, voici celles que j'oppose : « Toute communication est interceptée entre les habitans d'Agrigente et ceux du territoire. Les portes se sont fermées sur toi et ton compagnon pour ne plus s'ouvrir. Une nombreuse troupe d'élite me répond de ce poste important. Les Agrigentains, désarmés, peuvent accourir en foule sur cette place gardée par de vieilles colonnes. Ils n'auront que des larmes à te donner. Ton caractère saint d'initié ne te sauvera point. Il me sera facile de te déclarer imposteur. S'il ne l'était pas, dirai-je au peuple, les Dieux permettraient-ils son supplice ?... Pythagore, conviens donc, avant de cesser de vivre, que les armes de la seule raison ne prévalent jamais sur celles de la force bien dirigée. Conviens qu'un sage n'est pas constitué de manière à lutter contre un tyran. Le combat est trop inégal. Ton orgueil se refuse à de tels aveux. Mais tes tourmens sont déjà commencés, puisque je t'ai réduit au silence. Attends-tu pour me répondre que tu puisses le faire par l'organe de mon taureau d'airain ? D'autres sages comme toi y ont passé. Et vois jusqu'où va ma confiance dans mes mesures (1). Je t'ai permis de soulever le peuple contre moi. Je te permets encore de le haranguer avant ton dernier moment. Malheur à ceux que tes paroles éloquentes pourraient séduire »!

Le jeune Abaris eut beaucoup de peine à se contenir. Trois fois, je l'empêchai d'interrompre le despote. Quand celui-ci eut cessé, je lui adressai seulement ce peu de mots : « Tyran, tu périras avant moi » —.

Il me répliqua : « C'est ce que nous allons vérifier. Exécuteur de mes ordres, le taureau est-il prêt à recevoir les coupables (2) »?..

Le peuple arrivait de tout côté sur la place. Les satellites du prince pressés l'un contre l'autre et sur une triple ligne formaient un rempart hérissé de lances et de javelots. Phalaris s'assit sur son trône d'ivoire et d'or, sous le vestibule de son palais. L'instrument de supplice était entre lui et le peuple assistant. Le prince demande un clepsidre (3), et me dit : « Je t'accorde pour ta harangue, la quatrième partie d'une heure ; mets à profit le temps. Je veux procurer aux Agrigentains le plaisir d'entendre le chant du cygne. Commence ». Alors j'élevai la voix et je dis : « Peuple d'Agrigente, sois juge entre un tyran et un initié.... »

Phalaris se leva précipitamment : « Peuple ! dit-il, c'est un imposteur ! Les Dieux permettraient-ils le supplice d'un initié »?

---

(1) Alexander ab Alexandro, parle de *Zenon*, d'Elée mais la chronologie s'accorde mal avec cette assertion.
(2) Voy. le *Phalaris* de Lucien.
(3) Horloge d'eau.

M'adressant à la garde nombreuse rangée autour de nous : « Soldats ! Phalaris me refuse le titre d'initié. Mais lui-même, est-il bien votre roi ? Non ! Phalaris n'est point la vive image des Dieux. J'en appelle au grand pontife de Jupiter. Qu'il vienne ici répondre à une seule question que j'ai à lui proposer touchant Phalaris » !

Phalaris. Soldats et peuple ! Cet inconnu ce perturbateur cherche à prolonger sa vie criminelle.

Pythagore. Peuple et soldats, refuserez-vous à un initié d'adresser la parole au pontife du premier de vos Dieux » ?

Les gardes ne firent aucun mouvement pour empêcher le grand pontife, requis par moi, d'être amené par le peuple : « Prêtre de Jupiter, lui dis-je, reconnais-tu dans la personne d'un roi l'image vivante des Dieux » ?

Le pontife. Sans doute.

Pythagore. Les Dieux souffriraient-ils que leur image, plongée dans le flanc de ce taureau d'airain, y fut consumée par le feu ?

Le pontife. Les Dieux feraient plutôt un prodige que de le permettre. Un bon roi, jeté dans ce taureau brûlant, en sortirait comme il y serait entré.

Pythagore. Peuple et soldats ; eh bien ! Phalaris prétend que je ne suis point un véritable initié. Moi, je soutiens qu'il n'est pas un roi légitime. Pour connaître la vérité, obligez-nous tous deux, Phalaris et moi, à subir l'épreuve proposée par le grand prêtre de Jupiter. Phalaris a réclamé le premier les Dieux contre moi ; qu'il entre donc le premier dans ce taureau d'airain ; je lui succéderai aussitôt qu'il en sera sorti. Soldats et peuple ! Accédez-vous à ma proposition ? Pontife de Jupiter, demande aux citoyens armés et non armés, s'ils y consentent.

Phalaris. Soldats du prince, livrez l'imposteur au bourreau.

Le pontife. Soldats, au nom de Jupiter, arrêtez un moment. Il sera temps après l'épreuve. Phalaris, tu ne peux te refuser à la justice des Dieux. Eux seuls ont droit de prononcer entre un monarque et un initié.

Une partie des gardes s'avançait pour m'envelopper ; l'autre moitié fit un pas pour s'y opposer. Le peuple enhardi par cette dernière circonstance, rompit les barrières qui le retenaient éloigné, et se rangea derrière le pontife. Celui-ci sentant toute sa force appuyé par la masse des citoyens, réclame de nouveau et plus impérieusement encore l'épreuve proposée : — Au nom de Jupiter, soldats, mettez bas les armes, jusqu'à ce que Phalaris vous prouve qu'il est votre roi.

Les soldats perplexes obéirent. De ce moment la scène changea. La nouvelle de cet incident parvint, comme l'éclair, aux portes de la ville. La garde qui les tenait fermées, se débanda. Les Agrigentains des campagnes voisines entrèrent par flots. La place publique en fut inondée. Abaris et moi, nous nous sentîmes pressés dans les bras de tous nos amis. Le pontife, cependant, hâtait l'exécution. Le bourreau, par ses ordres, osa porter sa main sur Phalaris, devenu stupéfait d'une révolution aussi subite. Il fut traîné jusqu'à son taureau (1), dans les flancs duquel on le força de monter (2). L'ouverture en fut refermée sur lui. D'horribles mugissemens ne tardèrent pas à se faire entendre. Il ne resta bientôt plus de Phalaris qu'un peu de cendre, et le souvenir de ses crimes (3).

Allons tous, dit le grand pontife aux soldats et aux citoyens, allons tous rendre nos actions de grâces à Jupiter libérateur. Initié de Thèbes, me dit-il, à part, en marchant à la tête du peuple, que tu fus bien inspiré, en m'appellant en témoignage ! C'en était fait de toi, et de ton jeune compagnon, sans cette heureuse idée.

PYTHAGORE. Pontife ! Je m'étais d'avance assuré de tes dispositions. On m'avait prévenu que tu détestais le tyran aussi bien que la tyrannie. Ton caractère trop peu flexible pour lui t'eût mérité le sort qu'il vient de subir. Ce drame politique a été joué avec harmonie et intelligence. La garde de Phalaris avait au nombre de ses chefs un initié aux petits mystères d'Eleusis. On n'eut pas de peine à le faire entrer dans ce généreux complot; et le génie de la liberté se chargea du reste.

---

(1) Falaris mourut au toreau où luy-mesme faisoit mourir les autres.

Chelidonius, trad. par Bonistuau. p. 86. recto.

(2) . . . *Eo ipso die Phalaridem ab aliis trucidatum esse, quo die Pythagorae et Abaridi mortem fuerit machinatus.* Jambl. XXXII.

(3) Dacier, *vie de Pythag.* p. 213 et 214.

Phalaris, tyrannus Agrigentinos dum cives suos multis torqueret suppliciis, à populo und cum liberis et conjuge crematus est, et in eodem tauro, quo reos puniebat, lege talionis suffocatus. Ovid. *in ibin.*

Officina J. Rav. Textoris. tom. I. *in*-8°.

Toute la nuit se passa en fêtes. Il y eut un banquet public qu'on me força de présider, en m'appelant nouvel Hercule (1), dompteur de monstres. Le lendemain, on vint me prendre pour assister à l'assemblée du peuple. Le pontife s'y trouva, ainsi que l'hôte qui m'avait si bien accueilli. Tous deux proposèrent aux citoyens de me nommer le premier magistrat d'Agrigente. Je répondis :

« Citoyens ! moins de précipitation..... Vous n'avez éprouvé que trop long-temps combien il est hasardeux de confier le sceptre des lois et le glaive de la justice entre des mains étrangères. Pourquoi vous y exposer encore ? Eh ! n'avez-vous pas assez de pères de famille dans votre enceinte ? Qu'ils soient vos magistrats ! Ils y sont appelés par la nature. Mais, Agrigentains, délivrés d'un seul tyran, ne vous en donnez pas plusieurs autres à la fois. Souvenez-vous de Phalaris (2) ».

On insista. Je parvins à m'éclipser au milieu de la foule, accompagné d'Abaris, et nous attendîmes la nuit pour sortir de la ville, occupée de l'élection des mille magistrats qui devaient composer le sénat souverain : on fit choix des citoyens les plus riches.

---

(1) *Ita Pythagoras, Herculis ritu et virtute, mortalibus opem ferens, illum à quo homines proterve nefarieque habiti fuerant, morte punivit.*
Jambl. XXXII.

(2) Croira-t-on que Phalaris a trouvé des apologistes ? Qu'on lise un ouvrage français, imprimé en 1716, qui a pour titre : *l'utilité du pouvoir monarchique, contenant l'histoire de Phalaris, avec ses lettres,* par M. C. de S. M. in-12. de près de 400 pages.

Ces lettres sont attribuées à Lucien par quelques-uns.

Pythagore. Maintenant, marchons vers l'Etna.

Abaris. Pourquoi ne visiterions-nous pas auparavant le mont Erix?

§. CLXXII.

Topographie de la Sicile. Solennité de Vénus.

Je consentis à ce voyage, qui me détournait pourtant de mon principal but. Nous en fûmes bien dédommagés. C'est un beau spectacle que la vue d'un peuple qui lève enfin la tête, après l'avoir courbée pendant longues années sous le poids d'un joug d'airain. Dans toutes les villes où nous passâmes, les citoyens, assemblés sur la place publique, jouissant enfin de leurs droits, élisaient leurs sénateurs et réformaient leurs lois. Venez-vous d'Agrigente, nous demandait-on? avez-vous assisté à la punition du tyran? Que vous êtes heureux, d'avoir été les témoins de cette catastrophe, qui n'a coûté que la vie d'un seul homme!

Des poëtes, un luth à la main, placés sur le seuil des temples, y chantaient des hymnes à la liberté; d'autres récitaient une élégie sur les maux de la servitude. On aime à se peindre un danger auquel on vient de se soustraire. Les prêtres ne pouvaient suffire aux sacrifices. Nous ne vîmes que des banquets, des danses, des pompes sacrées. Dans plusieurs bourgades, on avait affranchi des esclaves pour célébrer dignement la grande révolution d'Agrigente.

Aux portes de *Camicus* (1), petite ville sur

---

(1) Dict. Ch. Etienne.

un fleuve de ce nom, fondée par un fils de Dédale, on nous donna des couronnes, en nous invitant à les garder sur nos têtes tant que nous séjournerions. L'Héraclée de Minos et Ancyre (1) nous firent asseoir à la table de leur prytanée, pour partager des libations en mémoire de la mort de Phalaris.

Dans la première de ces deux villes, les anciens étaient réunis dans le *Forum*, et lisaient au peuple les lois de Crète, composées par Minos, second fondateur d'Héraclée (2).

Nous vîmes allumer des feux de joie sur le mont Carrianus.

Nous descendîmes dans la vallée de *Selinunte* (3) : on prit à peine garde à nous. Cette petite république donnait en ce moment toute son attention à ses anciennes lois, pour les faire refleurir avec un nouvel éclat. De superbes palmiers ombragent les promenades de cette ville et un tombeau de Dédale.

A *Lilybée* (4), nous fûmes entraînés par la foule vers une grotte pratiquée dans les flancs du promontoire. On y portait des guirlandes, des bouquets et des corbeilles de fruits, à une Sybille récluse, qui depuis plusieurs jours annonçait dans ses vers prophétiques la métamorphose d'un tyran en taureau.

Le golfe de Lilybée, voisin de *Drepanum*, vis-à-vis l'île *Loto Phagitis* (ainsi appelée parce que les habitans se nourrissent de la fleur du lotus) nous rappela les *Cyclopes* chantés par

---

(1) Voy. *Sicilia. Ant.* Ph. Cluv.
(2) Voy. Ælianus, ex Heraclide. *de politiis*.
(3) Aujourd. *Schiacca*.
(4) Aujourd. *Mursalla*.

Homère dans son immortelle Odyssée (1). Nous y portâmes nos pas pour y chercher des traces de ce peuple antique et trop peu connu. Nous parcourûmes les montagnes qu'il habitait jadis en grand nombre. Il est à présent réduit à quelques familles qui en conservent assez fidellement les mœurs et le caractère (2). Nous rendîmes hommage à l'exactitude des pinceaux du chantre d'Ulysse. Ces familles sont paisibles (3), mais fières encore, et peu communicatives : elles vivent fort retirées, dans de vastes roches creusées par la main de la Nature.

O Grecs inconséquens ! nous dit l'un de ces hommes qui nous rencontra : vous êtes parvenus à nous rendre odieux sous le nom de *Cyclopes* ; vous auriez mieux fait de nous imiter, et il en est temps encore. Vivez comme nous ; ne reconnaissez d'autre législateur, d'autre magistrat que la providence de la Nature ; que chacun de vous, comme ici (4), gouverne sa famille, règne sur sa femme et sur ses enfans ! renoncez à tout pouvoir les uns sur les autres. Qu'ont besoin les hommes de se réunir en assemblées politiques pour traiter d'affaires générales ? que chacun se borne à la sienne ! O Grecs ! vous nous peignez n'ayant qu'un œil au milieu du front ; serait-ce un

---

(1) Chant VIII.
(2) *Cyclopica vita*. Proverbe grec. Homère et son scholiaste, Eustathe, Strabon, Dion Chrysostome, en parlent.
(3) Il y avait trois sortes de Cyclopes ; ils n'étaient pas tous inhumains.
Voy. P. Petiti, D. M. *de moribus antropophagorum*. in-8°. 1689.
(4) Aristote. *moral*. liv. X.

hommage à la modération de nos désirs? Oui, fidelles au nom qu'on nous donne, mais qu'on a tort de prendre en mauvaise part, nous *observons* paisiblement *ce qui se passe autour de nous* (1), sans troubler la paix de nos voisins....

Ne pouvant nous faire écouter de ces familles sauvages, nous reprîmes notre route. Il nous fallut long-temps gravir pour atteindre le sommet du *mont Eryx* (2), chef-lieu d'une peuplade sicilienne qui, à l'aide d'Alcide, passa de la monarchie au régime républicain. La route était bien plus escarpée avant Dédale, et le temple moins magnifique avant le pieux ÆEnée. Nous vîmes trois jeunes prêtresses, toutes trois belles, sans défaut, marcher lentement autour de l'enceinte sacrée; et par-dessus la balustrade, jeter à pleine main de menues graines en dehors. Le jeune Abaris demanda la raison de cette espèce de cérémonial à un pontife qui les suivait. « C'est pour nourrir les pigeons voyageurs qui, dirigeant leur vol entre l'Italie et l'Afrique, ne manquent pas de s'arrêter sur ce lieu élevé: ils sont dans cet usage depuis un temps immémorial; on doit à leur instinct la fondation du temple et le culte de Vénus Erycine (3). A peine les anciens habitans de la contrée eurent-ils remarqué ce phénomène, qui se renouvelle à certaines époques de l'année, qu'ils crurent y

---

(1) *Cyclope* veut dire cela aussi en grec.
(2) A présent *San-Juliano*.
(3) On peut voir la forme de ce temple au revers de quelques médailles de la famille Considea, avec les lettres grecques *eruc*, *erix*.

voir un commandement de la Déesse de lui bâtir des autels sur cette montagne ; et depuis, les mêmes oiseaux de Vénus ont fréquenté plus souvent ces lieux ». L'accueil qu'ils reçoivent des prêtresses explique ce phénomène, répliqua le jeune Abaris au pontife.

Nous pénétrâmes dans le parvis sacré. On nous en montra tous les trésors. Nous rendîmes nos hommages à la statue de la divinité assise sur un bélier, le chef-d'œuvre de Dédale. Tout auprès est une vache d'or du même artiste, ainsi qu'un rayon de miel du même métal, et parfaitement imité. Rien de plus somptueux que les objets qui s'offrirent à nous. Tout ce qui concerne l'entretien du culte s'y trouve avec profusion. Les dix-sept plus riches cités de la Sicile se chargent de tous les frais. Ce qu'il y a de plus merveilleux, c'est le choix des prêtresses ; il ne serait pas possible de trouver sur le reste de la terre une réunion de plus belles femmes. « Sage Pythagore, me dit naïvement le jeune Abaris, ne me quittes pas un seul instant.... Ne pourrions-nous assister à quelques solennités ? dans deux jours il s'en fait une, celle du retour de Vénus (1), partie pour la Lybie il y a déjà sept jours (2), m'ont dit les prêtresses. Vénus a plus d'une fête dans l'année ».

PYTHAGORE. Attendons ; je le veux bien.

Nous employâmes le temps à reconnaître les côtes de la Sicile. Nous descendîmes dans les belles carrières de marbre ; nous visitâmes le

---

(1) AElian. *hist. an.* IV.
(2) Ou l'Afrique ; ces deux noms furent long-temps synonimes.

promontoire Drepana, et les marais voisins où l'on recueille de beau sel ; nous vîmes pêcher le corail et l'ambre ; nous vîmes prendre le thon, qui est monstrueux dans ces parages. Les habitans de cette pointe de la Trinacrie sont actifs et laborieux (1) ; ils aiment les arts et y réussissent ; ils gravent sur la pierre avec beaucoup d'habileté ; ils exécutent aussi de fort beaux compartimens d'albâtre et de marbre très-variés pour les couleurs. La ville de Drepana s'abreuve des eaux que lui fournit l'Erix, où nous remontâmes, après avoir visité les grottes. On nous y montra des ossemens gigantesques, sans nous permettre d'examiner s'ils appartenaient à des hommes ou à des éléphans (2).

Nous n'étions pas seuls, ni les premiers sur le mont. Beaucoup de Siciliens, accourus dès la veille, avaient passé la nuit dans le bois sacré. Je ne vis jamais une aussi grande quantité d'oiseaux de Vénus, de toute nuance. Le tendre roucoulement de la colombe et de la tourterelle s'y fait entendre dans tous les bosquets du temple.

On en ouvrit les portes chargées de couronnes de roses et de branches de myrthe ; il en sortit une vapeur parfumée qu'on ne respire pas impunément ; une douce langueur s'empare de l'ame. Je dis à mon Hyperboréen : Jeune Abaris ! tu as voulu rester.

ABARIS. Sage Pythagore ! ne me quitte pas.

---

(1) L'un des noms de la Sicile à cause de sa forme triangulaire.
(2) *Memorie istoriche in Sicilia*..... Batt. Caruso, Palermo. *in-fol.* 1716.

Un héraut parut et répéta trois fois cette exclamation : « Jeunes hommes ! jeunes femmes ! ne vous permettez, pendant les saints mystères, que de *douces paroles* » (1).

Des hymnes se firent entendre sur le mode lydien. Devant le sanctuaire on avait laissé retomber un grand voile (2) ; nous le vîmes se séparer subitement en deux. Un spectacle inattendu frappa tous les regards. Sur l'autel, à la place du simulacre de Vénus, Vénus elle-même semblait être descendue pour recevoir l'encens et les vœux du peuple, au milieu du cercle de ses prêtresses. Parmi toutes ces beautés, la plus belle avait été choisie pour figurer Vénus Érycine de retour. La régularité des traits, l'heureuse proportion des formes, la fraîcheur du coloris, ne sont pas des titres suffisans pour mériter le suprême honneur de représenter la Déesse. La jeune prêtresse élue doit réunir à tous ces avantages l'intérêt et la grâce ; et par-dessus toutes choses, ce sourire aimable qui caractérise Vénus, et met toute la différence qui se trouve entre une belle femme et une belle statue.

L'illusion fut à son comble ; le peuple adorateur y était déjà préparé par tous les accessoires ; il crut jouir en effet de la présence de l'Immortelle. J'entendis autour de moi de jeunes époux, même des vieillards, s'écrier dans leur

---

(1) *Bona verba.*
. . . *Vos ô pueri et puellae*
Jam virum expertae, male nominatis
Parcite verbis.
Horat. od. 14. lib. III.

(2) *Voyage en Sicile*. par Brydone. tom. II. *in*-12.

ravissement.

ravissement » La voilà ! c'est bien elle. O Vénus Erycine ! que tu es belle ! Oui ! c'est toi qui daignes descendre de l'Olympe et visiter l'heureuse Trinacrie «

On ne pouvait en détacher ses regards ; chacun s'empressait de prendre son rang pour faire le tour de l'autel et en parsemer les marches de fleurs odorantes.

On ne peut rendre les sensations des premiers momens de cette solennité. Le silence éloquent de l'admiration enchaîne toutes les facultés ; toutes les jouissances dont l'homme est capable, le spectateur enivré les éprouve en même temps.

J'observais Abaris : il n'était pas le moins ému. « O Pythagore ! me dit il en me serrant la main dans les siennes : Vois ! n'est-il pas vrai que la beauté est chose divine ? Ce n'est qu'ici, c'est aux pieds de Vénus Erycine que le peuple a raison de croire aux Dieux. Eh ! devrait-il en avoir d'autres ».

Le voile se referma. Nous sortîmes aussitôt du temple pour reprendre enfin la route du volcan. Nous nous permîmes cependant encore un détour pour voir Segeste et Panorme. La route que nous tînmes est toute pastorale, à travers un pays fécond et varié.

Les fleurs, qu'on y trouve en profusion, nous parurent beaucoup plus odorantes que partout ailleurs ; celles principalement qui tapissent les flancs du mont Erix.

« Cela ne doit pas vous surprendre, nous dit un jeune berger ; toutes ces fleurs (1) sont originaires du bain que prit Vénus, au sortir

___
(1) Athenée, XV. *deipnos*.

du lit conjugal, le lendemain de ses noces avec Vulcain.

Ce lieu agréable donne asile encore à d'autres oiseaux qu'à ceux de Cythérée. Le *passereau solitaire* y fait entendre ses doux chants (1) ».

Nous franchissions plusieurs des roches qui avoisinent le mont, sans nous y arrêter : un homme du lieu suspendit notre marche «Eh! quoi? voyageurs, vous passez sans remarquer les traces des pieds d'Hercule, lors de sa lutte avec Erix, le fils de Vénus (2).

§. CLXXIII.

Suite de la topographie Sicilienne.

Le territoire de *Segeste* produit d'abondantes moissons de blé (3) ; ce qui a donné à la ville le nom qu'elle porte. Dès le siége de Troye (4), c'était le chef-lieu d'une petite monarchie. Les Segestains firent accueil aux malheureux enfans de Priam ; ils leur accordèrent l'hospitalité et un asile.

Sans aller dans la Troade, nous goûtâmes des eaux du Ximoïs et du Scamandre (5). Lors de son passage en Sicile, Ænée donna ces noms à deux fleuves qui baignent le territoire de Segeste.

Mille pas avant d'entrer dans la ville, nous

---

(1) Espèce de merle. Voy. l'*hist. des anim.* d'Aristote, par Camus.
(2) Diod. sic. XVIII. 21 *bibl*, Herodote. IV. 82. *hist*.
(3) Aujourd. *Castro al mar di golfo*.
(4) Plin. *hist. nat.* III. 8. Strab. VI. *geogr.* Diod. sic. II. *bibl*.
(5) Strab. *geogr.*

rencontrâmes, abrité par une montagne, un temple d'architecture dorique, construit au fond d'une vallée; on y vénère trois divinités bien chères aux Siciliens; Cérès, Bacchus et Pan. Dans la ville, le monument le plus remarquable est un autre temple dont les colonnes sont de granit égyptien. Le sanctuaire recèle une Diane de taille héroïque, vêtue d'une longue robe qui descend jusque sur l'extrémité de ses pieds; outre le carquois et l'arc (1), les Segestains lui mettent un flambeau dans la main gauche. Le jeune Abaris demanda au pontife: « Quand Diane chasse, que fait-elle de son flambeau; pourquoi charger vos divinités d'attributs qui se contredisent »?

Jeune homme! lui répondit-on, adore et passe ton chemin.

Avant d'arriver à Panorme, on se trouve comme arrêté par une montagne assez haute qui semble commander à la ville et à tout le pays voisin. La crête en est occupée par un vieil édifice; nous ne sûmes distinguer si c'est un temple ou un palais. Quelques pâtres nous dirent qu'il fut bâti par Saturne. Quoiqu'il en soit, le vieux Saturne ne pouvait choisir un site plus heureux. De là, nous pûmes compter les îles vulcaniennes à l'autre extrémité de la Trinacrie, et voir la flamme s'élever du mont Etna.

Nous descendîmes à *Panorme* par une vallée délicieuse (2); on l'appelle le jardin de la Sicile, pour exprimer sa fertilité par-dessus les autres

---

(1) *Galerie de Verrès*, par Fraguier. *mém. acad. insc. et belles lettres.*

(2) Aujourd. *Palerme.*

contrées de toute l'île. Le port est l'un des plus grands, des plus beaux et des plus commodes qui existent. Il pénètre jusqu'au centre de la ville, bâtie dans la forme de la conque de Vénus. Les Panormitains se donnent pour aïeux une colonie chaldéenne : ils nous offrirent à déchiffrer un vieux marbre blanc chargé de caractères qui me parurent phéniciens (1); je pus à peine y lire ces mots, presqu'effacés : « Ils choisirent leur habitation sur l'île triangulaire .. ».

Je regrettai davantage une autre inscription qu'on a placée, pour la conserver, sur une des portes de la ville; il n'en reste que le commencement :

« *Il n'y a de Divinité que la Nature.... Elle seule est toute puissante.... —* ».

Le peuple de Panorme procédait à l'acte le plus saint et le plus important (2), dans le temple de Cérès qu'il regarde comme sa première législatrice. (3) *Elianatte*, de la ville d'Himera, frère du poëte Stésicore, proposait aux Panormitains une nouvelle forme de gouvernement; c'était un vieillard rempli d'expérience, dont les sages conseils, revêtus du charme de la poësie de son frère, avaient préservé sa patrie des horreurs de la servitude. Son nom placé à la tête d'une liste de proscrits, l'avait obligé à venir se réfugier dans ce port; il était sur le point de s'embarquer, quand arriva la nouvelle de la chute de Phala-

---

(1) Brydone, tom. II. p. 231 et 232. *voyage en Sicile.*
(2) Borch. tom. II. p. 63.
(3) D'autres disent *Helianax*; d'autres *Ameristus*.
          Proclus.

ris. Les habitans de Panorme retinrent le vieillard parmi eux pour les aider à se rédiger de nouvelles lois. Nous les laissâmes dans cette grave occupation pour passer à Himèra. On me vanta beaucoup les connaissances d'Elianatte en géométrie (1).

L'alégresse publique y était plus vive encore que par tout ailleurs, excepté dans Agrigente. Le tyran, la veille de son supplice, avait écrit aux Himériens (2), une lettre menaçante. Quand nous entrâmes dans leur murs, ils célébraient une sorte de solennité autour du tombeau de Stésicore qui vécut quatre-vingt-quinze ans (3), malgré Phalaris. Le sénat de la ville venait de porter un decret pour ordonner un monument public à sa mémoire ; le ciseau d'un habile artiste doit figurer sur le marbre la fable du cheval (4), du cerf et de l'homme, imaginée par ce poëte pour détourner ses concitoyens de toute alliance avec Phalaris. Les Himériens me firent présent d'une belle médaille dont le type représente un coq (5) ; symbole de leur ville. En sortant, nous visitâmes les bains d'Hercule (6).

J'observai qu'au Septentrion de la Sicile, dix-sept parties d'ombre pourraient résulter de vingt-une parties de gnomon (7).

---

(1) Proclus Diodochus. II. sur Euclide.
(2) *Lettres* de Phalaris. Elles sont évidemment apocryphes ; mais en quelques endroits, rédigées d'après les données de l'histoire.
(3) Lucien.
(4) Voy. Phedre et Lafontaine.
(5) *Mem. acad. inscript.* tom. XI. *in*-12. p. 208.
(6) *Eod. loco.* p. 209.
(7) Plin. *hist. nat.* VI. 34.

À Hymèra, le plus long jour doit être de quatorze heures, et deux fois la troisième partie d'une heure.

Nous rentrâmes dans l'intérieur de la Sicile, après avoir traversé les eaux d'Himèra. Nous fûmes dans la bourgade de Perina, sise au milieu d'une petite plaine que laissent entre elles plusieurs montagnes. *Engyum*, *Petra herbita* (1), sont d'autres hameaux dont le séjour est délicieux, dans le voisinage des riantes plaines d'Enna. Le temple et la ville de ce nom s'élèvent au centre (2), et forment, comme disent les Siciliens, le haut nombril (3) de la plus belle des îles (4). La statue de Cérès prise dans de moyennes proportions, est armée de deux flambeaux. La sculpture n'est pas d'un genre ordinaire. L'art ira plus loin sans doute. Mais l'artiste auteur de ce simulacre, lui a imprimé un caractère particulier qui répond parfaitement à la tradition ; on assure dans le pays avoir vu cette image tomber, un jour, du ciel en terre, sur l'autel d'Enna.

Pendant l'examen de ce monument religieux, une Sicilienne d'âge mûr s'approcha de l'autel dans un grand recueillement. Nous pûmes à loisir détailler son double vêtement (5), qui consiste en une tunique fort longue et pardessus un habit sans manches, beaucoup plus court (6), fendu tout-à-fait par les côtés et

---

(1) Aujourd. St-Nicolas.
(2) Cicer. *in Verr*.
(3) *L'umbilic de la Sicile*. Diod. sic. XXIV. 37. *bibl*.
(4) Callimach. *hymn. Cer*.
(5) Caylus. *antiq. gr.* tom. VI.
(6) Espèce de chasuble, à l'usage des prêtres catholiques.

arrondi à ses extrémités. Cette femme pieuse, qui marchait sans chaussures, tenait à la main un jeune porc suspendu par l'un des pieds de derrière. Ce quadrupède était destiné à un sacrifice à Cérès, en actions de grâce du supplice de Phalaris. Nous nous hâtâmes de sortir pour n'être pas désagréablement affectés par les cris aigus de cette victime expirante, et sans nous soucier de visiter, dans le même temple, un autre autel plus fréquenté encore que celui de Cérès. Tous les *grands mangeurs*, abusant de l'autorité d'Hercule qui n'était point sobre, disent-ils, vont sacrifier à une Divinité qu'ils appellent de leur nom (1), *Adephagie*. Par tout, l'homme a prétendu pouvoir sanctifier ses excès. Mais pourquoi rapprocher sous le même toît le nécessaire et l'abus? Nous ne pûmes vérifier une observation que d'autres voyageurs ont faite dans la plaine d'Enna. L'air y est, dit-on, parfumé de tant de fleurs que le chien de chasse y perd la trace de l'animal qu'il poursuit (2). Un fait plus certain et plus important, c'est qu'on y moissonne ce beau froment qui a le plus de pesanteur (3). Celui d'Egypte est bien plus léger.

 Nous n'avions plus que pour quelques heures de chemin, avant d'arriver au pied du mont Etna. Nous marchions le long d'un ruisseau, à travers une vaste étendue de terre couverte de safran (4) : un cultivateur s'offre sur notre passage, murmurant ces paroles : « Non ! je ne veux plus rentrer dans Centuripe ».

---

(1) Montfaucon, *antiq. expliq* I. *Myth*. de Bannier.
(2) Diod. sicul. *bibl.*
(3) Theophrast. *de causis.* IV.
(4) *Crocus centuripinus*. Plin. *Hist. nat.* XXI. 6.

Je m'approchai de lui : « Que t'est-il donc arrivé dans cette ville ? Permets à un étranger, qui ne l'est plus, quand il rencontre ses semblables dans l'affliction, permets à un voyageur de te demander comment tu peux éprouver du mécontentement parmi la joie universelle. Ignores-tu le sort de Phalaris » ?

Ecoute, me répondit-il, et apprend le sujet de mes justes inquiétudes. Puisque tu es instruit de l'événement d'Agrigente, sache ce qui vient de se passer à Centuripe dont tu vois les murailles au bout de ce champ. Nous portions le joug commun imposé à la Sicile ; nous partageâmes le bienfait de sa délivrance : mais le jour même de l'heureuse nouvelle de la punition du tyran, Symique, le plus opulent des citoyens de la ville, osa bien se mettre aussitôt à la place de Phalaris. Il fit des largesses aux familles indigentes, et n'eut pas de peine à persuader au peuple qu'il lui fallait un chef ; et que chaque cité de l'île allait embrasser ce parti. Ensorte qu'au lieu d'un seul tyran, la Sicile s'en verra autant que de bourgades. Nos magistrats contraints par la multitude, ont été forcés de souscrire au conseil perfide de Symique. Il va prendre possession de la dignité suprême qui lui est déférée par acclamation... Ce n'est pas lui que je redoute. Je ne lui crois pas le naturel pervers de Phalaris. Mais pourquoi attacher la destinée de tous à celle d'un seul ? Pourquoi ne pas rester fidelle au type de notre ville ? Pourquoi chaque père de famille ne menerait-il pas sa charrue lui-même (1).

---

(1) Une charrue se trouve sur les médailles de Centuripe.

Citoyens de Centuripe, dit aussitôt le jeune Abaris qui ne savait pas se contenir. Rassure toi ! Demain, ta patrie sera aussi libre que l'oiseau qui plane sur ton champ. Je t'en donne l'assurance par ce javelot qui a toujours atteint le but. Nous saurons frapper au cœur de Symique, et d'un prince illégitime en faire un bon citoyen.

Nous doublâmes le pas pour arriver plus vîte à Centuripe (1).

ABARIS. Maître ! est-ce que tu me désavouerais ?

PYTHAGORE. Non ! jeune Abaris. Mais as-tu bien consulté nos forces, en prenant un tel engagement ? te crois-tu donc un autre Hercule, destiné à purger la terre de tous les monstres qui la souillent ou qui la ravagent ?

ABARIS. J'ai cru lire dans tes yeux ce généreux dessein. Nos succès d'Agrigente me rassurent ; un pressentiment secret me dit que nous réussirons encore.

PYTHAGORE. J'en accepte l'augure. Marchons droit au nouveau tyran (2).

Des flots de peuple amoncelés autour de sa demeure, faisaient retentir l'air de cris tumul-

---

(1) Aujourd. *Centorbi* ou *Centorvé*. *Dictionn. géogr.* par T. Corneille. *in-fol.*

Centuripa et *Centuripae*, bourg de Sicile, dans la vallée de Demona, située au pied du mont Gibel, du côté de l'occident, sur la rivière de Chiarama, trois lieues au-dessus de Paterno.

Ce fut autrefois une grande ville...
        V. Strabo. *geogr. Sicilia* lib. VI. *in-fol.*

(2) *Symichus, Centuripinorum tyrannus, qui Pythagorâ audito, imperium deposuit, opesque suas partim sorori, partim civibus donavit.* Porphyr. XXI.

tueux. On venait de chercher Symique pour le conduire au sénat, et l'y couronner avec appareil.

Abaris marchait devant moi. Citoyens de Centuripe, s'écria-t-il au milieu de la foule, livrez passage à un initié aux grands mystères de Thèbes et d'Eleusis.

Plusieurs voix répètèrent :

« Faisons place à un initié ! sans doute il vient donner de bons avis à notre nouveau monarque. Qu'il entre » !

§. CLXXIV.

Pythagore et Symique, tyran de Centuripe.

PARVENUS jusqu'à Symique, il me parut étonné de cette soudaine apparition : « Initié de Thèbes et d'Eleusis, que me veux-tu » ?

PYTHAGORE. Symique ! car je ne puis te saluer du titre de tyran de Centuripe, que tu abdiqueras sans doute, après m'avoir entendu....

Ce début redoubla la surprise de Symique. Je lui dis, en lui montrant Abaris dont le javelot, passé dans sa ceinture, avait été remarqué : « Nous sortons d'Agrigente, où nous avons été plus que spectateurs du grand événement que tu connais. Nous en sommes, sinon la cause première, du moins l'occasion ; le taureau d'airain s'ouvrit pour nous avant de se refermer sur Phalaris. Nous vînmes à lui, comme nous venons à toi. Il était temps encore. S'il eût tenu compte de nos conseils, il aurait pu se faire honneur de l'indépendance de la Sicile, au lieu d'en être la victime expiatoire ».

SYMIQUE. Suis-je donc déjà un Phalaris?

PYTHAGORE. Pas encore; tu commences ainsi qu'il a commencé; n'appréhende-tu pas d'avoir pareille fin?

SYMIQUE. En pénétrant jusqu'à moi, tu as pu voir que le vœu du peuple me porte au rang suprême.

PYTHAGORE. J'ai su aussi ce qu'il t'en a coûté pour obtenir ce vœu. Le peuple ne donne rien : il vend tout. La faveur qu'il te fait est le prix des largesses que tu lui as distribuées. Pourquoi acheter si cher des repentirs? Citoyen de Centuripe, dans la classe opulente des habitans, que te manquait-il? une couronne sur la tête donne-t-elle plus de contentement à l'ame? Crains d'attirer sur ton front la foudre populaire, plus redoutable que celle de Jupiter sculptée sur la porte de cette ville. l'ambition, la gloire peut-être?...

SYMIQUE. Ni l'une, ni même l'autre. J'avais un plus noble motif : l'amour de mon pays. Je me suis dit : Le châtiment de Phalaris ne corrigera point les méchans; ils auront le courage de vouloir lui succéder. Centuripe fléchissait la tête sous la verge d'airain d'un despote éloigné; si quelque bon citoyen ne se sacrifie pas au salut de la patrie, elle va retomber sous la tyrannie domestique, et n'en sera que plus malheureuse. Prévenons cette calamité; hâtons-nous d'occuper une place où quelque monstre à figure d'homme médite peut-être en ce moment de s'asseoir.

PYTHAGORE. Ainsi, pour préserver ton pays de la servitude, tu lui donnes un maître dans ta personne! et tu seras toujours un bon maître? du moins tu l'as promis au peuple crédule. Pour lui tenir parole, tu t'es assuré des événemens et de toi-même. Tu réponds de marcher toujours sur la ligne droite de la justice ; rien ne pourra t'en faire dévier. Tu ne t'endormiras jamais sur le trône : le sceptre, dans ta main, ne sera qu'une houlette innocente dans la main du pasteur des plaines d'Enna ; l'inconstance du peuple, ou son ingratitude, n'aigrira point ton caractère ; tu sauras te posséder, convaincu de la justesse de cet axiome politique : « Un monarque en colère est toujours un tyran ». Tu n'es pas moins persuadé de cet autre apophtegme : « Les bienfaits d'un tyran sont des vertus suspectes ». Tu éviteras donc de dilapider la fortune publique ? et l'on te verra contenir, avec le seul frein des lois, toute une multitude dont tu as corrompu d'abord les suffrages par tes dons intéressés. Je te crois tous les talens d'un administrateur consommé, et même la suprême intelligence qu'on accorde aux Dieux : et ce n'est pas te supposer plus de choses que ton rang n'en exige ; car tu sais qu'il faudrait être tout au moins un demi-Dieu pour commander aux hommes. Le peuple est, de tous les troupeaux, le plus difficile à conduire.

Mais posséderais-tu la sagesse de Minerve et la prévoyance de Cérès, il faut t'attendre à rencontrer des mécontens, même parmi les meilleurs citoyens de Centuripe : nous en avons déjà la certitude. Avant d'entrer dans la ville, un honnête agriculteur nous a parlé de toi, et c'est ce qui nous amène ici.

Symique. Et que t'a dit cet homme

Pythagore. Qu'il ne rentrerait plus dans une ville, tant qu'elle aurait un maître ; et déjà il gémit sur les destinées de la Sicile, menacée, d'après l'exemple de Centuripe, de compter autant de despotes que de bourgades. Ce sont ses expressions. Nous avons pensé qu'il t'est nécessaire d'être instruit de ce fait ; il ne te serait jamais parvenu. Sans doute ce citoyen n'est pas le seul qui voit la révolution de Centuripe de ce côté défavorable ; et ceux qui partagent son sentiment ne seront peut-être pas tous d'humeur à se contenter d'en gémir tout bas et à l'écart ; tous ne s'exileront pas volontairement : beaucoup resteront dans la ville pour suivre de près tes premiers pas dans l'arène où tu vas combattre ; car tout homme public est un athlète qui, assailli par tous, doit se défendre contre tous. Les plus modérés satyriseront tes mesures ; ceux que l'amour de la patrie anime, prévenus contre le pouvoir d'un seul, prendront de l'ombrage de tes démarches les plus indifférentes. Tyran de Centuripe ! il faut t'attendre à tout ; mon devoir d'initié me défend de te cacher rien ; peut-être que de jeunes citoyens ardens mettront au rang des actes de vertu le meurtre d'un roi, et se disputeront l'honneur de te porter le premier coup. Si tu échappes au fer assassin, l'assassin n'échappera point au supplice ; car tu croiras juste et nécessaire de donner un grand exemple : un seul ne suffira point. La première victime immolée à ta sécurité personnelle aura des vengeurs ; il te faudra multiplier les bourreaux ; il faudra t'entourer de gardes mercenaires ; il ne sera pas difficile alors de persuader au peuple qui te bénit en ce moment, de t'exécrer, et de placer ton nom immédiatement après celui de Phalaris.

Symique. A t'entendre, Initié! Hercule même n'oserait toucher à un sceptre.

Pythagore. Je le pense. Oui! s'il faut (et il le faut) remplir tous les devoirs et observer toutes les règles de la justice pour bien régner, Jupiter même n'en serait pas capable.

Un roi qui sait réparer ses fautes, dit le chantre immortel d'Agamemnon, honore le sceptre. Symique, fais mieux; préviens le mal que tu pourrais commettre dans un rang où l'on peut tout; mais principalement, crains les retours de la fortune.

Permets-moi de te rappeller un conseil que le sage Bias donnait au roi Alyatte. *Couronne-toi d'oignons...*, pour t'exciter à pleurer d'avance les peines attachées au rang suprême. Tu n'en parais pas assez pénétré.

Symique. Cependant l'histoire nous offre des monarques dont les cheveux ont blanchi sous le diadême : Nestor à Pylos, Alcinoüs, Ulysse lui-même....

Pythagore. Et plusieurs encore que tu peux opposer à Thésée, chassé d'Athènes; au grand Agamemnon, assassiné par sa femme; à Polycrate, mis en croix; à Hypparque, poignardé, et une foule d'autres. Vois si tu veux te résoudre à marcher ainsi entre les épines et les roses semées autour du trône. Tu étais moins élevé il y a quelques jours, mais tu courais moins de périls : fais-en l'aveu. Dans tout le cours de ta vie as-tu éprouvé les noirs soucis qui t'agitent en ce moment à ma voix? Que sera-ce, quand l'ami de la vérité reprenant son chemin, te laissera à la merci des flatteurs? ceux-ci te feront plus de mal que le poignard d'un tyrannicide. Je viens tenir devant tes yeux la balance des avantages et des inconvéniens attachés au bandeau des rois. Choisis. Consens à être victime ou à devenir tyran. Les honneurs suprêmes sont à ce prix. Es-tu père ? quelle sorte d'existence menais-tu avant d'aspirer aux grandeurs ?

Symique. Je vivais paisiblement avec une sœur qui m'aime comme une épouse. Possesseur du riche domaine de mes aïeux, je passais les jours au sein des plaisirs et de l'amitié, et toutes mes nuits étaient calmes. Les malheurs publics étaient les seuls que je ressentais.

Pythagore. Heureux Symique ! quel mauvais génie a pu te conseiller de franchir ce cercle de jouissances pures ! qui pourrait t'empêcher d'y rentrer ?

Symique. Y rentrer ?

Pythagore. Oui ! comme on retourne vîte dans sa maison, quand on l'a quittée par un temps orageux. L'un est-il donc plus difficile que l'autre ? et compte-tu pour rien la grande leçon que tu vas donner à ta patrie, au monde entier et à la postérité ? On dira de toi : « Symique, citoyen de Centuripe, essaya un moment du trône ; il ne voulut s'y asseoir qu'un jour : le lendemain il rentra chez lui, aimant mieux vivre avec ses égaux que de leur commander ».

Symique. Si quelqu'autre, avec des intentions aussi perverses que les miennes sont innocentes, s'empare de l'autorité que j'abdique ?....

Pythagore. Symique ! il vaut mieux être tyrannicide que tyran....

Symique. Je cède à ce dernier trait. Initié ! accompagne-moi sur la place publique. Avant de reprendre ta route, sois le témoin de ma docilité à la voix de la raison.

Le peuple, aussi impatient d'avoir un nouveau roi qu'il est prompt à s'en dégoûter, nous attendait, et par ses cris réitérés, pressait le couronnement. Nous sortîmes tous trois, et nous fûmes portés par la foule jusqu'au pied du trône où Symique devait monter. Il demeura sur les premiers degrés pour adresser ce peu de paroles aux citoyens assemblés :

« Habitans de Centuripe, les Dieux sont de bon conseil. Ils viennent de m'en donner un par l'organe de cet initié aux grands mystères de Thèbes et d'Eleusis : profitons-en tous : Oui ! je pense qu'il y aurait autant de danger pour vous de prendre un monarque, que pour moi de l'être. Vous et moi, nous pouvons nous en passer. Qu'Agrigente nous serve de leçon ! Epurons nos lois ; surveillons nos magistrats ; et reposons nous du reste, sur les Dieux ».

Et sans attendre l'issue des délibérations du peuple étonné, Symique me serrant dans ses bras reprit le chemin de sa maison. L'élite de ses amis vint le féliciter de sa résolution, et nous apprendre que la cité de Centuripe, mieux avisée, suivrait le conseil généreux qu'il lui avait donné.

Fin du quatrième volume.

www.ingramcontent.com/pod-product-compliance
Lightning Source LLC
Chambersburg PA
CBHW070528230426
43665CB00014B/1601